과학으로 세계를 뒤흔든 10명의 여성

TEN WOMEN WHO CHANGED SCIENCE, AND THE WORLD

First published in Great Britain in 2019 by Robinson, an imprint of Little, Brown Book Group.
This Korean language edition is published by arrangement with Little, Brown Book Group, London.

과학으로 세계를 뒤흔든
10명의 여성

TEN WOMEN WHO CHANGED
SCIENCE, AND THE WORLD

개서린 휘틀록 · 로드리 에벤스 지음
박선령 옮김

문학사상

머리말

여성이 처음으로 노벨 과학상을 받은 지 한 세기가 지났다. 마리 퀴리가 그 영예를 얻은 1911년 이후 여성 18명만이 그 영광을 누렸으며(노벨상을 두 번 수상한 마리 퀴리를 포함해) 영국에서는 단 한 명만이 노벨상을 받았다. 1964년 영국 여성 도로시 호지킨이 이 상을 받았을 때, 언론은 그를 같은 위치에 있는 남자와 동일한 시각으로 대했을까? 절대 그렇지 않았다. 영국 일간지《데일리 텔레그래프》는 "영국 여성이 노벨상 수상 – 세 자녀의 어머니가 상금 1만 8,750파운드 획득"이라고 보도했으며,《데일리 메일》에서는 이보다 더 짧은 "옥스퍼드의 주부 노벨상 수상" 헤드라인이 전부였다. 영국에서 매주 일요일에 발행하는 신문인《옵저버》는 "상냥하게 생긴 가정주부 호지킨 부인이 전혀 가정주부답지 않은 기술을 발휘해 화학계가 큰 관심을 가지고 있는 결정 구조를 파악해서" 이 상을 받았다고 평했다. 50년 뒤에 읽으니 참으로 우울해지는 제목과 내용이지만, 최근까지 이 메시지에 변화를 줄 수상자가 더 등장하지 않고 있다. 2018년 노벨상을 탄 여성이 두 명 더 늘어난 일은 올바른 방향으로 움직이는 것이지만, 상황이 완전히 달라졌다는 증거는 되지 못한다.

이 책에서 과학계에 공헌을 많이 한 훌륭한 여성 열 명 중 한 명으로 소개한 도로시 호지킨은 자신이 페미니스트인지 아닌지 고민할 겨를이 없었을 것이다(말년에 평화주의자가 된 것은 분명하지만). 도로시는 생물학적 분자 구조 연구라는, 자기가 정말 관심 있는 일을 계속하고 싶었을 뿐이다. 도로시의 표현에 따르면 "단순하게 살면서 중대한 일을 하고 싶었는데", 실제로 수많은 복잡한 분자 가운데 인슐린과 비타민 B_{12}, 페니실린의 3차원 구조를 알아내는 중대한 일을 해냈다. 남자의 세계에서 일한 여자인 도로시는 가능한 한 많은 것을 이루려 헌신했으며, 여기서 임신 같은 사소한 문제는 그를 방해할 수 없었다.

도로시는 결혼한 뒤에도 일할 때는 여전히 크로풋이라는 결혼 전 성을 썼다. 그는 임신 8개월 차임에도 1938년 영국학술원에서 열린 중요한 회의에서 핵심 논문을 발표했다. 오랫동안 도로시와 같이 일한 (그리고 또 다른 노벨상 수상자이기도 한) 맥스 퍼루츠는 도로시 추도식에서 이 회의에 참석했던 일을 언급했다. "도로시는 배가 잔뜩 부른 그 상태가 마치 세상에서 가장 자연스러운 일인 듯한 표정으로 강연을 이어갔습니다. 당시로서는 분명 색다른 상황이었지만 그걸 과시하려는 태도는 전혀 없었습니다."

이 책에서는 도로시와 마리를 비롯해 세계 곳곳의 매우 다양한 문화와 환경에서 살아간 뛰어난 여성 열 명의 삶을 살펴본다. 그들

삶에 어떤 공통점이 있고, 또 그것이 지금 성장 중인 젊은 여성들에게 어떤 의미가 있을지 지켜보는 것은 흥미로운 일이다. 과학계, 특히 물리학계 수뇌부에는 여전히 여성이 절대적으로 부족하다. 노벨상 수상자는 물론이고 과학계의 거물(그리고 승자) 중에도 여전히 다양성이 부족하다. 우리가 이 책에서 소개하려고 선정한 여성들은 현재 모두 사망했기에 살아 있는 사람들처럼 텔레비전이나 언론 인터뷰에서 자주 볼 수 없다. 우리는 그런 거리감이 오히려 관점과 이해의 폭을 넓히는 데 도움이 되리라고 생각한다.

초고속 글로벌 커뮤니케이션이 가능해지기 전까지는 이 여성들이 연구한 과학적 성과와 이들이 미친 영향이 가려져 있는 경우가 많았고, 동료들도 이들의 노력을 인정하지 않았으며, 일반 대중은 거의 알지도 못했다. 많은 정보에 손쉽게 접근할 수 있는 오늘날에도 이들의 중요성과 영향력은 잘 알려지지 않았다. 당대에 인정을 받았든 못 받았든, 이 여성 과학자들과 이들의 연구는 획기적인 선구자 역할을 했기에 더욱 제대로 평가받아야 한다.

과학자들이 인정하든 인정하지 않든 행운은 모든 과학자의 삶에서 중요한 역할을 한다. 거트루드 엘리언의 경우 버로스 웰컴에 전화를 건 것은(화학 석사학위를 받은 뒤에도 수많은 회사에서 면접 기회조차 얻지 못하던 끝에) 아버지의 제안 덕분이었는데, 치과의사인 아버지가 진료할 때 사용하는 진통제를 만드는 회사라는 이유로 친숙했기 때문에 추천한 것이다. 거트루드는 금세 이 회사에 적응해 장기간 근속하며 새로운 '디자이너 약물'을 만들었고, 그 공로를 인정받아 1988년 노벨상까지 받았다. 중국계 미국인 물리학자 우젠슝은 자신의 연구와 관련해 "우리 세 사람(열성적인 화학자, 헌신적인 학생 그리고 나)은 순전히 독창성과 결단력, 운에만 의지해서 세 번째 주가 끝날 때까지 커다랗고 완벽한 반투명 CMN 단일 결정체 10여 개를 키우기 위해 부단히 협력했다"고 말했다. 복합 분자의 결정체를 키우는 것은 마법 같은 일이므로 행운이 필요하다. 하지만 우젠슝은 노벨상 위원회에서 그의 확실한 수상 자격을 간과했다는 점에서 매우 불운하기도 했다. 우젠슝은 자격이 차고 넘치는데도 노벨상을 받지 못한 여성 그룹에 속한다(이 책에 나오는 리제 마이트너도 그중 하나다). 이런 큰 상을 받지 못한 건 운이 없어서이기도 하지만, 스웨덴 노벨상 위원회가 여성 과학자들에 대해 편견이 있는 것도 큰 이유 중 하나다.

우젠슝이 말한 결단력은 과학 분야에서 성공하기 위해 꼭 필요한 중요한 성격적 특성이다. 이런 결단력은 마리가 남편 피에르와 함께 피치블렌드라는 광물에서 훗날 토륨과 폴로늄으로 알려진, 수준 높은 방사능을 발생시키는 원소의 미량 성분을 추출하려고 들인 부단한 노력에서도 잘 드러난다. 마리는 이 원소들이 있으면 우라늄만 있을 때보다 방사능이 훨씬 많이 방출된다는 사실을 알아차렸다. 물론 마리는 대중 대부분이 그 이름을 아는 여성 과학자로 노벨상을 두 차례(물리학상과 화학상)나 수상하는 영광을 누린 유일한 여성이다.

레이첼 카슨은 환경오염에 대한 우려를 대중에게 전하려고 차분하게 느껴지는 외모 뒤에 숨겨져 있던 강인함과 엄청난 의지력을 발휘한 또 다른 여성이다. 이렇게 강한 정신력과 훌륭한 글쓰기 기술이 결합되지 않았다면, DDT 같은 살충제와 관련된 위험을 재빠르게 인식해서 대처하지 못했을 것이다.

그러나 무엇보다 과학자들은 창의력과 상상력을 발휘해야 한다. 연구와 발견을 하려면 반드시 미지의 세계로 뛰어들어야 한다. 그 해답이 이미 알려져 있다면, 어떤 연구도 할 필요가 없을 것이다. 누구나 그런 불확실하고 낯선 상황에 잘 대처할 수 있는 것은 아니지만, 이 책에서 논하는 여성 열 명은 모두 열정적이고 배포 있는 자세로 백지에 도전하려는 호기심과 의지가 있었다. 그리고 이들 이름이 우리에게 친숙하든 친숙하지 않든, 이들이 얻은 결과는 과학 세계를 바꿔놓았다.

이 여성들은 성별 때문에 발생한 많은 장애물을 극복하고 심오한 의미가 담긴 놀라운 결과를 도출했다. 또 이들이 수행한 연구의 중요성은 오늘날에도 우리 삶에 많은 영향을 미치고 있다. 우리는 이 개척자들에게 감사해야 하며, 이들의 삶을 감상적으로 다룰 게 아니라 그 뒤를 따르는 여성 과학자들이 좀더 편한 길을 갈 수 있도록 이들이 이룬 모든 일의 진가를 인정해야 한다. 로레알 광고 문구에 나오는 것처럼, "세상은 과학을 필요로 하고, 과학은 여성을 필요로 한다." 여기 소개하는 여성 열 명의 삶은 우리에게는 많은 생각거리를, 미래 세대의 과학자들에게는 영감을 안겨줄 것이다.

케임브리지 대학교 실험물리학과 교수, 처칠 칼리지 학장
어시니 도널드

감사의 말

우리 가족, 그리고 던칸 프라우드풋과
로빈슨에서 일하는 그의 동료들이 보내준
격려와 관용, 지원에 감사드린다.

들어가는 말

“옥스퍼드의 평범한 주부 노벨상 수상!” 이런 기사 제목은 정치적 중립을 강조하는 요즘 같은 시대에는 검열을 통과하기 어려울 것이다. 단어들에 내재된 성차별주의는 둘째 치더라도 노벨상 수상 경력만으로는 그 사람이 얼마나 위대한 과학자인지 판가름할 수 없으며 애초에 노벨상 수상을 목표로 연구에 매진하는 과학자도 없다. 물론 1964년《데일리 메일》이 붙인 이 기사 제목의 주인공 도로시 호지킨도 복잡한 생체 분자 구조를 조사하느라 너무 바빠서 노벨상이나 기사 제목에 관심을 쏟지 못했다. 도로시는 자신을 페미니스트로 여기지 않았고 남들이 자기를 어떻게 평하는지 고민하지도 않았다. 도로시는 그의 표현에 따르면 “단순하게 살면서 진지하게 일에 임하는” 여성이었다. 하지만 이건 상당히 절제된 표현이다. 도로시는 자기가 열정을 품은 일에 열과 성을 다했고, 가끔 부담을 안겨주기도 했던 결혼생활을 오랫동안 유지했다. 세 아이를 키웠고, 류머티즘성 관절염으로 심한 고통을 받으면서도 세계무대에서 인도주의적 사명을 수행했다.

도로시가 평소에 한 일들만 봐도 그를 이 책에서 소개하는 건 당연한 일이다. 하지만 다른 선정자들은 좀더 고민이 필요했다. 여성은 뭐든 다 해낼 수 있다는 것을 보여주기 위해 자녀를 둔 여성을 골라야 할까? 아니면 과학 분야 업적을 최우선순위로 해서 인물을 선별해야 할까? 이들의 가족생활을 자세히 살펴보는 것은 과학과 관련한 인생사의 한 부분일 뿐이다. 그리고 이 책의 중심 주제는 어쨌든 이들이 과학 분야에 남긴 족적이다.

여성 과학자 열 명을 선정하는 과정에서 먼저 고인이 된 이들을 선택하는 것을 원칙으로 삼았다. 현재 시점과 어느 정도 거리가 있어야 이들이 이룬 업적에 집중할 수 있기 때문이다. 이들은 대부분 생전에 큰 주목을 받지 못했고 구글이 등장하기 전에는 이들에 관한 정보를 알아내기도 어려웠다. 오늘날에는 도나 스트리클런드Donna Strickland가 2018년도 노벨 물리학상 수상자로 선정되었다는 소식이(여성이 노벨 물리학상을 받은 건 이번이 겨우 세 번째다) 발표 몇 초 만에 전 세계로 퍼진다. 우리가 선택한 과학자 가운데 누구나 알 만한 사람은 마리 퀴리뿐이다. 너무 유명한 인물이니 넣지 말까 하는 생각도 했지만, 마리가 진행한 방사능에 관한 연구 내용이 매우 중요하고, 핵물리학 분야를 크게 발전시켰으며, 다른 사람들의 기준점 역할도 하기 때문에 넣는 것으로 했다. 그리고 당연한 이야기지만, 이 책에서 소개한 다른 여성들도 모두 마리 못지않게 훌륭한 과학자다.

영향력 있는 여성 과학자는 비교적 적은 편이지만 그중 열 명만 선택하는 것은 결코 쉬운 일이 아니었다. 10은 무언가를 고르기에 적합한 숫자 같다. 다양한 선택이 가능한 동시에 하나하나 깊이 파고들 수 있는 정도의 숫자다. 우리는 이 개척자들이 미친 영향을 폭넓게 보여주기 위해 최대한 다양한 분야에서 활약한 인물들을 소개하려고 노력했다. 이 여성들은 매우 다양한 과학 분야에서 일했다. 연구 중심의 첨단 기술 분야에서 일한 사람도 있고 의학이나 환경 분야에서 활약한 이들도 있다. 국적도 각양각색이라 미국, 영국, 중국, 이탈리아, 폴란드 출신 과학자들이 섞여 있다.

이들은 제각기 다른 분야에서 일했을 뿐만 아니라 수줍음 많은 리제 마이트너, 내성적이지만 설득력이 뛰어난 레이첼 카슨, 외향적이고 사교적인 버지니아 애프거, 의지가 강한 리타 레비몬탈치니처럼 성격도 저마다 달랐다. 과학자로 성공하려면 다양한 자질이 필요하지만 이들의 성격과 과학 연구, 삶을 관통하는 몇 가지 공통적인 주제가 있다.

이들의 출생연도는 많아 봐야 50년 정도밖에 차이 나지 않아서 대부분 1906년부터 1918년까지 12년 사이에 태어났다. 영국 빅토리아 왕조 때 시작된 산업시대가 새로운 기술의 문을 활짝 열면서 이들도 과학적으로나 역사적으로나 중대한 변화의 시기를 거쳤다. 대공황에 따른 경제적 궁핍과 냉전은 이들의 생활과 근로 조건에 큰 영향을 미쳤다.

근무 환경은 혹독한 경우가 많았다. 그중에서도 가장 괴로운 일은 추방이었다. 국외로 도피하거나(리제 마이트너), 국내에서 숨어 살거나(리타 레비몬탈치니), 계단식 강의실이나 멀끔한 실험실 같은 그 시대 남성 중심 환경에서 쫓겨난 것이다(헨리에타 리비트). 간혹 실험실이 제공되더라도 너무 춥거나(마리 퀴리), 덥거나(거트루드 엘리언), 가장 기본적인 건강과 안전을 위한 대책조차 마련되어 있지 않은 경우(마리 퀴리와 도로시 호지킨)가 많았다. 따라서 이들의 일은 육체와 정신을 모두 소모시켰다.

하지만 긍정적인 부분도 있다. 우리가 선정한 과학자들이 살던 시대에는 요즘 같은 방법으로 자기 연구의 타당성을 증명할 필요가 없었다. 환경 영향 평가서를 제출할 필요도 없었다. 순수하게 연구만 하면 되었고, 연구가 어떤 방향으로 진행되더라도 자유롭게 지식의 경계를 허물 수 있었다.

이들은 처음에 가족의 영향을 받아 과학에 흥미를 느낀 경우가 많다. 부모가 교육적인 환경을 조성해준 경우도 있고, 집안 어른들 가운데 특히 어머니가 교육과 사회생활의 기회를 놓친 한을 풀려고 딸을 전폭적으로 지원한 경우도 있다. 가족의 지원은 사기 진작과 경제적인 면에서 무엇보다 중요한데, 이는 성인이 된 뒤에도 마찬가지다. 가정환경과 개인적 경험으로 추진력을 얻은 여성들도 있다. 레이첼이 경험한 시골의 목가적 분위기와 지역 산업의 위험성은 훗날 그가 진행한 환경 연구와 저술 곳곳에 스며들어 있다. 또 가까운 가족이나 친구의 병과 죽음을 겪은 버지니아, 리타, 거트루드는 의학 연구의 길로 나아가게 되었다. 나이가 든 뒤에는 교사나 대학교수, 친한 동료들이 이들의 흥미를 자극하는 불씨를 제공했다.

이들 모두에게는 공통적인 특성도 있다. 어릴 때부터 만족을 모르고 타오른 학구열, 끈기(사냥개 같은 정신력), 실험할 때 신중한 태도, 지식을 추구하는 맹렬한 집중력, 추진력, 직관력 등이 이들 인생 전체를 관통하면서 과학적 성공에 확실하게 도움을 주었다. 하지만 이들 중 누구도 이런 특성의 상대적인 장점을 분석하거나 자기 업적을 홍보할 생각을 하지 않았다. 다들 과학 연구에 몰두하느라 바빴고 엘시 위도슨처럼 아무도 자기 이야기에 관심을 보이지 않을 거라고 여겼다. 오직 한 사람, 리타만이《불완전함을 찬양하며 In Praise of Imperfection》라는 비꼬는 듯한 제목의 자서전을 썼는데 이는 그가 백세 살까지 산 덕분에 가능했을 것이다!

이 여성들 가운데 상당수는 과학에 매우 개인적으로 접근했고, 때로는 자기 시대의 형식적인 태도와 대립하기도 했다. 도로시는 같은 연구실에서 일하는 모든 사람에게 존칭을 붙이지 않고 이름만 부르겠다고 우겼는데, 우리도 이 책에 등장하는 모든 여성을 그런 식으로 부르기로 했다. 그리고 도로시는 마리나 리타처럼 실험실의 긍정적 차별에 반대하지 않고 오히려 독려했다. 지식 전달도 지속적으로 언급되는 주제인데, 버지니아와 거트루드 같은 과학자들은 교수 능력과 학생들에 대한 따뜻하고 매력적인 접근방식으로 끊임없이 칭송받았다.

이 여성들 이야기를 할 때는 칭찬 일색이 되기 쉽지만 이들은 절대 성인聖人이 아니다. 우젠슝과 함께 일한 연구실 직원들은 그를 흔히 '악질 상사'라고 불렀다. 우젠슝의 육아 기술도 의심스러울 때가 많았다. 리타는 남들의 바보짓을 기꺼이 용인하지 않고 따지기 좋아하는 성격 때문에 자주 곤경에 빠졌다. 그러나 사실이 모든 걸 말해준다. 이들은 종종 길을 돌아가기도 했고 갖가지 사고와 재난, 가족의 비극을 겪으며 특별한 일을 해낸 평범한 여성이다.

과학자 가운데 상당수는 마리 퀴리와 피에르 퀴리의 경우처럼 특별한 동료와 결혼할 정도로 서로 강력한 업무 관계를 맺기도 한다. 대개는 공통의 열정이 반드시 실험실 너머까지 확장되지는 않았지만 어떤 과학적 제휴는 매우 성공적이어서 오랫동안 가까운 협력자로 지냈는데, 엘시와 로버트 맥캔스는 그 관계가 60년이나 이어졌다. 리제와 오토 한은 더 우여곡절이 많고 불균형한 관계였지만 함께 남긴 과학적 유산은 세월의 시험을 이겨냈다. 거트루드와 조지 히칭스는 암 환자와 개인적 관계를 발전시키고 기존의 것과 근본적으로 다른 약물 치료법을 설계하는 능력을 공유했다. 리타와 빅토르 함부르거도 과학 연구에 동등하게 관여했지만, 이들의 파트너십에는 두 사람의 상당히 다른 성격이 반영되는 경우가 많았다. 과학 연구에 대한 함부르거의 점진적 접근방식이 리타의 화려한 스타일을 보완한 것이다.

과학은 사회적 맥락이 중요한데, 자기 연구결과가 원자폭탄 제작에 사용될 거라는 사실을 알았을 때의 리제만큼 그걸 통렬하게 깨달은 사람은 없다. 리제나 마리 같은 여성들은 뛰어난 과학자였지만, 과학계에서는 이들을 마지못해 받아들였다. 이들은 외부인 취급을 받으면서 기득권층의 벽 너머에서 일하는 경우가 많았다. 이런 상황 때문에 이들은 일반적인 방침을 받아들이는 사람에게는 불가능한 방식으로 질문을 던지거나 문제를 해결하는 위치에 서게 되었다. 이들의 관점과 경험은 남들과 달랐다. 이들은 과정에 마음껏 의문을 품었다. 과학은 우리를 어디로 안내하며, 관련된 과학자들은 그 과정을 효과적으로 이끌고 있는가?

도로시는 국내외에서 평생 과학을 발전시켰다. 냉전이 오고 공산주의가 힘을 얻어 중국과 러시아 같은 나라들의 과학 연구에 영향을 주거나 방해를 하던 시기에 도로시는 동서 진영 양쪽에서 과학적 관계를 구축하고 소통의 선을 열어두었다. 도로시는 이런 인도주의적 행동을 다른 사람들과 공유했다. 리제, 마리, 리타는 두 차례 세계대전 중 병자들을 돕기 위해 고통스럽고 변변치 않은 환경에서 일하며 자신들의 과학적 배경을 활용했다. 리타는 긴 생애 동안 특히 여성 교육이라는 대의명분을 계속 홍보했다.

과학은 진공 상태에서는 작동하지 않으며 대중을 사로잡는 게 필수적이다. 우리가 선정한 여성 열 명 가운데 상당수는 과학에 대한 대중의 관심을 알았고 다른 이들에게 손을 내밀고 싶어 했다. 레이첼의 견해는 이를 잘 요약한다. "우리는 과학 시대에 살고 있다. 그러나 우리는 과학 지식이 실험실에 고립되어 성직자처럼 살아가는 소수만을 위한 특권이라고 가정한다. 그건 사실이 아니다. 과학의 재료는 곧 인생 자체의 재료다. 과학은 우리가 살아가는 현실의 일부분이다. 과학은 우리가 경험하는 모든 것의 대상이자 방법이자 이유다."

이상적인 세계에서라면 이런 책은 이 여성들이 어떤 흥미로운 과학적 삶을 살았는지만 보여줄 뿐 성 불균형을 바로잡거나 젊은 과학자, 특히 여성들에게 영감을 주려고 한 모든 노력은 배경으로 사라질 것이다. 지금으로서는 이 여성 과학자 열 명이 과학계에서 한 경험과 이들이 세상에 만들어낸 차이에 스포트라이트를 돌림으로써 이 책이 결단력과 방향성, 집중력을 발휘해 과학계에 종사하는 여성들에게 무엇이 가능한지 일깨워주는 계기가 되기를 바란다.

차 례

1장

버지니아 애프거 (1909-1974)

전 세계 갓난아기들은 버지니아 애프거와 삶에 대한 그의 접근방식(버지니아의 동료 중 한 사람은 이를 '옳은 일은 지금 당장 하자'로 요약했다)에 목숨을 빚지고 있다. 버지니아는 의학계에서 일하는 현대 여성의 선구자로, 그가 1933년 미국에서 의사 자격을 취득할 무렵에는 전체 의사 중 5퍼센트만이 여성이었다. 버지니아는 산부인과 마취의라는 새로운 분야를 발전시키는 일을 도왔고 신생아의 건강에 대한 관심으로 애프거 테스트를 만들었다. 생명을 구할 수 있는 간단하고 빠른 다섯 가지 평가는 현재 전 세계에서 사용되고 있다. 애프거 테스트는 신생아학 분야의 기반을 마련했으며 버지니아는 선천적 장애 예방, 의식 고양 그리고 연구에 필요한 자금을 마련하기 위한 세계적인 리더가 되었다.

버지니아는 획기적인 의료 활동과 더불어 다양한 취미를 즐겼는데 특히 음악을 좋아했다. 또 의학의 맹목적인 성격과 초기 교육과정에서 발생한 재정적 어려움에도 좌절하지 않는 정력적이고 단호하며 카리스마 있는 여성이었다. 버지니아는 "여성은 자궁을 떠난 순간 해방된 존재"라고 선언하면서 자기 삶의 환희와 업적을 다른 사람들과 기꺼이 공유했다.

Virginia

Apgar

버지니아 애프거Virginia Apgar, 1909~1974는 1909년 6월 7일 뉴저지주 웨스트필드에서 태어났다. 버지니아의 가족은 찰스와 로렌스라는 두 아들에 이어 딸을 가족으로 맞이하는 행운에 기뻐했다. 애프거 가족은 행복하고 생산적이며 진취적이었다. 버지니아는 자기 가족이 "절대로 가만히 앉아 있는 법이 없었다"고 말한 적이 있는데, 그 자신도 이런 특성을 그대로 물려받았다.

버지니아의 아버지 찰스는 뉴욕 생명보험회사에서 세일즈맨으로 일했지만 그가 정말 좋아한 것은 과학과 발명이었다. 그는 어린 버지니아에게 탐구적이고 창조적인 환경을 제공했고, 그런 환경은 버지니아의 능력이 꽃피는 데 지대한 영향을 미쳤다. 아마추어 무선사인 찰스는 제1차 세계대전 당시 대서양에서 연합국 선박을 공격한 독일 U보트에 전송된 메시지를 해독해서 연합군 선박을 구하기도 했다.

찰스는 또 다른 취미인 음악으로 창의성을 생생히 꽃피우게 했다. 이 가족은 종종 거실에서 아마추어 콘서트를 열었으며 버지니아와 로렌스는 어릴 때부터 음악 수업을 받았다. 버지니아는 여섯 살 때 바이올린을 시작했고 나중에 첼로를 배웠으며 로렌스는 피아노를 배웠다. 아이들이 충분히 나이가 들자 가족은 거실 콘서트를 열거나 지역 콘서트홀 연주회에서 공연을 했다. 로렌스는 결국 오하이오주 옥스퍼드 대학의 음악교수가 되었다.

하지만 버지니아가 어릴 때 주변에 비극적인 일이 전혀 없었던 건 아니다. 큰오빠 찰스 주니어가 네 번째 생일 직전에 결핵으로 사망했는데, 이때만 해도 대부분 인구가 결핵에 감염되어 있었고 항생제가 아직 등장하기 전인 1900년대에는 흔한 일이었다. 버지니아보다 두 살 위인 로렌스는 만성 습진에 시달렸다. 그 세대에 흔히 그랬던 것처럼 어머니 헬렌의 유일한 관심사는 가족이었는데, 특히 로렌스의 습진 증상을 억제하려고 많은 시간과 노력을 들였다.

어머니가 로렌스에게 온정신이 가 있는 동안, 버지니아와 아버지는 과학에 대한 공통의 관심사를 발전시킬 수 있었다. 버지니아가 언제, 무슨 이유로 의사가 되겠다고 결심했는지는 정확히 알 수 없지만, 오빠의 때 이른 죽음과 아버지의 과학적 관심, 어머니의 자상한 성품이 그러한 결정에 중요하게 작용했을지 모른다.

버지니아의 타고난 지적 능력과 수학이나 그리스어 같은 과목에 대한 친밀감이 학문적 성취에 많은 도움이 되었다. 학교에서는 토론을 좋아해서 4년간 고등학교 토론회에서 활동했다. 키가 크고 날씬한 버지니아는 운동능력도 타고났는데, 그중 테니스와 농구를 즐겼다. 버지니아는 음악에도 관심이 많아서 학교 오케스트라 활동에도 열심히 참여했다. 버지니아의 엄청난 에너지와 학교생활에서 다양한 활동에 적극적으로 참여하는 모습은 고등학교 졸업 앨범에도 잘 반영되어 있다. 버지니아를 소개하는 문구는 "대체 어떻게 그 일들을 다 해낼 수 있었을까?"라는 질문으로 끝난다.

버지니아가 고등학교를 졸업할 무렵에는 의대 공부는 고사하고 대학에 진학하는 여학생도 매우 드물었다. 하지만 버지니아는 과학과 의학에 계속 관심을 두기로 결심하고 1925년 열여섯 살의 어린 나이에 매사추세츠주 사우스해들리에 있는 마운트 홀리요크 대학에 입학했다. 그곳에서 동물학과 화학을 전공하면서 교내 오케스트라에서 바이올린과 첼로를 연주하고 여러 연극에도 출연하는 등 과외 활동도 활발하게 했다. 버지니아는 친구들 사이에서 뭐든 다 해내는 '지미'라는 애칭으로 불렸다. 부모님에게 보낸 편지에서는 자신의 미래 업적을 돋보이게 할 단어를 사용했다는 것을 의식하지 못한 채 "매우 건강하고 행복하지만 숨 쉴 틈조차 없다"고 썼다. 1929년 대학을 졸업한 버지니아는 의학 학위 취득을 다음 목표로 정했다.

하지만 시기가 좋지 않았다. 1929년 8월부터 미국 경제는 불경기로 접어들었고, 곧이어 10월에는 주식시장이 붕괴되었다. 대공황이 시작되자 많은 사람이 돈을 융통할 길이 막혔고 버지니아 가족도 예외는 아니었다. 버지니아는 홀리요크 대학의 동물학과 연구실에서 일하는 등 경제적 자립을 위해 몇 가지 별난 직업을 거쳤다. 이는 오늘날의 기준으로 볼 때 상당히 특이한 직업이다. 버지니아가 맡은 주된 임무는 떠돌이 고양이들을 잡아서 인도적인 방법으로 죽인 뒤 학생들의 해부 실습을 위해 보존하는 것이었다.

버지니아는 장학금과 자신이 벌거나 빌린 돈을 이용해 1929년 컬럼비아 대학교 의학대학원에 입학했다. 당시 나이는 스무 살이었고 전체 입학생 69명 가운데 여자는 그를 포함해 세 명뿐이었다. 그중 성 차별뿐만 아니라 인종 차별과도 싸워야 했던 동료 의대생 베라 조셉Vera Joseph은 버지니아를 똑똑히 기억했다. "예리하고 통찰력 있는 버지니아는 내게 자신감이 필요하다는 것을 알아차렸다……. 그래서 오가다 마주칠 때마다 활기차게 인사를 건네거나 날 안심시키려고 꼭 안아주거나 잠시 멈춰 서서 대화를 나누기도 했다."

그로부터 4년 뒤인 1933년, 버지니아는 의대를 4등으로 졸업하고 다음 단계의 의학 훈련을 하기 위해 컬럼비아 장로교 병원 외과에 취직했다. 버지니아의 기술과 지성은 외과팀 윗사람들에게 깊은 인상을 남겼지만, 외과과장 앨런 위플Alan Whipple 박사는 버지니아가 외과의가 되는 것을 만류했다. 대공황기에는 특히 여성을 위한 일자리가 부족했기 때문에 외과에서 자리를 잡으려면 엄청나게 고생할 거라고 판단했기 때문이다. 그리고 버지니아가 의대를 다니면서 진 4천 달러에 달하는 빚도 문제였는데, 이는 오늘날 물가로 환산하면 7만 달러가 넘는 엄청난 액수였다.

위플은 이런 요소를 고려하면서도 의학계에서 경력을 쌓으려는 버지니아의 바람을 지지해 외과 대신 마취학과를 택하면 어떻겠느냐고 제안했다. 그는 버지니아의 능력에 감탄했고 마취학이라는 새로운 분야에 잘 훈련받은 의사가 필요하다는 것도 알고 있었다. 1920~1948년에는 미국 의사 가운데 여성 의사 비율이 5퍼센트 미만이었지만, 마취과는 의사의 약 12퍼센트가 여성이었다. 이는 다른 멘토들도 여성 의사들에게 위플과 비슷한 조언을 해주었기 때문일 수도 있고, 역사적으로 마취는 여성 간호사가 하던 일이었기 때문일 수도 있다.

당시 마취학은 오늘날처럼 진보된 학문이 아니었다. 1930년대 영국에는 마취과에서 활동한 의사도 몇몇 있었지만, 미국에는 전문가가 거의 없었으며 1880년대 이후 간호사들이 이 일을 했다. 미국에서는 오늘날에도 '마취 전문가'는 간호사고(영국처럼 의사가 아니라) 이 분야에서 일하는 의사들은 '마취통증학자'라고 한다. 1930년대 간호사들은 매우 유능하고 기술적으로 능숙했지만 미국 대학의 외과의들은 미래의 수술을 걱정했다. 수술 절차가 점점 복잡해짐에 따라 더 나은 마취 기술을 개발해야 할 필요성이 있었고, 위플은 버지니아가 그 분야에 상당한 기여를 할 것이라고 했다.

1934년, 스물다섯 살이 된 버지니아는 마취과 견습생 자리를 찾기 위해 미국과 캐나다의 마취과의사협회에 편지를 보냈다. 그런데 그들의 답장에는 문제점이 있었다. 지원 가능한 견습생 자리는 13개뿐인데 그중 2개 자리만 급여를 지급했다. 1935년 외과 견습을 마친 버지니아는 컬럼비아 장로교 병원 간호사들에게 마취의 기초를 배우는 편이 더 낫겠다고 생각했다. 1937년 버지니아는 위스콘신주 매디슨에서 랠프 워터스Ralph Waters 박사와 6개월을 보냈다. 그는 1927년 미국 최초로 마취학과를 설립해 마취과 분야를 이끌고 있었다.

버지니아에게는 강도 높은 학습이 계속된 시기였지만 사교적인 부분은 쉽게 풀리지 않았다. 학급에서 유일한 여성이었던 버지니아는 근무 시간에는 동료들과 어울릴 수 있었지만 저녁식사 자리나 다른 사교 행사에서는 배제되었다. 의학은 매우 남성적인 세계였는데, 이는 여성 의사들을 위한 주거 시설이 부족한 것만 봐도 알 수 있다. 매디슨에서 6개월을 지내는 동안 버지니아는 세 번이나 이사를 했다. 벨뷰 병원의 에머리 로벤스틴Emery Rovenstine 박사와 함께 일하기 위해 뉴욕으로 돌아간 뒤에도 주거 문제는 계속되었다. 이때는 임시로 병원의 여종업원 숙소에서 묵었다.

버지니아는 이에 굴하지 않고 1938년 벨뷰에서 마취과 훈련을 마친 뒤 컬럼비아 장로교 병원으로 돌아왔다. 서른 살이 된 1939년, 버지니아는 미국마취과의사협회의 두 번째 여성 회원이 되었고 협회에서 마취과 전문의로 공인받은 50번째 미국 의사가 되었다. 얼마 뒤에는 협회의 새로운 리더로 선출되었고 병원에서도 마취과를 책임지는 최초의 여의사가 되었다. 버지니아는 마취과 분야를 계속 지켜온 간호사들을 교체하지 않은 채 조직 구조를 구축해서 레지던트 제도를 마련하고 새로운 전문가들을 고용했다.

그 후 10년간 버지니아가 맡은 마취과는 계속 성장했다. 버지니아는 마취 지식을 넓혀 산부인과 마취라는 새로운 분야로 진출해 새 생명의 탄생에 업무의 초점을 맞추게 되었지만, 그 가까이에서는 죽음도 기다리고 있었다. 버지니아가 마흔한 살이던 1950년, 사랑하는 아버지가 여든다섯의 나이로 세상을 떠났다. 버지니아는 아버지의 죽음을 슬퍼하면서도 아버지가 딸이 여의사로서 성공한 모습을 보고 돌아갔다는 사실에 감사했다. 1955년에는 그런 성공 덕분에 컬럼비아 장로교 병원 산부인과 마취과장으로 임명되었다.

아버지의 영향력은 그가 죽은 후에도 계속되었다. 아버지로부터 비롯한 음악에 대한 관심 덕분에 성인이 된 버지니아는 의학 업무에 열중하면서도 뉴욕 티넥 교향악단과 아마추어 뮤직 플레이어에서 정기적으로 첼로와 비올라를 연주했다. 심지어 출장 갈 때도 첼로나 비올라를 들고 가서 바쁜 일정 중 짬이 나면 그 지역 실내악단과 함께 연습이나 연주를 했다.

악기를 연주하는 것에 만족하지 않은 버지니아는 1956년 자기가 쓸 악기를 직접 만드는 또 하나의 긴 여정을 시작했다. 그는 칼린 허칭스Carleen Hutchings라는 환자를 만난 뒤부터 악기를 만들고 싶다는 열정을 품게 되었다. 열렬한 음악 애호가인 칼린은 악기 제작과 관련해 자기가 아는 모든 것을 버지니아에게 가르쳐주었다. 하지만 악기를 만들 시간을 내기가 쉽지 않았을 뿐 아니라 악기 만드는 작업이 조용히 할 수 있는 일도 아니었다. 버지니아의 이웃들은 그가 목공 도구와 작업대가 들어찬 침실에서 망치질을 하는 바람에 새벽까지 잠을 이루지 못했다. 버지니아는 새로 배운 이 기술에 푹 빠져 바이올린과 메조바이올린, 첼로, 비올라 등을 만들었다.

버지니아는 의사 일을 할 때든, 신생아를 보살피는 데 집중할 때든, 취미 활동을 할 때든 상관없이 모든 일을 헌신적으로 했다. 그만큼 계속 활동적으로 사는 것이 중요했다. 학교에서는 농구 같은 팀 스포츠를 했고, 나중에는 골프, 낚시, 정원 가꾸기 등을 좋아하게 되었다. 또 야구 보기를 즐겨서 브루클린 다저스의 열렬한 팬이기도 했다.

악기 만들기, 새로운 스포츠 배우기, 과학과 의학에 대한 관심 등 버지니아가 평생 배우는 것을 좋아했다는 사실이 주변에서 자주 언급된다. 버지니아의 멘토이자 친한 친구인 스탠리 제임스L. Stanley James 박사는 버지니아를 가리켜 "죽는 날까지 학생으로 살아간 사람"이라고 평했다. "배움은 버지니아 인생의 중심이었다. 그 호기심은 만족을 몰랐고 항상 새로운 지식에 매력을 느꼈다. 늘 새로운 정보를 받아들이면서 자기 생각을 그에 맞춰 수정하거나 바꿀 준비가 되어 있었다. 또 융통성 없게 구는 법이 없었다. 이 희귀한 자질 덕분에 버지니아는 전통이나 관습에 얽매이지 않고 삶을 헤쳐 나갈 수 있었다."

악기 제작에 전념하면서 문제를 해결해나간 방식은 의료 업무에 접근하는 법과도 일치했다. 버지니아의 삶은 항상 창의력으로 가득했고 그 자신의 이름을 딴 신생아 선별 시험인 애프거 테스트도 그런 단순함과 효과 면에서 아주 창의적이었다.

버지니아는 1939년부터 1949년 사이에 마취에 대한 관심을 키우고 마취 기술을 발달시켜 산부인과에 응용하는 데 매력을 느꼈다. 대표적인 마취과 의사 셀마 칼메스Selma Calmes 박사의 말에 따르면, 버지니아는 '적절한 시기와 장소에서' 이 분야에 진출했다고 한다. 1940년대에는 출산할 때 마취하는 일이 흔치 않았지만, 버지니아는 새 직장에서 제왕절개 분만 과정에 참여했다. 이 수술을 하려면 마취가 필요했는데, 마취 과정에서 산모나 아기에게 마취가 미치는 영향을 잘 몰랐기 때문에 출산 중이나 출산 직후 산모 사망률이 말도 안 되게 높았다.

새로운 발전을 열린 자세로 유연하게 받아들이고 자기 실수도 솔직하게 인정하는 버지니아의 능력은 마취 분야를 발전시키는 데 도움이 되었다. 새로운 마취제가 개발되면 버지니아는 그것이 산모와 신생아에게 어떤 영향을 미치는지 세심하게 관찰했다. 그리고 1949년부터 1952년까지 신생아의 탄생 직후 상태와 건강 예측에 필요한 자료를 수집했다.

버지니아가 임상 관찰이나 산부인과 마취학에 중대한 변화를 일으키고 지식을 전파하는 능력은 남들 눈에 띌 수밖에 없었다. 그의 동료인 제임스 박사는 훗날 "버지니아는 단순한 의사가 아니었다. 교육자이기도 했다"고 말했다. 산부인과 마취는 새로운 분야였기 때문에 공개된 자료가 많지 않았지만 버지니아는 천성적으로 실용적이었기에 이용 가능한 교구를 즉흥적으로 활용했다. 오래된 뼈는 물론이고 심지어 모양이 특이했던 자신의 골반뼈까지 사용했다. 그 뼈가 예전부터 사용해온 오래된 골격 모형의 일부라고 여겼던 한 호주 의사는 그것이 버지니아의 골반이라는 말을 듣고 깜짝 놀라기도 했다.

1940년대 말과 1950년대 초 버지니아에게 가장 강한 충격을 준 분만실의 특징은 태어난 직후 아기들을 보살피는 방식이었다. 당시에는 아기의 안녕보다 엄마의 안녕에 더 중점을 두었다. 병원 분만이 가정 출산을 대체하게 된 것은 더 많은 산모와 아기가 출산 과정에서 살아남게 되었다는 뜻이지만, 아기가 태어난 첫 24시간은 여전히 불확실한 시간이었다.

신생아의 활력 징후를 확인하는 관례적인 검사가 없었고, 있다 하더라도 그 방법이 병원마다 다르며, 종종 비과학적이고 심지어 안전하지도 않았다. 예를 들어, 의사들은 아기에게 산소가 부족하다는 징후를 놓쳤는데, 이는 신생아 사망 원인의 절반을 차지하는 문제였다. 일부 의사는 저체중이거나 숨 쉬기 힘들어하는 아기는 죽게 내버려둬야 한다고 생각했다. 뉴욕 앨버트 아인슈타인 의과대학 소아과 교수 앨런 플라이슈만Alan Fleischman은 이렇게 말했다.

"적극적인 조치를 취하지 않는 편이 낫다고 생각했다. 몇몇 의사는 아기의 몸을 닦아주고, 흔들어보고, 등을 두드리기도 했지만 그게 다였다."

아기가 태어나는 순간 심장박동이나 호흡수 같은 활력 징후를 체크하는 시스템이 절실히 필요했다. 그래야 너무 늦기 전에 적절한 관리를 할 수 있다.

버지니아는 어느 날 아침 병원 매점에서 아침을 먹다가 유레카의 순간을 맞았다. 의대 학생 한 명이 신생아들의 건강 상태를 평가하는 방법을 물어보았다. 버지니아는 "그건 쉬워. 이렇게 하면 돼"라고 말하면서 확인해야 할 다섯 가지 활력 징후를 적었다. 처음에는 '신생아 선별 시험'이라고 부른 이것이 애프거 테스트의 첫 번째 버전이다.

의대생은 새로운 점수 산정 시스템이 즉각 만들어지는 것을 보고 놀랐을지도 모르지만, 버지니아의 아이디어는 수년간 계속된 고된 관찰과 임상 지식의 결과였다. 버지니아는 마취를 진행했기 때문에 평소 업무를 하면서 신생아들과 긴밀하게 접촉했다. 그러면서 겉으로는 건강해 보이는 아기들의 체중과 키를 재려고 엄마 품에서 아기를 채가는 순간 아기가 얼굴이 파랗게 질리면서 숨 쉬기 힘들어하는 모습을 보았다.

버지니아는 아기가 태어난 지 1분 안에 다섯 가지 생명 징후를 확인하는 게 중요하다는 것을 알고 있었다. 각 징후에 점수를 0점이나 1점 또는 2점 매긴다. 총점이 7~10점 사이면 정상으로 간주하고, 4~6점 사이는 호흡 같은 부분에 자극을 주기 위해 약간 개입이 필요하며, 3점 이하일 때는 응급 치료를 해야 한다. 태어나서

1분 뒤 10점 만점을 받는 아기는 거의 없는데, 이는 산소 포화도가 높은 혈액이 아직 손가락과 발가락까지 완전히 도달하지 못해서 손가락, 발가락이 푸른색을 띠기 때문이다.

애프거 점수(우리나라에서는 보통 '아프가 점수'라고 함-옮긴이)가 점점 널리 사용됨에 따라 태어난 뒤 아기들 상태가 계속 괜찮은지 확인할 수 있는 두 번째 측정 기준이 있어야 한다는 사실이 명확해졌다. 의료 전문가들은 다른 시간대에 측정한 두 가지 점수를 비교해서 아기의 상태가 나아지는지 아니면 악화되는지 모니터링할 수 있다. 지금은 관례적으로 애프거 테스트를 생후 1분과 5분에 두 차례 실시한다. 필요하면 10분 뒤에도 테스트를 반복할 수 있다.

1천 명이 넘는 신생아를 대상으로 이 점수 체계를 시험해본 버지니아는 1952년 열린 학회에서 이 테스트 방법을 시연했고 1953년 연구결과를 발표했다. 《마취 및 통증관리학》 최신 연구에 단독 저자로 발표한 논문에서는 신생아 생존을 예측하는 변수인 이 점수의 가치를 자세히 기술했다. 이는 의학계 전체에서 군말 없이 받아들이면서 박수갈채를 보낸 보기 드문 사례로, 곧 일상적으로 활용되기 시작했다. 당시 의학계는 항생제 출현에 따른 낙관주의의 물결에 힘입어 새로운 발전을 이룰 준비가 되어 있었다.

10년 뒤인 1963년 덴버 아동병원에서 일하던 조셉 버터필드 Joseph Butterfield 박사는 사람들이 살펴봐야 하는 게 뭔지 기억할 수 있도록 버지니아의 성을 이용한 약자를 만들자고 제안했다(외관 Appearance, 맥박Pulse, 찡그림Grimace, 활동성Activity, 호흡Respiration=APGAR). 이때부터 신생아 선별 검사를 공식적으로 애프거 검사라고 하게 되었다. 버터필드가 이 문제를 설명하는 편지를 보내오자 버지니아는 이렇게 답장을 보냈다. "그 약어를 보고 큰 소리로 웃었습니다. 정말 기발하고 독창적이네요." 버터필드 박사는 이 두문자어acronym를 《미국 의사협회 저널》에 발표했다.

- A는 외관Appearance을 뜻한다. 몸 전체가 정상적인 분홍색을 띠면 2점을 준다. 몸통은 정상이지만 손이나 발이 파란색이면 1점이다. 온몸이 파랗거나 매우 창백하면 0점이다.
- P는 맥박Pulse이다. 갓 태어난 아기의 맥박(심박수)은 1분에 100회 이상 뛰는데, 이 경우 2점을 준다. 분당 100회 미만이면 1점이고, 맥박이 뛰지 않으면 0점이다.
- G는 찡그린 표정Grimace을 뜻한다. 아기의 발바닥을 자극한 뒤 반사적인 반응을 검사한다. 간질이거나 살짝 때렸을 때 다리가 확 움직이거나 기침 · 재채기를 하면 2점이다. 얼굴을 찡그리면 1점이고, 아무 반응이 없으면 0점이다.
- A는 활동Activity을 가리킨다. 근긴장도는 팔다리를 자유롭게 규칙적으로 움직이는 모습으로 나타나며, 이 경우 2점을 준다. 팔이나 다리를 구부리면 1점이고, 움직임이 부족하면 0점이다.
- R는 호흡Respiration이다. 아기가 태어난 후 울음을 터뜨리고 호흡도 잘하면 2점을 준다. 호흡이 느리거나 호흡을 힘들어하면 1점이고, 숨을 쉬지 않으면 0점이다.

대부분 2점을 받아서 점수가 높으면 아기 상태가 괜찮다는 것이다. 점수가 거의 1점일 경우 산소를 추가 공급하는 등 약간 개입이 필요하다. 태어나서 5분이 지난 뒤 다시 이 테스트를 하면, 그런 개

애프거 척도(산후 1분과 5분에 평가)

징후		2	1	0
A	활동성(근긴장)	활발함	팔과 다리가 구부러짐	활동 없음
P	맥박	>100bpm	<100bpm	맥박 없음
G	찡그림(반사 흥분성)	재채기, 기침, 움직임	얼굴 찡그림	반응 없음
A	외관(피부색)	몸 전체가 정상	사지만 제외하고 정상	청색증이거나 온몸이 창백함
R	호흡	양호, 울음소리	느림, 불규칙함	호흡 없음

입으로 변화가 생겼는지 알 수 있다.

버지니아는 신생아가 스스로 숨을 쉬지 못할 경우 심폐소생술을 실시하는 등 상태를 개선하기 위한 개입에 초점을 맞추었다. 아기에게 무엇이 필요한지 알았기에 소생 전략을 혁신하도록 도왔다. 뉴욕 컬럼비아 장로교 아동병원 소아과 교수 리처드 폴린Richard Polin 박사의 말에 따르면, 비침습적 환기 방법을 이용하고 약을 적게 쓰는 등 소생술을 개선한 덕분에 신생아들의 만성 폐 질환이 줄었다고 한다.

생명을 구하는 버지니아의 기술은 이제 더 많은 대중과 유명 인사에게 영향을 미쳤다. 1958년 겨울, 버지니아가 졸업한 대학에서 발행하는《마운트 홀리요크 분기별 동창 소식지》에서는 다음과 같은 내용을 흥분된 어조로 보도했다.

> 다음에는 또 어떤 분야에서 1929년도(버지니아가 졸업한 연도) 졸업생이 등장할지 아무도 알 수 없다. 지난 8월에 AP통신의 한 기사에서는 영

화 제작자 마이크 토드Mike Todd의 말을 인용해, 그의 아내이자 영화배우인 리즈 테일러Liz Taylor가 낳은 조산아의 생명을 구할 수 있었던 건 우리 학교 졸업생 지미(의대 시절 별명) 애프거 덕분이라며 그에게 특별한 공을 돌렸다. 토드는 버지니아 애프거 박사가 "14분 동안 아기를 돌본 뒤 환호성을 질렀다. 그건 내 인생에서 가장 긴 14분이었다"고 말했다. (…) 버지니아는 그 작은 아기에게 생명을 불어넣었다.

신생아든 성인이든 사람의 생명을 지키는 것은 무엇보다 중요한 일이기에 버지니아는 환자를 소생시킨 경험담을 들려주어 친구들을 즐겁게 하곤 했다. 그는 비상 기관 절개술을 실시해야 할 경우를 대비해 항상 핸드백에 펜나이프와 기도관, 일회용 반창고를 가지고 다녔다. 기관 절개는 목 앞쪽에 구멍을 뚫고 기도에 직접 관을 삽입해 환자가 장애물을 우회해서 호흡하도록 돕는 수술 방법이다. 버지니아는 언젠가 교통사고를 당한 피해자 16명에게 이 수술을 했다고 한다. "내가 맡은 환자는 절대 숨을 멈추지 않을 것이다."

공중보건 통계 모델이 바뀌고 미국 각지에서 애프거 테스트가 시행되자, 이 방법은 신생아의 건강 상태를 측정하는 중요한 기준이 되었다. 버지니아는 진통, 분만, 마취, 산소 박탈이 신생아의 건강 상태에 미치는 영향을 조사하려고 연구 범위를 넓혔다. 제임스 박사를 비롯한 동료들은 심장학에 관한 최신 전문 지식과 산소 농도, 마취 수준을 측정하는 새로운 방법을 이용해 버지니아를 도왔다.

이 팀은 혈중 산소 농도가 낮고 혈액 산성도가 높은 아기들이 애프거 점수가 낮다는 것을 다 함께 증명했다. 낮은 점수는 또 분만 방법, 산모에게 투여한 마취제 종류, 신생아의 산소 부족과도 관련이 있다. 버지니아는 산모에게 투여한 시클로프로판cyclopropane이라는 마취제가 막 태어난 아기의 호흡을 방해한다는 사실을 깨달았다. 이로써 분만실에서 이 마취제가 사라졌고, 여성들이 출산하는 동안 의식을 유지하고 의사소통을 할 수 있는 국소 마취제인 경막외 마취제가 발달하게 되었다.

애프거 점수는 아기에게 매우 중요하고 유용한 결과다. 이제 아기 수천 명에게 이 테스트를 적용하면서 누적된 데이터에서 몇 가지 중요한 상관관계가 드러났다. 이 간단하지만 효율적인 점수 시스템이 발명되기 전에도 의사들은 상관관계를 알아차렸을지 모르지만, 그걸 증명할 자료가 충분하지 않았다. 열두 개 기관에서 아기 1만 7,221명이 참여한 합동 프로젝트에서 애프거 테스트, 특히 5분 뒤 측정한 점수를 이용하면 신생아의 생존과 신경학적 발달을 예측할 수 있다는 사실이 입증되었다. 애프거 테스트가 더 보편적으로 사용되면서, 관리가 필요한 아기들에게 적절한 관리를 시작했고, 신생아 특수 치료실을 설치했으며 신생아에게 크기가 적합한 심박수 모니터, 심폐소생술 보조기구 등이 개발되었다.

26년간 의사로 헌신한 버지니아는 1959년이 되자 안식년을 갖기로 했고, 비록 바쁜 의료계에서 잠시 벗어나긴 했지만 여전히 다른 사람들을 돕는 일에 집중했다. 특히 애프거 테스트는 문제를 안고 태어난 아기들의 진단과 치료에 대한 연구를 자극했다. 애프거 점수와 신생아 건강의 관계를 보여주는 데이터가 대량 생성되었기 때문에 버지니아는 이걸 연구해보려는 갈망을 느꼈다. 버지니아는 쉰 살에 다시 학교로 돌아가 볼티모어 존스홉킨스 대학교에서 공중보건학 석사학위를 받았고 이로써 진로를 선천적인 결함 분야로 바꾸었다. 선천적인 결함을 안고 태어난 아기의 애프거 점수가 낮은 사례가 많자, 버지니아는 이 아기들에 대한 즉각적인 치료와 장기적인 치료를 개선할 방법을 알아내고 싶어 했다.

1938년 1월, 주로 소아마비를 앓는 아이들을 돕기 위한 소아마비재단이 설립되었다. 당시에는 소아마비 백신이 없었기 때문에 미국에서 연간 5만 명 이상이 소아마비 바이러스에 감염되어 몸이 마비되거나 목숨을 잃었다. 소아마비 환자라서 휠체어 생활을 한 프랭클린 루스벨트Franklin Roosevelt 대통령(1933~1945년 재임)이 이 조직 창설을 도왔다. 이 단체는 훗날 '동전의 행진March of Dimes'으로 알려지게 되었는데, 이는 '시간의 행진'이라는 뉴스 영화를 이용한 말장난으로 모금 운동에 관여한 코미디언 에디 캔터Eddie Cantor가 만든 이름이라고 한다.

캔터는 "동전의 행진은 모든 사람, 심지어 아이들도 이 질병에 대항하는 대통령의 편에 서 있다는 것을 보여준다. 10센트 동전 하나 혹은 몇 개 정도 보내는 건 누구나 할 수 있다. 10센트 동전 열 개면 1달러니까 백만 명이 10센트씩만 보내면 총 10만 달러가 모일 것이다"라고 했다. 이 주장은 대중의 관심을 끌었고, 첫 번째 캠페인을 시작한 지 한 달 만에 동전 268만 개, 즉 26만 8천 달러의 소아마비 퇴치 기금이 모였다.

이 기구는 조너스 소크Jonas Salk 박사가 소아마비 백신을 성공적으로 개발할 수 있는 기금을 제공한 뒤, 선천적인 결함에 대한 연구, 조산의 원인과 예방법, 부모와 일반 대중을 위한 정보 제공 등에 필요한 기금을 마련하는 데 노력을 집중했다. 이들이 최근 벌인 캠페인 중에는 좀더 효과적인 유전자 검사, 엽산 보충제를 이용한 척추뼈 갈림증 예방, 증가하는 조산 발생률과 싸우는 것 등이 있다.

버지니아는 공중보건학 석사학위를 받은 1959년부터 '동전의 행진'에 참여해서 15년간 이 기구와 함께 일했다. 그리고 곧 단순한 회원 이상의 존재로 부상해 선천성 기형 부서의 책임자가 되었다. 수십 년간의 임상 경험으로 남들의 아픔에 공감하는 태도를 지닌 버지니아가 그 직책을 맡는 건 당연한 일이었다. 8년 후에는 기초 연구팀 이사가 되었고, 예순네 살이던 1973년에는 의학부 수석 부사장이 되었다.

버지니아는 모금 활동부터 건강 캠페인까지 조직의 모든 측면에 관여했다. '동전의 행진'은 버지니아가 관리를 맡은 이후로 소규모 모임에서 전국적인 조직으로 성장했는데, 이는 주로 그가 모금한 돈 덕분이다. 버지니아가 참여하는 동안 조직 수입이 두 배로 늘어났던 것이다. 버지니아는 자신의 홍보 활동이 선천적 결함의 오명을 줄이고 다양한 종류의 선천적 결함에 대한 대중의 인식을 높이는 데 초점을 맞춰야 한다고 여겼다. 버지니아 시대 이전에는 아기가 선천적 결함을 가지고 태어나면 부모는 아기를 기관에 맡기고 아기에 대한 모든 책임을 포기하도록 했다. 이는 오늘날의 기준으로 보면 끔찍한 일이지만, 당시에는 눈에서 멀어지면 마음에서도 멀어진다는 게 일반적인 생각이었다.

이 무렵 출산 의료학이라는 새로운 분야가 성장했다. 산부인과에 속한 이 전문 분과는 태아나 복잡한 고위험 임신부를 보살피는 것과 관련이 있으며 모태 의학이라고도 한다. 버지니아는 특정한 약물 복용이나 바이러스 감염이 태아에게 미칠 수 있는 영향을 인지하고 이를 여성들에게 알린 최초의 인물 가운데 한 명이다.

임신 중 약물 복용이 태아에게 미치는 잠재적 영향은 탈리도마이드thalidomide 스캔들 때문에 대중의 관심사로 떠올랐다. 1950년대 후반과 1960년대 초반에 유럽의 여러 지역에서 탈리도마이드를 입덧 치료제와 진정제로 임신부들에게 투여했다. 1962년, 전 세계적으로 아기 1만 명이 팔다리가 없거나 잘못 형성된 채 태어난 이유가 탈리도마이드 때문이라는 사실이 밝혀졌다. 탈리도마이드는 시장에서 급속히 사라졌지만 그 영향은 기형으로 태어난 아기들과 그 가족에게 평생 상처를 남겼고, 약물 규제를 강화하는 원인이 되었다. 탈리도마이드는 미국에서는 사용 허가를 받지 못했기 때문에 당시 언론에서는 운 좋게 화를 면했다고 강조했지만, 그 메시지는 정곡을 찔렀다.

미국도 제2차 세계대전이 끝난 후 베이비붐을 겪었기 때문에 새로 부모가 된 이들은 아기에 대한 정보를 갈망했다. 버지니아는 여기저기로 출장을 자주 다니면서 부모와 의사 모두와 직접 이야기를 나누었는데 가장 큰 과제는 루벨라 바이러스 감염이었다. 이 바이러스는 조산, 유산, 사산, 신생아 심장 질환, 실명, 선천성 이상 등 선천성 루벨라 증후군을 수천 가지 일으켰다. 1964년과 1965년에 발생한 루벨라 감염으로 선천성 결함 2만 건과 태아 사망 3만 건이 발생했기 때문에 버지니아는 백신 프로그램을 개발하기 위한 자금 지원과 정부의 지원을 얻게 되었다.

버지니아는 또 2003년부터 '동전의 행진'이 주력했던 조산 예방법을 찾는 데도 큰 역할을 했다. 버지니아가 15년간 이 조직을 위해 기울인 노력과 업적은 1960년대에 만들어진 이 조직의 슬로건 중 하나인 '아기가 태어나기 전부터 아기를 잘 돌봐라'로 압축해서 말할 수 있다. 버지니아는 항상 엄마의 요구와 태아에 초점을 맞춰 생각했으며, 1972년에는 조안 벡Joan Beck과 《내 아기는 괜찮은가?My Baby All Right?》라는 책을 공동 집필했다. 이 책은 여러 가지 흔한 선천성 결함의 원인과 치료법을 설명하고 여성이 건강한 아기를 낳을 가능성을 높이기 위한 예방책을 제시한 초기 책 중 하나다. 이 책은 출간되자마자 성공을 거두었다.

버지니아는 매력적인 성격이었기 때문에 만나는 모든 이에게서 호감을 샀다. 강연자로서도 인기가 많았는데 일과 재미를 위해 세계 각지를 돌아다녔다. 버지니아의 발랄한 성격은 속도가 아주 빠른 말투에서도 그대로 배어나왔다. 통역사들은 버지니아의 말을 고스란히 옮기는 일이 불가능하다는 것을 알았지만 그래도 핵심 메시지는 전달했고, 청중은 그 열정에 반응했다. 다양한 활동에 대한 관심 덕분에 버지니아와 같이 있으면 언제나 즐거웠고, 강의실에서도 재미있는 이야기와 일화를 곁들여 의학적인 강연 내용을 풍성하게 만들었다. 버지니아가 가장 좋아한 일화는 '공중전화 박스 범죄'였다.

1957년 버지니아와 친구 칼린은 버지니아가 만들고 있던 비올라 뒤판으로 쓰기에 안성맞춤인 단풍나무판을 발견했다. 하지만 그 판은 이미 병원 로비의 공중전화 박스 선반으로 사용되고 있었다. 병원 측에서는 당연히 사용 요청을 거절했지만, 그들은 굴하지 않고 계획대로 밀고 나갔다. 버지니아와 칼린은 그 나무 선반을 받침대에서 떼어낸 뒤 더 저렴한 나무판으로 복제품을 똑같이 만들어 아무도 모르게 바꿔치기했다. 버지니아는 '공중전화 박스 범죄'에 대해 이야기하기를 좋아했지만, 《뉴욕타임스》가 20년쯤 후 이 이야기를 폭로하기 전까지는 사적인 일화로 남아 있었다.

버지니아의 재치 있는 성격은 텔레비전에서도 잘 드러났기 때문에 텔레비전 진행자들이 아주 좋아했다. 버지니아는 환자나 자기가 만난 모든 이와 어울리기를 좋아하는 사교적인 의사였다. 함께 일했던 '동전의 행진' 자원봉사자는 "버지니아의 따뜻함과 관심은 그가 내 몸에 손을 대지 않았는데도 그 품에 안겨 있는 듯한 기분을 느끼게 한다"고 말했다.

1973년 버지니아는 존스홉킨스 공중보건 대학원 유전학과 강사가 되었다. 이 학교 의대 강사가 된 지 14년 만의 일이었다. 가르치는 소질을 타고난 버지니아는 산부인과 마취과에서 처음 일했던 시절부터 자기 지식을 비공식적이고 편안한 스타일로 전달하려고 했다. 그래서 격식 차린 강의실보다 병원 복도나 환자 머리맡에서 사람들을 가르치는 일도 종종 있었다. 버지니아의 영향력과 입지에 감화된 젊은 의사들도 그를 따라 이 분야를 전공했으며, 그는 자기가 가르친 간호사나 의사들과 따뜻한 관계를 맺었다.

제임스 박사는 훗날 가르치는 일에 대한 버지니아의 헌신을 이렇게 말했다. "아기와 관련해 새로운 사실을 발견하거나 아기들이 태어나자마자 어떻게 해야 가장 잘 돌볼 수 있는지 알아낼 때마다 최대한 많은 의사에게 자기가 알아낸 새로운 정보를 가르쳐주려고 했다. 때로는 강의에서 알려주기도 했고, 때로는 미국 전역의 의사들에게 배포할 짧은 영상을 제작하기도 했다." 1964년 촬영된 이 비디오에서는 버지니아가 간호과 학생에게 애프거 기술을 가르치고 있다. 이 비디오는 버지니아를 성공적인 선생님으로 만들어주었는데, 침착하고 참을성 있게 학생을 격려하는 태도를 잘 보여준다. 비디오 끝부분에서 버지니아는 이렇게 말한다. "이 시범은 다섯 가지 점수 체계를 가르치는 게 얼마나 쉬운지 보여준다. 이 젊은 숙녀는 간호과 학생인데 오늘 아침까지만 해도 이 시스템에 대해 들어본 적이 없다. 그런데 지금은 자기가 그 내용을 아주 잘 파악하고 있다고 생각한다."

버지니아가 환자들의 침대 머리맡에서 보여준 태도는 말년에 어머니가 자신의 마지막 환자 중 한 명이 되었을 때 가장 확실하게 드러났다. 결혼한 적이 없는 버지니아는 끔찍한 요리 솜씨로 친구들 사이에서 유명해서 "요리할 줄 아는 남자를 찾지 못했다"고 농담할 정도였다. 버지니아는 같은 아파트에서 사는 어머니를 자주 보았고, 1969년 3월 16일 돌아가실 때까지 간호했다. 그 후 불과 5년 만에 버지니아 자신도 심각한 병에 걸렸다. 버지니아는 몇 년 동안 간경변으로 고통받았는데, 그 당시 찍은 사진들은 수척하고 건강하지 못한 모습을 보여준다. 1974년 8월 7일, 버지니아는 비교적 젊은 나이인 예순네 살에 그 병과 싸움에서 패해 뉴저지주 웨스트필드 페어뷰 묘지의 부모님 옆에 묻혔다.

버지니아의 친구이자 동료인 제임스 박사는 1974년 9월 15일 뉴욕 리버사이드교회에서 열린 추도식에서 젊은 열정과 진실성, 만족할 줄 모르는 호기심, 모든 동료와 환자의 호감을 산 정직하고 겸손한 태도를 칭찬하면서 버지니아에게 진심 어린 찬사를 보냈다. 제임스는 버지니아의 "사람들에게 반감을 사지 않으면서 최고의 것을 얻어내고, 본질적인 것을 찾아 문제의 핵심을 찌르는 비상한 능력"도 언급했다.

버지니아는 비교적 젊은 나이에 세상을 떠났지만, 애프거 테스트와 선천적 결함 연구에 대한 집념과 열정은 조금도 수그러들지 않고 이어졌다. 애프거 테스트는 신생아를 환자로 인식한 최초의 임상적 방법이었다는 점에서 혁신적이라고 할 수 있다. 1950년대 이후 이 테스트는 전 세계에서 일상적으로 사용되었으며 요즘 같은 기술 시대에도 여전히 가치가 있다. 2002년에 《뉴잉글랜드 저널 오브 메디슨New England Journal of Medicine》에서는 출생아 15만 명에 대한 연구를 바탕으로 애프거 점수가 '거의 50년 전과 마찬가지로 오늘날에도 신생아 생존 예측에 중대한 역할을 하고 있다'고 결론지었다.

1972년 버지니아는 첫 번째 산아보건위원회 소집을 도왔다. '동전의 행진'과 미국의 여러 의학협회는 4년간 심사숙고한 끝에 '임신 결과를 향상하기 위해Toward Improving the Outcome of Pregnancy'라는 획기적인 연구를 진행하기로 했다. 슬프게도 버지니아는 살아서 그 출발을 보지 못했지만, 이 연구를 계기로 미국에서 출산 전후 치료를 지역화하기 위한 모델을 사용해 모성-태아 건강을 개선하고 유아 사망률을 낮추기 시작했다. 매우 성공적인 이 모델은 그 후 수십 년 동안 신생아의 생존율을 현저히 높이는 데 기여했다. 그리고 1993년과 2010년에 작성된 후속 보고서 두 편이 여전히 막강한 '동전의 행진' 조직의 프로젝트를 성공적으로 개선하고 확장했다.

효율적인 애프거 테스트 그리고 이와 관련된 신생아 치료 덕분에 미국의 신생아 사망률(생후 30일 동안의 사망률)은 88퍼센트나 개선되었다. 1930년대에는 신생아 1천 명당 29.4명이 사망한 데 비해 2012년에는 1천 명당 2.8명으로 줄었고, 영국에서도 같은 추세가 관찰되었다.

버지니아가 애프거 테스트를 개발한 덕분에 현대 신생아학에 대변혁이 일어났다. 50여 년 전 발표된 이후 다양하게 각색되었는데, 여기에는 임신 연령, 초음파 스캔 결과, 개입 방법 등도 포함된다. 미국 외과의사이자 작가인 아툴 가완디Atul Gawande는 2009년 10점짜리 수술용 애프거 점수를 개발해 발표했는데, 이는 버지니아의 애프거 점수를 바탕으로 열여섯 살 이상 환자들의 수술 후 결과를 측정하는 것이었다. 버지니아의 신생아 점수처럼 수술 후 사망 위험이 높은 환자와 낮은 환자, 중대한 합병증이 있는 환자를 식별하는 데 도움을 주어 치료적 개입 기회를 제공한다.

하지만 오늘날에는 버지니아의 점수 체계와 신생아의 건강에 초점을 맞추는 방식이 갈수록 많은 윤리적 문제에 직면하고 있다. 기술이 발전함에 따라 의사들은 애프거 점수로 얻은 정보를 이용해 아픈 아기에게 할 수 있는 일과 해야 하는 일 중 하나를 선택하려고 고심해야 한다. 이는 미숙아들의 경우 특히 힘들고 부담스러운 일이다.

애프거 점수가 낮은 아기들도 건강한 성인으로 성장할 수 있지만 대규모로 진행된 장기적 역학 연구에서는 평생 건강과 매우 낮은 애프거 점수의 연관성을 밝혀냈다. 한 예로 2006년 발표된 한 연구에서는 출생 5분 후의 애프거 점수가 1~3점인 아기들의 경우, 성인기까지 계속 간질을 앓을 위험이 높다는 것을 보여주었다. 그리고 2009년 《임상 역학Clinical Epidemiology》에 발표된 논문에서는 출생 5분 후의 애프거 점수가 낮으면 신생아 및 유아 사망 위험이 증가하고 뇌성마비, 간질, 인지장애 같은 신경장애와도 연관성이 있다고 주장했다.

버지니아도 독일의 한 동료에게 "놀랍게도 신경장애 발생이 출생 1분 뒤에 측정한 점수와 상관관계가 밀접하다는 사실이 밝혀졌다"고 편지를 보낸 것을 보면, 이와 유사한 연관성을 발견한 듯하다. 버지니아는 애프거 점수를 '첫째, 유아 사망률을 예측하고 둘째, 총점이 4점 이하일 경우 적극적인 소생 조치의 필요성을 의사에게 지적하는' 준거로만 생각했기 때문에 이런 연관성에 놀란 것이다.

중요한 건, 2009년 발표한 논문에서 강조한 것처럼 애프거 점수는 아기들의 장기적인 건강과 발달을 예측하기 위한 것은 아니라는 점이다. 애프거 점수가 낮았던 아기들도 대부분 건강한 성인으로 성장했고, 애초에 장기적인 장애를 앓을 절대 위험성도 낮았다(대부분 신경 질환 발병 확률이 5퍼센트 미만).

선천성 기형에 대한 인식이 높아지면서 기형학으로 알려진 그들의 연구는 급속도로 진전되었다. 버지니아가 '동전의 행진'에서 한 일 덕분에 임신 중 초음파 사용이 점점 정교해지는 등 관련 문제에 대한 연구와 진단에 도움이 되었다. 미국 소아과 아카데미에서는 1975년부터 해마다 신생아 복지에 지속적인 영향을 미친 개인에게 버지니아 애프거상을 주고 있다. 존경받는 버지니아 애프거상 수상자들로는 애프거 테스트 약자를 고안한 소아과 의사 조셉 버터필드 박사(1992년 수상자) 등이 있다.

버지니아는 미국 최초의 유명한 여성 산부인과 의사 중 한 명일 뿐만 아니라 영향력과 권위가 있는 요직에 처음 선출된 여성 의사이기도 했다. 예를 들어, 서른두 살 때인 1941년 미국마취학회 회계 담당자로 선출되어 4년간 그 일을 했다. 1946년 마취과가 의학 전문 분과로 인정받아 레지던트 훈련이 필요해지자 1950년 2월 버지니아가 이 분야 교수로 임명되었다는 사실이 대학 잡지에 당당히 발표되었다.

《마운트 홀리요크 분기별 동창 소식지》에는 "의대 외과 교수로 임명된 버지니아 애프거에게 축하 인사를 보낸다. 버지니아가 그 자리에 임명된 첫 번째 여성이라고 들었다. 기분이 어떤가요, 애프거 박사님?"이라는 글이 실렸다. 1950년 5월호에는 사과문과 함께 후속 보도가 이어졌는데, 외과 교수 임명이 마취과 정교수 임명으로 수정되었다. 이는 이 분야에서 최초로 정식 교수로 임명된 것이었으니 여성으로서는 당연히 첫 번째였다.

버지니아는 평생 많은 상을 받았으며 1995년에는 뉴욕 세네카 폴스에 있는 국립 여성 명예의 전당에 사후 추서되었다. 1969년 설립된 이 단체는 위대한 미국 여성들의 업적을 기리고 축하하는 단체다. 버지니아는 거트루드 엘리언(4장 참조)이나 우젠슝(10장 참조)과 함께 과학 부문에 선정된 68명 가운데 한 명이다. 버지니아를 대신해 조카의 아들이 상을 받기 위해 그 자리에 참석했다. 그는 버지니아가 21년 전 세상을 떠났을 때 겨우 열 살이었지만 버지니아를 똑똑히 기억하고 있었고, 충만하고 생산적이었던 버지니아의 삶을 자세히 묘사하는 연설을 했다.

비슷한 시기에 버지니아의 과학과 의학에 대한 공헌이 다른 방법으로도 기념되었다. 버지니아는 어릴 때부터 우표를 수집해서 죽기 전까지 5만 장 넘게 모았다. 그가 죽은 지 20년 뒤인 1994년 그를 기리기 위해 발행된 우표를 그 자신이 봤다면 틀림없이 재미있어 했을 것이다. 엽서를 보낼 때 사용하는 20센트짜리 우표였는데, 이메일이 등장하기 전까지 버지니아의 초상화는 꾸준히 많은 가정으로 배달되었다.

버지니아는 미국 우표에 등장한 세 번째 여성 의사였다. 1994년 10월 24일 텍사스주 댈러스에서 열린 미국 소아과학회 회의에서 이 우표가 공개되었을 때, 현악 4중주단은 버지니아가 좋아하는 음악을 몇 곡 연주해서 대표단을 즐겁게 했다. 이는 새로운 우표를 소개하기에는 특이한 방법이었지만 이 4중주단은 평범한 앙상블이 아니었다. 애프거 4중주단은 모두 버지니아가 만들었거나 만드는 것을 도운 악기(첼로 한 대, 바이올린 두 대, 비올라 한 대)를 연주했다.

버지니아는 악기 만드는 법을 배웠을 뿐만 아니라 죽기 몇 년 전에는 비행 교습까지 받았다. 버지니아는 가끔 작은 전용기를 타는 유일한 승객이었기 때문에 만약 위기가 닥치면 직접 비행기를 착륙시킬 수 있어야 한다고 생각했다. 1970년 7월 캘리포니아의 한 친구에게 보낸 편지로 미루어볼 때, 교습 과정이 순탄하지만은 않았던 듯하다. "나는 바퀴가 닿는 장소를 직접 눈으로 보고 싶어 하는 나쁜 버릇이 있는데, 그러려면 활주로를 향해 직접 급강하해야 합니다! 이런 나쁜 버릇을 고치려고 노력하고 있어요!"

삶에 대한 대담한 접근방식이 자상하고 활기찬 태도와 결합된 덕분에 버지니아는 신생아와 유아의 건강에 의학적으로 접근하는 방식에서 혁명을 일으킬 수 있었다. 그는 아기들이 선천적 기형을 안고 태어나는 것이 단지 한 가정의 비극으로 끝나는 게 아니라 중요한 건강 문제라는 것을 사람들이 이해하도록 도왔다. 애프거 테스트를 지속적으로 사용한 덕분에 오늘날 태어나는 모든 아기는 버지니아의 눈을 통해 처음으로 세상을 본다고들 말한다.

2장

레이첼 카슨 (1907-1964)

생물학자이자 환경보호론자이자 작가인 레이첼 카슨은 주변 자연계에서 벌어지는 일들을 이해하기 위한 탐구에 두려움 없이 나섰다. 열 살 때 첫 작품을 발표해 어린 나이부터 작가의 길을 걸어온 레이첼은 자연사에 대한 관심을 서서히 자기 글에 녹여냈다. 해양생물학 분야에서 일하며 진행한 과학 연구와 문학적 통찰력을 합쳐 바다 3부작과 《침묵의 봄》 등 책 네 권을 출판했다. 1962년 출간된 《침묵의 봄》은 "환경에 관한 책 가운데 이토록 새로운 깨달음과 놀라움을 안겨준 책은 없었다"는 평을 듣는다.

처음 출간되었을 때 이런저런 논란이 많았던 이 책은, 디클로로디페닐트리클로로에탄(DDT) 같은 살충제의 영향으로 세계가 환경 파괴 가능성에 눈뜨도록 열성적으로 설명한 공을 인정받았다. 1962년 이 책이 처음 출판되었을 때 《타임》은 레이첼의 결론에 오류가 너무 많다고 지적했다. 하지만 40년 뒤에는 논평이 감탄조로 바뀌어 "환경운동이 존재하기도 전에 용감한 한 여성과 그가 쓴 매우 유용한 책이 있었다"면서 레이첼이 벌인 정치적·개인적 싸움의 공로를 인정했다.

Rachel

Carson

레이첼 카슨Rachel Carson, 1907~1964은 1907년 5월 27일 미국 펜실베이니아주 피츠버그 인근 시골에서 태어났다. 어머니 마리아 카슨은 이 셋째가 '사랑스럽고, 통통하고, 눈이 가늘고 파란 아기'라면서 딸이 태어나자마자 홀딱 빠졌다. 레이첼의 언니 마리안과 오빠 로버트 주니어는 레이첼이 태어났을 때 이미 학교에 다녔기 때문에 마리아는 레이첼을 가르치면서 함께 주변의 자연 세계에 빠져들 기회가 많았다.

마리아는 학구적인 여성이었다. 교사가 되기 위한 교육을 받았으며 뛰어난 피아니스트로 지역 합창단 단원이기도 했다. 마리아는 공연을 하러 다니다가 은퇴한 회사원 로버트 카슨을 만났다. 하지만 1890년대 초의 펜실베이니아에서는 기혼 여성이 교단에 서는 것을 허용하지 않았기 때문에 마리아는 결혼한 뒤 어쩔 수 없이 교직을 포기해야 했다. 로버트는 피츠버그에서 호황을 누리던 산업경제에 한몫 끼고 싶어 농부도 아니면서 땅을 26만 제곱미터나 구입했다. 그 땅을 택지로 나눠 팔 생각이었던 것이다. 카슨가의 집은 아래층에 방 두 개, 위층에 방 두 개가 있는 작은 집이었다. 실내에 배관이 설치되지 않은 기본적인 구조였기 때문에 바깥에 있는 샘에서 물을 길어왔다. 겨울에는 온 가족이 벽난로 주변에 옹기종기 모였고 여름에는 아이들이 더위를 식히려고 근처 강에 뛰어들었다.

레이첼의 어린 시절은 물질적·경제적 어려움에도 목가적으로 흘러갔다. 레이첼은 자유롭게 들판과 숲을 돌아다니며 야생동물을 열정적으로 탐구할 수 있었다. 자신을 '외로운 아이'라고 묘사한 레이첼은 자연과 함께 느꼈고, 어릴 때부터 주변에서 본 것에 매료되었다. 열정적인 조류 관찰사였던 마리아는 레이첼을 격려하면서 주변 환경 보존의 중요성에 대해 자기가 알고 있는 모든 걸 가르쳐 주었다. 이런 마음가짐은 가능할 때마다 동물을 구조하는 데까지 확산되었다. 그래서 그들의 집이 둥지가 파괴된 아기 울새의 집이 되는 건 꽤 흔한 일이었다.

1913년, 여섯 살이 된 레이첼은 스프링데일 문법학교에 다니기 시작했다. 레이첼의 학교 출석은 다소 불규칙했는데, 한편으로는 어머니 마리아가 매우 유능한 교사라서 자주 홈스쿨링을 했기 때문이기도 하고, 다른 한편으로는 마리아가 딸이 디프테리아, 성홍열, 소아마비처럼 널리 퍼져 있고 파괴적인 소아 질환을 피하기를 바랐기 때문이기도 했다. 레이첼은 타고난 학생이라 자주 A학점을 받았으며, 어릴 때부터 열렬한 독서가였다. 글을 쓰는 것이 하루 일과의 중심이 되었으며, 글을 쓰고 싶어 하는 욕구와 타고난 글쓰기 재능이 점점 뚜렷해졌다. 레이첼은 열 살 때《세인트 니콜라스St

Nicholas》라는 어린이 잡지에 첫 번째 이야기를 기고했다. 그리하여 〈구름 속의 전투〉라는 거창한 제목의 글과 함께 똑같은 잡지에 글이 실렸던 마크 트웨인Mark Twain, 루이자 메이 올컷Louisa May Alcott, F. 스콧 피츠제럴드F. Scott Fitzgerald 같은 유명 작가의 대열에 합류했다. 1919년 말, 이제 열두 살이 된 레이첼은 글을 4편 발표해서 10달러라는 상당히 큰돈을 벌었다. 작가로서 레이첼의 운명은 확실히 정해졌다.

글쓰기는 레이첼에게 탈출의 한 형태이기도 했다. 침실이 두 개뿐인 작은 집은 언니와 형부, 그리고 제1차 세계대전에서 복무를 마치고 돌아온 오빠 때문에 비좁아졌다. 돈이 빠듯했기 때문에 가족 모두 가능한 한 어디서든 돈을 벌려고 했다. 마리아는 한 교습당 50센트를 받으면서 피아노를 가르치고, 집안의 젊은이들은 거대한 굴뚝이 독성 화학물질을 내뿜는 피츠버그의 공장과 발전소에서 일했는데, 이는 훗날 환경주의자가 된 레이첼의 입장에서 보면 참으로 아이러니한 일이었다.

레이첼은 글쓰기 세계에 처음 진출했을 때 많은 주제를 다루었다. 처음 발표한 자연 이야기에서는 사랑하는 애완견 팰과 하루 동안 함께한 하이킹을 상세히 묘사하면서 "향기로운 솔잎이 양탄자처럼 깔린" 숲속에서 메릴랜드 노랑목솔새의 "보석 같은 알"을 찾은 기쁨을 설명했다. 자연과 주변 야생동물에 대한 그의 사랑이 글에서 빛을 발하기 시작했다.

근처에 있는 파르나소스 고등학교에서 마지막 2년을 보내는 동안 레이첼은 학업 면에서 계속 우수한 성적을 올리는 동시에 농구와 하키도 했다. 졸업 학기에 쓴 논문에는 〈지적 소멸〉이라는 제목을 붙였는데 게으름, 특히 정신적 게으름을 격렬히 비판한 글이었다. 말년에 심한 비판에 부딪혔을 때 레이첼을 든든하게 지탱해준 강한 자기신뢰감이 이때부터 쉽게 눈에 띄었다. 부모는 딸이 반에서 최고 성적으로 졸업해 대학 장학금을 받자 기뻐했다.

1925년 9월, 레이첼은 피츠버그에 있는 펜실베이니아 여자대학교에서 4년을 보내며 인생의 다음 장을 시작했다. 공장 굴뚝에서 석탄가루가 끊임없이 뿜어져 나오는 오염된 도시 환경은 불과 26킬로미터 떨어진 고향의 전원적·목가적 분위기와 전혀 달랐다. 대개 어머니 세대보다 더 고차원적인 교육을 받았지만, 코라 쿨리지 총장은 여전히 자기 학교 학생들이 사회 예절 강의를 듣고 몸치장 수업을 받아야 한다고 주장했다.

학비는 레이첼 가족에게 재정적 부담을 안겨주었다. 마리아가 딸이 학업에만 열중하기를 바랐기 때문에 레이첼은 동료 학생들과 달리 아르바이트를 하지 않았다. 그 대신 마리아가 피아노 교습을 늘리고 은그릇이나 도자기 같은 가보를 팔았다. 마리아는 심지어 주말에 레이첼과 함께 대학 도서관에 가서 딸의 공부를 돕기까지 했는데, 레이첼의 동료들은 이런 일을 달가워하지 않았다. 레이첼은 동료들의 비위를 맞추려 하지 않았으며, 매우 열성적이고 뛰어난 하키선수 겸 농구선수였지만 핵심 그룹에 속한 적은 없었다. 레이첼은 옷, 파티, 남자 친구에게 관심이 없었으므로 종종 친구들이 던지는 짓궂은 농담의 대상이 되었다. 그들은 레이첼에게 전화가 오지 않았는데도 전화가 온 척하거나 침대에 가루비누를 뿌리기도 했다.

레이첼은 영어를 전공하면서 작문을 가르치는 그레이스 크로프

Grace Croff 조교수의 관심을 끌었다. 크로프 교수는 학생 신문인《애로우Arrow》와 문학 증보판인《잉글리오코드Engliocode》에 기사를 기고하라고 레이첼을 독려하는 데 성공했다.《잉글리오코드》에 실린 레이첼의 첫 번째 이야기는 바다에 대한 커져가는 관심을 보여준다. 레이첼은 '집채만 한 파도'와 해안을 향해 달려오다가 부서지는 파도를 서정적으로 묘사했다. 레이첼이 그토록 즐겨 묘사하는 바다와 접해보지 않은 상태인데도 이런 글을 쓴 것이다.

레이첼은 대학교 2학년 때 과학 수업을 몇 개 들어야 했다. 그와 몇 학기 동안 생물학 수업을 함께 들은 친구 도로시 톰슨Dorothy Thompson은 레이첼의 자립심을 내성적인 성격으로 오인하기 쉽지만 사실 레이첼이 꽤 친절하고 상호적인 사람이라고 말했다. 레이첼은 스스로 깨달음을 얻었으며, 생물학 강사 메리 스콧 스킨커Mary Scott Skinker에게 매료되었는데, 우아하고 생기 넘치는 메리는 레이첼처럼 자연을 열렬히 사랑했다. 레이첼은 난생처음 자연계를 관찰해서 글을 쓸 수 있을 뿐만 아니라 관찰 대상 뒤에 놓인 생물학을 이해하려 노력할 수도 있다는 사실을 깨달았다.

역사를 전공한 친구 마조리 스티븐슨Marjorie Stevenson처럼 레이첼도 똑같은 사실을 되뇌기만 하는 게 아니라 사람들이 생각을 하게 만드는 교육의 힘을 굳게 믿었다. 레이첼이 생물 수업을 들은 것은 확실히 모험이었지만 이로써 전에는 전혀 고려하지 않았던 생물학의 측면을 알게 되었다. 레이첼은 이런 경험으로 자기 삶의 방향을 다시 생각하게 되었다. 글을 쓰는 일은 젊은 숙녀가 할 수 있는 존경받을 만한 직업으로 여겨졌지만, 1920년대 미국에는 여성 과학자가 거의 없었다. 그러나 레이첼은 이에 굴하지 않고 생물학으로 진로를 바꿔야 한다고 느꼈다. 어떤 사람들 눈에는 레이첼이 내성적으로 보였을지 모르지만, 사실 그는 기꺼이 도전에 나서는 사람이었다. 레이첼의 급우들은 이런 결정을 확신하지 못했는데 한 친구는 "너처럼 글을 잘 쓰는 사람이 생물학으로 진로를 바꾸는 건 미친 짓"이라고 말했다.

레이첼은 삶을 새로운 방향으로 밀고 나가기로 결심했고, 대학 생활의 나머지 18개월은 생물학 전공으로 졸업하는 데 필요한 과학 수업을 들으며 보냈다. 쉽지 않은 시기였는데, 레이첼의 멘토들은 젊은 여성들의 교육에서 과학의 중요성을 놓고 언쟁을 벌였다. 메리는 레이첼 같은 학생들이 과학에 집중하기를 원했지만, 쿨리지 총장은 이것이 여성이 가정주부가 되도록 준비시키려는 학교의 주된 목표에서 벗어나게 한다고 생각했다.

레이첼은 대학 생활 마지막 해에 열심히 공부했다. 생물학과 함께 물리학과 유기화학 과목도 수강했는데, 졸업생 70명 가운데 세 명만 받는 우등으로 졸업할 수 있어서 기뻐했다(미국 학계에서 탁월함을 인정받는 대단한 명예다). 그러나 레이첼은 빚을 지고 있었으며, 대학에 진 빚 1,600달러를 청산하기 전에는 학위를 받을 수 없었다. 레이첼의 가족은 당장 쓸 수 있는 현금은 거의 없었지만 땅이 많았기 때문에 적절한 때에 빚을 갚겠다는 담보로 스프링데일 부지 중 두 필지를 학교 명의로 옮겼다.

스물두 살이던 1929년 봄, 레이첼은 미국 메릴랜드주 볼티모어에 있는 존스홉킨스 대학교에서 대학원 장학금을 받았다. 처음 지원했을 때는 전액 장학금을 받아야 했기 때문에 합격하지 못했지만 다음번에는 장학금을 받아 동물학부에 들어갔다. 《애로우》 학생신문에서는 이 장학금이 여성에게 수여되는 일이 거의 없다고 언급했다.

레이첼은 변화할 준비가 되어 있었다. 여전히 집 근처 숲과 들판을 배회하기를 좋아했지만, 스프링데일은 근처에 있는 피츠버그처럼 오염되어 있었다. 그 지역 강에는 공장에서 흘러나온 유출물이 가득했고 강물은 갈색과 어두운 색을 띠었다. 레이첼은 자기가 꿈꾸면서 글을 쓴 넓고 활기찬 바다를 보고 싶었다.

스프링데일에서 기차를 타고 학교로 온 레이첼은 볼티모어 숙소가 별로 좋지 않다는 것을 깨달았다. 존스홉킨스에는 기숙사가 하나밖에 없었는데 그마저 남자 전용이었다. 그는 결국 캠퍼스 밖에 방을 하나 구한 뒤 버지니아 산악지대에 가서 이제 멘토이자 좋은 친구가 된 메리와 시간을 보냈다. 그들은 말을 타거나 이리저리 걸어 다니면서 끊임없이 대화를 나눴다. 메리는 확고한 페미니스트였고 결혼하면 경력을 계속 이어가기가 불가능할 것이라고 생각해 약혼까지 깼다. 레이첼 역시 오빠가 한 번, 언니가 두 번 이혼하는 모습을 봤기 때문에 결혼에 회의적이기는 마찬가지였다.

버지니아에서 돌아온 레이첼은 매사추세츠주 보스턴 근처에 있는 우즈 홀 연구소를 방문하면서 처음으로 대서양에 가보게 되었다. 레이첼은 바다가 보이는 근사한 전망을 자랑하는 이곳에 6주간 머물면서 연구에 몰두했다. 그는 여기에서 훗날 자신의 베스트셀러 중 하나인《우리를 둘러싼 바다The Sea Around Us》에 등장하게 될 바다에 관한 정보와 아이디어를 모았다. 이곳은 남녀 통합과 관련된 평소 장벽이 전혀 느껴지지 않는 쾌적한 분위기가 감돌았다. 과학자들은 계속 활발히 토론하면서 열심히 일하고 열심히 놀았다.

메리는 레이첼에게 수영을 가르쳐주었고, 정기적으로 열리는 테니스 모임과 소풍에도 함께 참가했다.

레이첼은 난생처음으로 자연환경 속에서 노니는 바다생물들을 관찰할 수 있었고 관심사가 비슷한 과학자들도 만났다. 레이첼을 가르친 교수 중에는 존스홉킨스의 해양 생물학자 R. P. 카울스R. P. Cowles 박사도 있었다. 레이첼은 석사학위를 받기 위해 도마뱀이나 뱀 같은 파충류에만 존재하는 뇌신경과 말단신경을 연구하는 프로젝트를 진행하기로 했다. 레이첼은 자기가 하는 일을 잘 알고 또 연구에 도움을 줄 수 있는 이들을 만나서 기뻤다. 지금까지는 생물학의 몇몇 분야에 대한 배움이 고르지 못한 탓에 비교해부학은 잘했지만 유전학 쪽은 약했다. 레이첼은 부족한 부분을 메우기 위해 열심히 노력했고, 70명 가운데 여성은 두 명뿐인 유기화학 수업에서 높은 점수를 받은 뒤 "살면서 85점이 이렇게 자랑스러웠던 적은 없었다!"고 말했다.

하지만 1929년 대공황이 시작되자 학업 성공에서 오는 기쁨도 한풀 꺾였다. 누구나 일자리가 부족했고, 지원 가능한 연구직은 남성들만 모집했다. 게다가 레이첼 가족은 또다시 힘든 시기를 겪게 되었다. 로버트 카슨이 별로 건강한 편이 아니었으므로 부모에게는 딸의 도움이 필요해졌다. 그래서 그들은 1930년부터 레이첼이 임대한 집에서 함께 살았다. 이는 모두에게 실용적인 해결책이었다. 언니 마리안과 조카들도 합류했다. 레이첼은 이제 좋아하지 않는 집안일을 대신해줄 사람이 생겼고, 가족은 가진 돈을 모아서 함께 쓸 수 있었다. 마리아는 1958년 사망할 때까지 계속 레이첼과 함께 살았다. 이는 모든 이에게 편리한 상황은 아니었지만, 마리아는 레이첼을 뒷바라지하려 인생의 많은 것을 희생했고 두 사람은 서로 상대방이 한 역할을 인정했다.

레이첼은 존스홉킨스에서 공부하는 동안 여름마다 동물학 연구소에서 조수로 일하면서 가정의 재정을 지원하려고 노력했다. 거기에서 장비를 세척하고 학생들의 실습물을 설치하는 등 재미없는 일을 하면서 가족 부양이라는 목적을 이뤄 가족을 도왔고 펜실베이니아 여자대학에 진 빚을 어느 정도 상환했다. 2학년 때 받은 장학금으로는 등록금을 다 충당할 수 없었기 때문에 존스홉킨스 생물학 연구소에서 실험실 조수로 일해야 했다. 레이첼은 일하면서 짬짬이 틈을 내 공부하기가 힘들어 학위 과정을 효과적으로 끝내기 어렵겠다는 생각을 했다. 시간적 압박으로 파충류 연구가 재현 가능한 결과를 얻지 못했으므로 레이첼은 잠재적인 대체 프로젝트를 시작하기 어렵다는 사실을 깨달았다. 결국 레이첼은 메기의 배아를 주제로 성체의 신장이 완전히 기능하기 전 배아 메기에서 발달하는 전문화된 신장 구조에 대한 세부 연구를 하게 되었다. 수백 번 해부하고 자세한 구조도를 그린 끝에 논문이 완성되었다. 이 논문은 심사위원들에게 많은 찬사를 받았고, 레이첼은 1932년 6월 14일 석사학위를 받았다.

레이첼은 박사과정을 계속하고 싶었지만 아버지와 언니의 건강이 악화되었기 때문에 박사과정을 시작하자마자 그만두고 파트타임 교사 일을 해야 했다. 1935년 7월 6일, 레이첼이 스물여덟 살이 되었을 때 상황은 갑작스럽게 바뀌었다. 아버지가 돌아가시면서 상실감으로 제정신이 아니던 레이첼은 자기가 또 가족의 요구를 우선시한다는 사실을 깨달았다. 이때 흥미로운 기회가 찾아왔다. 수

산국 국장 엘머 히긴스Elmer Higgins가 교육방송의 라디오 대본을 쓸 사람을 찾는다는 것이었다. 그는 특히 과학에 대해 잘 알고, 과학 지식을 이해하기 쉽고 활기찬 방식으로 소개할 수 있는 사람을 찾았다. 레이첼이 취재할 분야는 해양생물과 어업에 관한 연구였는데, 이 시리즈에는 '물속에서의 로멘스Romance Under the Waters'라는 제목이 붙었다. 레이첼은 파트타임으로 일을 시작했고, 가족과 함께 메릴랜드 실버 스프링으로 이사했다. 레이첼은 물론 담당 기자와 엘머는 곧 그가 아주 잘 맞는 일을 찾았다는 것을 깨달았다.

《볼티모어 선Baltimore Sun》에 실린 첫 번째 기사에서 레이첼은 품질이 뛰어난 알을 낳는 청어 성어를 돌보는 일과 어부들의 복지 중요성을 강조했다. 레이첼이 이 기사를 쓴 시대에는 성차별이 만연했기 때문에 필자 이름을 R. L. 카슨이라고 적었다. 엘머는 레이첼이 매우 유능한 작가라는 사실을 인정했지만, 1930년대에는 다들 그의 성별을 숨기는 게 필수적이라고 생각했다.

1935년 레이첼은 메리의 제안에 따라 동물학 분야로 공무원 시험을 보았고, 엘머는 레이첼을 수산국의 정식 하급 해양생물학자로 임명했다. 연봉 2천 달러로는 가족을 부양하기에 턱없이 부족했지만, 레이첼은 수산국에서 비서가 아닌 일을 하는 여직원 두 명 중 한 명이었다. 그리고 이것은 레이첼의 첫 정규직 일자리였다. 이 일은 또 훗날 전업작가가 되었을 때 매우 큰 도움이 되는 인맥을 구축해주었다. 이렇게 17년간 계속된 공무원 경력이 시작되었다.

레이첼은 어릴 때 그랬던 것처럼 계속 세상을 관찰하고 주목했다. 레이첼의 공책은 인상, 소리 기록, 스케치, 묘사로 가득 차 있었다. 그중 일부는 FBI를 위해 만든 실상 보고서에 사용되었다. 또 그 자료 대부분은 《볼티모어 선》에 게재된 기사와 함께 책에도 쓰였다. 그가 미래에 쓰게 될 글을 관통하는 주제 중 하나는 일찍 등장했는데, 바로 산업과 오염이 환경에 미치는 파괴적인 영향이다. "3세기 동안 우리는 습지를 고갈시키고, 나무를 베어내고, 대초원에 융단처럼 깔린 풀 밑에서 쟁기질하며 자연의 균형을 깨뜨리기 바빴다. 야생생물이 파괴되고 있다. 하지만 야생동물의 집은 또한 우리의 집이기도 하다."

레이첼이 쓴 글은 일반 대중뿐만 아니라 수석 도서편집자들의 관심도 끌었다. 그들은 레이첼의 환경에 대한 우려를 담은 책을 펴내야 한다고 생각했다. 1940년 초에 레이첼은 자신의 첫 번째 책 《바닷바람을 맞으며Under the Sea-Wind》 초반 다섯 개 장을 사이먼 앤슈스터 출판사에 보냈다. 출판사에서는 '비전이 매우 훌륭하다'면서 원고를 받아주었다. 이런 작은 진전에 고무된 레이첼은 직접 손으로 초고를 쓰고 혼자 큰 소리로 읽으며 작업을 진행했다. 비판적인 작가였던 레이첼은 위층 큰 침실에서 일하며 끝없이 글을 수정했는데, 옆에는 레이첼이 사랑하는 페르시아 고양이 버지와 키토가 늘 함께했다.

아마 이 고양이들은 레이첼에게 글쓰기에 대한 색다른 관점을 주었을 것이다. 레이첼은 정해진 틀을 깨고 자연주의자 관점이 아닌 독자가 그 생물인 것처럼 글을 쓰기로 마음먹었다. 또 인간의 체험과 관련된 문구와 감정을 사용하면서도 인간의 눈을 통해 해양 세계를 바라보는 것을 피하려고 했다. 20세기의 훌륭한 자연작가 중 한 사람인 그는 데뷔작에서 생태계와 각 생명체가 바닷속 세상에서 하는 역할을 찬양했다. 레이첼은 이렇게 썼다.

시계나 달력을 바탕으로 측정한 시간은 물새나 물고기에게 아무 의미도 없지만, 빛과 어둠의 연속과 조수의 쇠퇴와 흐름은 먹을 수 있는 시간과 굶어야 하는 시간의 차이를 의미하며, 적이 쉽게 찾을 수 있는 시간과 상대적으로 안전한 시간 사이의 차이를 의미하기도 한다. 우리가 이런 생각을 조정하지 않는 한 우리는 해양생물을 완전히 이해할 수 없다.

레이첼은 인간이 스스로를 우월한 종으로 여길 수도 있지만, 다양한 야생생물과 이 행성을 공유하는 만큼 그 생물과 우리 모두의 이익을 위해 지구를 보호해야 한다는 사실을 기억해야 한다고 생각했다. 《바닷바람을 맞으며》에서는 바다의 극적이고 도전적인 환경에서 살아가는 세발가락도요새, 고등어, 뱀장어 등 서로 다른 세 생물의 성격과 라이프사이클을 설명한다. 레이첼의 글은 과학적 지식이 풍부하면서도 일반 독자를 유혹할 만큼 접근하기 쉽고 활기가 넘쳤다. 레이첼은 이 책의 접근방식을 놓고 여전히 불안해하고 불확실하게 생각했지만, 저널리스트이자 역사가인 헨드릭 반 룬Hendrik van Loon은 "이 모든 사업은 어차피 도박이다. 대중이 받아들여줄지 받아들여주지 않을지를 놓고 벌이는 (…) 그들이 생선을 좋아한다는 사실이 이번에 증명되기를 바라자"고 말했다. 완성된 원고는 마리아가 깔끔하게 타자를 쳐서 사이먼 앤 슈스터 출판사에 보냈다.

레이첼은 두려워할 필요가 없었다. 일반 대중과 과학계 동료들 모두 칭찬에 관대했기에 자신의 접근방식이 옳다고 느꼈다. 그러나 그 기쁨은 오래가지 않았다. 1941년 12월, 일본이 진주만을 폭격하면서 미국도 제2차 세계대전에 참전하게 되었고 미국 국민은 전쟁 물자 마련에 총력을 기울여야 했다. 아무리 잘 쓴 책이라도 읽는 데 쓸 의지와 시간, 돈이 줄어든 탓에 이 책은 2천 부밖에 팔리지 않아 상업적으로는 실패했다. 그러나 레이첼은《바닷바람을 맞으며》를 포기하지 않았다. 레이첼이 가장 좋아한 이 책은 1941년 처음 출판된 이후 여러 차례 다시 출판되었다. 가장 최근 발간된 2007년판에는 볼티모어 출신 화가 하워드 프레흐Howard Frech가 그린 원본 그림이 실려 있다.

1942년 3월, 수산국 생물조사과에 속했다가 1940년 어류 및 야생동물관리국FWS으로 승격한 회사가 메릴랜드에서 시카고로 일부 이전했다. 마리아는 레이첼과 함께 시카고로 거처를 옮겼지만 거의 1년 만인 1943년 봄 카슨 가족은 메릴랜드로 다시 돌아왔다. FWS 사무직으로 돌아온 레이첼은 여기서 화가 셜리 브릭스Shirley Briggs와 친해졌으며, 여가 시간에는《리더스 다이제스트Reader's Digest》같은 간행물에 기고할 기사를 썼다. 레이첼은 이제 글에서 새로운 농약인 디클로로디페닐트리클로로에탄DDT과 함께 대두되는 몇몇 물질을 비롯해 훨씬 다양한 주제를 다루었다. 이 물질들은 제2차 세계대전 당시 '이'나 질병을 옮기는 다른 곤충을 죽이는 데 사용되었다. 제조사 듀폰은 이 농약을 장기간 사용할 경우 미치는 영향을 조사하기 위한 과학 연구를 하지 않은 채 제품을 판매했다. 레이첼은 DDT가 환경에 어떤 영향을 미칠지 불안했다. DDT가 해충뿐 아니라 주변에 있는 다른 것까지 몰살시켰기 때문이다. 그래서 DDT에 대한 정보를 수집하기 위한 10년간의 탐구가 시작되었다.

1946년 레이첼은 FWS 출판 프로그램을 감독했다. 여기서 직원 여섯 명과 함께 수많은 야생동물 서식지가 파괴되고 동물 종 전체가 멸종되고 있음을 강조하는 《환경보호 활동Conservation in Action》이라는 제목의 소책자를 열두 권 제작했다. 레이첼은 인간과 다른 모든 종이 공존한다는 생각, 즉 서식지를 보존하는 것이 인간과 야생동물에게 직접적인 이익이 된다는 생각으로 회귀했다. 레이첼과 친구들, FWS 소속 화가 케이 하위Kay Howe 같은 동료들은 다양한 종과 그들이 처한 환경에 대한 샘플을 수집하고, 사진을 찍고, 스케치를 하고, 기록으로 남기려고 정기적으로 여행을 다녔다. 그들은 종종 매사추세츠에서 노스캐롤라이나까지 돌아다니거나 보스턴 북쪽의 파커 리버 은신처로 가서 물새의 생태를 기록하는 탐험을 했다. 이런 일을 할 때는 우아한 옷차림 같은 건 중요하지 않으므로 '낡은 테니스화에 축축하게 젖은 주름진 바지'를 입고 다녔는데, 이런 초라한 모습은 그들의 관심사와 노력의 중대함과 사뭇 차이가 있었다.

레이첼은 시간이 날 때마다 바닷가로 향했고 1946년 여름에는 메인주 부스베이 항구 근처에 있는 오두막을 한 달 정도 빌려서 지내기도 했다. 레이첼은 계속 바닷가에서 살고 싶었지만 FWS 일로 얻는 재정적 안정이 필요했다. 어머니는 1940년대 말 중병에 걸려 장 수술을 받았고, 그 자신도 가벼운 병치레 때문에 여러 번 입원했다. 레이첼은 작업량이 계속 늘어나면서 도움이 필요했기 때문에 새로운 아티스트와 협력자를 고용했다. 나중에는 친한 친구 사이가 된 밥 하인즈Bob Hines는 처음에는 여자를 위해 일하는 것에 약간 의구심을 보였다. 하지만 곧 '레이첼이 거의 남자만큼 뛰어난 행정적 자질을 지닌 매우 유능한 간부'라는 사실을 깨닫고 안 좋은 감정을 누그러뜨렸다. 그의 소극적 칭찬은 레이첼이 서투른 작업 관행을 참지 못하고, 지적 능력 수준에 상관없이 착하고 정직한 사람들에게는 타고난 상냥함과 이해력을 보인다는 것을 깨달으면서 달라졌다. 하인즈는 "레이첼은 우리가 만나본 사람들 가운데 가장 상냥하고 조용하게 '거절'하는 사람이었다. 하지만 레이첼의 태도는 마치 견고한 요새 같았다. 절대 움직일 수 없는 요새"라고 평했다.

당시 사회에 진출해서 길을 닦으려고 한 많은 여성처럼 레이첼도 성차별의 피해자였다. 1949년에 마흔두 살이 된 레이첼은 직장에서 승진해 어느 정도 편집 책임도 맡게 되었지만, 자신이 대체할 수 있는 남자와 비슷한 수준의 직위나 급여를 받지 못했다. 상황이 괜찮았다면 레이첼은 모든 시간과 노력을 글쓰기에 바쳤을 테지만, 아직 본업을 포기하고 책 출판만으로 생계를 꾸릴 자신이 없었다. 메리가 여성 개척자의 삶은 고달프다고 경고한 것처럼, 그런 어려움을 겪는 게 그 혼자만의 일은 아니었다. 대학 시절 생물학을 가르쳐준 강사이자 오랜 친구인 메리는 암에 걸려 쉰일곱 살에 죽었다. 레이첼은 연락을 받고 급히 시카고로 날아가 메리의 병상을 지켰다. 메리가 죽자 레이첼은 심한 상실감에 빠졌지만, 일과 바다에 대한 열정으로 돌아가 위안과 영감을 얻었다.

레이첼은 FWS에서 일상적인 업무를 계속하는 한편 자연사, 화학, 지질학 등 해양의 모든 측면을 포괄하는 두 번째 책을 은밀히 구상했다. 이 무렵 레이첼은 출판 에이전트 마리 로델Marie Rodell을 만났는데, 그는 레이첼이 성공을 거두는 데 핵심 역할을 했고《우리를 둘러싼 바다》를 출판할 때도 중요한 산파 노릇을 했다. 마리는 출판계에 대한 지식과 고객에 대한 충성심으로 유명한 솔직담백한 사람이었다. 레이첼은《우리를 둘러싼 바다》에서 바다가 어떤 과정을 거쳐 발달했고, 섬이 어떻게 생겨났으며, 식물과 동물이 어떻게 다른 서식지에 거주하게 되었는지 얘기했다. 전 세계의 바람과 비, 조수가 이 수생 환경에 어떤 영향을 미치는지도 설명했다. 바다에 대해 알려진 모든 지식을 과학적으로 조사한 완벽한 결정판인 이 책은 발견에 대한 경외감으로 가득하다.

책을 쓰기 위한 조사 과정에만 8년이 걸렸고, 제2차 세계대전 당시 잠수함 전투를 벌이면서 수집한 자료를 비롯해 다양한 출처에서 얻은 데이터가 포함되었다. 레이첼은 또 마리와 색스턴 연구비 2,250달러를 지원받도록 도와준 해양학자 윌리엄 비브William Beebe 같은 동료들의 지원을 받으며 조사 과정에 열심히 참여했다. 이 연구비 덕분에 레이첼은 책을 완성하기 위해 한 달간 휴가를 얻을 수 있었다. 레이첼은 늘 상냥한 어조로 말했지만, 조용한 투지가 모험적인 성향과 결합되어 바닷속 생활을 탐구하고 싶다는 간절한 열망으로 드러났다. 그리고 뛰어난 조사 능력과 정부 기관에 대한 지식을 활용해 그 분야 전문가를 찾아냈다. 마이애미 해양연구소의 생물학자들과 함께 여행을 떠난 레이첼은 거대한 다이빙 헬멧을 쓰고 발에 추를 단 채 깊은 물속으로 뛰어들었다. 폭풍우가 쳐서 물살이 거칠었지만 그 경험은 레이첼에게 오래도록 깊은 인상을 남겼다. 레이첼은 나중에 수중의 아름다운 색상과 '인간이 살지 않는 이상한 세계의 흐릿한 녹색 풍경'에 대해 글을 썼다.

이렇게 바닷속에 머무는 경험을 한 레이첼은 곧이어 FWS 소속 연구선 알바트로스 3호를 타고 또 다른 모험을 떠났다. 이건 여자로선 처음 있는 일이었는데 선원 50명은 물론 여러 정부 관리의 강한 반대에 부딪혔다. 결국 그의 출판대리인인 마리가 레이첼과 동행해 감독자 역할을 한다는 조건으로 여행 승인을 받았다. 두 사람은 계속 작업 중인 선박의 시끄러운 환경에 적응하느라 첫날밤은 잠을 제대로 자지 못했다. 그러나 바다에서 하는 불편한 생활은 매일 밤 배의 저인망이 깊은 바다에서 끌어올린 엄청나게 많은 흥미로운 바다 생물로 보상받았다.

《우리를 둘러싼 바다》 원고는 이제 여든한 살이 된 마리아가 최종 형태로 타이핑해서 1951년 7월 출판되었다. 레이첼은 FWS에서 정규직으로 일하며 늦은 밤이나 주말에 틈을 내서 글을 써야 했기 때문에 꾸준히 하던 자연 관찰 산책을 다닐 시간도 없을 만큼 고생하면서 글을 썼다. 하지만 책이 출간되자 사방에서 찬사와 포상이 쇄도했고 인지도도 높아졌다. FWS에서 받는 급여 6개월분에 맞먹는 명망 높은 구겐하임 펠로십 상금, 이달의 책 클럽BOMC 선정, 전미 도서상 논픽션 부문 수상 등 많은 영광이 뒤따랐다.

이 책은 대중의 심금을 울렸다. 수백만 년의 지질학과 자연사를 서정적으로 묘사한 레이첼의 글은 전쟁으로 피폐해진 사람들의 심신을 달래주었다. 제2차 세계대전이 끝난 지 6년밖에 안 되었지만 이제 인간의 조건과 자연계에서 인간이 차지하는 위치, 인간이 지구와 바다에 의존하는 정도를 이해하고자 하는 갈망이 생겼다. 오늘날에도《우리를 둘러싼 바다》는 지금까지 출간된 자연 관련 책들 가운데 큰 성공을 거둔 책 하나로 꼽힌다.

이 책 출판에는 부정적인 부분도 있었다. 레이첼은 다시금 이 사회에 만연한 성차별적 태도에 맞서야 했다. 여자가 그렇게 깊이 있는 과학 지식을 그토록 접근하기 쉬운 방식으로 표현하는 건 불가능하다며 불신감을 드러내는 이들이 있었다.《뉴욕타임스 북 리뷰

New York Times Book Review》의 한 평론가는 저자 사진이 없는 상태에서 "까다로운 과학적 문제를 이렇게 아름답고 정밀하게 쓸 수 있는 여자가 어떻게 생겼는지 안다는 건 즐거운 일일 것"이라고 썼다. 레이첼의 예술가 친구인 셜리 브릭스는 레이첼에 대한 대중의 인식을 한 손에는 창을 들고 다른 손에는 문어를 든 채 흐르는 물 위에 서 있는 헤라클레스처럼 거대한 여성 모습으로 스케치해 레이첼을 웃게 했다. 레이첼은 자기 집에서 사람을 고용하려고 공고를 냈을 때 자격이 부족한 지원자가 찾아왔다가 새 고용주의 이런 이미지를 보고 허둥지둥 도망쳤다고 농담했다.

일부 과학자들은 레이첼이 실험실 연구 과학자라기보다 FWS 출판부 소속이라는 것에 비판적인 모습을 보였다. 레이첼은 이 비판이 이상하다고 생각했는데, '과학은 우리 삶의 현실적인 부분이며, 우리가 하는 모든 경험의 대상이자 방법이자 이유'였기 때문이다. 반면 칭찬하는 사람들도 많았다. 해양학자이자 하버드 비교동물학 박물관 책임자 헨리 비글로Henry Bigelow는 레이첼이 모은 자료의 양에 큰 감명을 받았다. 일반 대중도 분명히 감명을 받았고, 풍부한 과학적 사실과 상상력, 수수께끼, 경이로움을 혼합하는 레이첼의 능력과 전문 지식에 매료되었다. 《우리를 둘러싼 바다》는 출판 4개월 만에 10만 부가 팔렸고 《뉴욕타임스》 베스트셀러 목록에 86주 동안 올라 있었다.

레이첼은 성차별주의자와 미심쩍어하는 사람들에게 대처해야 했을 뿐 아니라, 때로는 사생활에 대한 관심과 침해가 지나칠 정도라고 느꼈다. 수줍음이 많은 레이첼은 가족, 친구, 가까운 동료들과 좁은 교제 범위를 유지하며 사생활을 중시했다. 그래서 "사람들이 책을 칭찬해줘서 기쁘지만, 나에 대한 이 모든 관심은 아무리 좋게 말해도 이상하게 느껴진다"고 했다. 레이첼이 힘든 시기를 겪을 때도 이런 사생활 침해가 일어났다. 레이첼이 이 책에 대한 매스컴의 관심에 대처해야 했던 때는 마침 유방 종양 제거 수술을 받고 회복하던 시기였다. 수술 결과 종양은 양성으로 판정되었지만, 이는 레이첼을 기다리는 힘든 시기를 예견하는 하나의 경고일 뿐이었다.

이제 평생 처음으로 경제적 안정을 맛보게 된 레이첼은 직장에 안식년을 신청했다. 호튼 미플린 출판사 편집자가 한 이야기를 듣고 떠오른 아이디어를 바탕으로 다음 책을 쓰고 싶었기 때문이다. 편집자의 친구들은 뉴저지의 어떤 해변에서 오도 가도 못하는 것처럼 보이는 말발굽게들을 우연히 발견하고는 게들을 바다로 돌려보내려고 애썼다. 그들은 자기네가 게의 짝짓기를 막아 이 게들의 라이프사이클을 방해한다는 사실을 몰랐다. 편집자는 가까운 해안에 사는 생물들의 삶을 알려줄 안내서가 벌써 나왔어야 하는데, 레이첼이야말로 그런 책을 쓰는 데 적임자라고 말했다.

레이첼은 원래 자기가 살던 곳과 생활방식으로 돌아가 메인주에서 플로리다주까지 해안선을 따라 걸으며 '한 생명체가 다른 생명체와 연결되고, 각각의 생명체가 그 주변 환경과 연결되어 있는 복잡한 생명의 거미줄'을 느꼈다. 레이첼을 달래고 받아들이는 바다의 힘은 앞으로 몇 달 동안 가혹한 시험을 받게 될 것이었다. 자신에 대한 대중의 높은 관심에 대처하는 방법을 배우는 동안 레이첼은 결혼하지 않은 조카 마조리가 임신했다는 사실을 알게 되었다. 오늘날의 기준으로 볼 때는 별로 심각한 일이 아니지만, 레이첼은 새롭게 얻은 명성 때문에 많은 관심을 끌었던 만큼 이 사실을 비밀로 할 필요가 있었고 무슨 수를 써서든 마조리를 보호해야 했다. 레이첼은 마리에게만 이 일을 알리고 자기 가족을 우선시했다. 1952년 9월, 마조리는 아들 로저 크리스티를 낳았다. 레이첼은 가정을 꾸린 적이 없지만 로저는 그가 평생 돌본 대가족 목록에 추가되었다.

그전 해에 안식년이 끝난 레이첼은 마침내 사직서를 내기로 결심했다. 마흔네 살이던 1951년의 일이었다. 《우리를 둘러싼 바다》가 금전적으로도 성공을 거둔 덕분에 이제 공직에서 은퇴해 전업 작가로 일할 수 있게 되었다. 또 아무 데도 매이지 않았으므로 갈수록 우려가 커져가던 환경문제에 대해서도 이야기할 수 있었다. 새로 선출된 공화당 대통령 드와이트 아이젠하워Dwight D. Eisenhower 행정부를 직접 공격한 것도 그중 하나였다. FWS 책임자 앨버트 데이Albert Day가 해임되고 몇몇 직원의 자리가 바뀌자 레이첼은 격분했다. 그는 《워싱턴 포스트》에 보낸 편지에서, "금세기에 유례없는 천연자원을 급습하기 위한 길을 닦고 있다……. 정치만 중시하는 정부가 우리를 거리낌 없는 착취와 파괴의 암흑시대로 되돌려놓으면 어렵게 획득한 진전은 사라질 것이다"라고 했다.

한편 레이첼의 새로운 바닷가 안내서인 《바다의 가장자리The Edge of the Sea》는 서서히 형태를 갖춰갔다. 레이첼이 정확한 분위기와 접근 방법을 찾아내려고 애썼기 때문에 집필 과정은 상당히 고통스러웠다. 대서양 해안의 생태를 과학적으로 정확하게 탐사해야 했지만, 이 과정의 창작 측면이 까다롭고 복잡하다는 것을 깨달았다. 레이첼은 '주제가 지휘권을 잡고 진정한 창조행위가 시작되는' 전환점에 도달하기 전에 그 대상을 진정으로 이해해야 한다는 것을 알았다. "작가가 할 일은 가만히 앉아서 대상이 하는 말에 귀 기울이는 법을 배우는 것이다." 레이첼은 그렇게 하는 과정에서 조류가 식물군과 동물군에 영향을 미치는 북쪽 바위 해안과 파도의 영향력이 더 큰 대서양 중부의 모래 해변, 해류가 생명체를 지배하는 남쪽의 산호 해변 등 다양한 해안 환경에 따라 이 책을 분류해야 한다는 사실을 깨달았다.

레이첼은 몸과 마음을 모두 시험대에 올렸다. 이 책을 쓰는 데 필요한 자료를 모으기 위해 예술가 친구 밥 하인즈와 함께 자주 메인주 해안으로 향했다. 때로는 얼어붙은 물속에서의 탐험이 너무 길어지는 바람에 근육이 추위에 굳어 움직이지 않아 하인즈가 레이첼을 해안까지 끌고 가야 하는 일도 있었다. 레이첼은 언제나 메인주 해안을 가장 좋아했고 이제는 금전적 여유도 생겼기 때문에 사우스포트 섬에 땅을 사서 작은 별장을 지었다. 1953년 7월 레이첼과 어머니 마리아 그리고 최근 키우게 된 고양이 머핀이 이곳으로 이사했다.

카슨 가족은 새로운 환경에 정착하는 동안 이웃의 환영을 받았다. 도로시 프리먼Dorothy Freeman과 스탠리 프리먼Stanley Freeman 부부는 열성적인 자연주의자였고《우리를 둘러싼 바다》를 매우 좋아했다. 특히 도로시는 레이첼의 든든한 친구가 되었다. 따뜻하고 매력적인 도로시와 꾸준히 편지를 주고받은 레이첼은 글을 쓰면서 외로움을 자주 느꼈기 때문에 이렇게 친절한 사람, 특히 자기처럼 나이든 부모를 돌보는 사람을 만난 데서 큰 위안을 얻었다.

《바다의 가장자리》는 원래 바닷가 생태에 대한 휴대용 도감으로 시작했지만, 완성 단계에 가까워짐에 따라 독자적 생명을 얻었고 아무나 흉내 낼 수 없는 레이첼의 독특한 산문적 특징이 곳곳에서 빛을 발했다. 야생동물과의 잊지 못할 만남도 설명했는데, 조수 웅덩이, 접근하기 힘든 동굴, 한밤중 바닷가에 홀로 있는 게를 탐구하는 과정에 대한 묘사가 자연 세계를 친밀하게 들여다볼 수 있게 해주었다. 레이첼은 서문에서 자기가 무엇을 하려고 하는지 설명했다. 한 가지 예로 바닷가에서 발견한 빈 조개껍데기 뒤에 숨겨진 삶을 이해하고 싶어 했다. "진정으로 이해하려면 한때 이 껍데기에서 살았던 생물이 파도와 폭풍 속에서 어떻게 살아남았는지, 그 적은 누구인지, 어떻게 먹이를 찾고 번식은 어떻게 했는지, 이것이 서식하는 특정한 바다 생태계와 어떤 관계를 맺었는지 등 그 삶 전체를 직관적으로 알고 있어야 한다."

레이첼은 바닷가에서 많은 시간을 보내면서 그곳 생태계를 제대로 이해해 만족스러워했고 일반 대중의 축하를 받았다. 《우리를 둘러싼 바다》가 받았던 만큼의 환영과 성공은 다시 기대하기 힘들 거라고 생각했지만, 편집자와 비평가들이 "레이첼이 다시 해냈다"고 선언하자 걱정이 누그러들었다. 1955년 친구 하인즈 그린 삽화와 함께 출판된 《바다의 가장자리》는 바다 3부작을 완성하면서 레이첼을 가장 유명한 '전기 작가'의 반열에 올려놓았다.

이 책에 실린 과학적 사실 가운데 일부는 어쩔 수 없이 시대에 뒤떨어졌지만, 여전히 생태학적 글쓰기의 걸작으로 남아 있다. 지질학, 고생물학, 생물학, 인간사 분야를 결합한 레이첼은 과학적 메시지가 빛을 발할 수 있는 리듬과 명확한 분위기를 찾아냈다. 《우리를 둘러싼 바다》는 레이첼이 마지막으로 쓴 책이자 가장 유명한 저서인 《침묵의 봄Silent Spring》의 발판이 되었다.

레이첼은 책이 유명해지면서 다른 프로젝트에도 참여하게 되었다. 구름에 관한 옴니버스 영화의 대본을 써서 텔레비전 분야에도 진출했는데, 1956년 3월 11일 오빠 집의 텔레비전으로 이 영화를 보았다. 가족은 여전히 레이첼의 삶에서 큰 부분을 차지했기 때문에 자신과 80대 후반의 병든 어머니, 자주 아픈 조카 마조리와 마조리의 아들 로저가 함께 살 수 있는 더 큰 집이 필요했다. 마조리는 서른한 살 때인 1957년 세상을 떠났고, 레이첼은 당시 다섯 살이던 로저를 입양했다. 곧이어 가족끼리 오래 알고 지낸 사이인 앨리스 멀렌Alice Mullen도 죽었다. 비탄에 젖은 채 점점 커지는 가족에 대한 의무에 시달리던 레이첼은 이런 상황에서는 글쓰기에 집중하기가 불가능하다는 사실을 깨달았다. 레이첼은 도로시에게 보낸 편지에서 "지금 필요한 건 글쓰기만 빼고 모든 걸 다 할 수 있는 내 쌍둥이 같은 사람이에요. 그럼 다른 일은 그 사람에게 맡겨두고 난 글만 쓸 수 있을 테니까요!"라고 썼다.

1950년대 후반, 레이첼은 자신과 FWS 동료들이 1940년대에 함께 걱정했던 DDT 문제로 돌아왔다. DDT는 최초의 현대식 인공 살충제였다. 제2차 세계대전 때 말라리아와 발진티푸스를 억제한 공을 인정받아 곤충이 옮기는 질병을 통제하고 농작물 파괴를 막는 새로운 방법으로 신속하고 폭넓게 받아들여졌다. 그러나 레이첼은 과학적 조사를 제대로 하지 않았다고 주장했다. DDT를 일반 환경에 살포했을 때 어떤 영향을 미치는지 완전히 조사되지 않았기 때문에 일련의 후속 효과가 도미노처럼 발생할 가능성이 매우 높았다.

농무부는 불개미를 없애기 위해 미국 남부 주 81제곱킬로미터에 DDT를 살포할 계획이었고, 뉴욕 롱아일랜드에서도 매미나방을 구제하기 위해 비슷한 대규모 살포가 계획되어 있었다. 후자의 경우, 그 지역의 다른 곤충과 조류에 대한 피해가 명확해짐에 따라 시민들이 소송을 제기했다. DDT 저항성이 인체에 해로운 영향을 미친다는 보고도 있었다. 레이첼의 친구 올가 허킨스Olga Huckins가 자신이 키우던 명금들이 맞은 끔찍한 죽음을 간절하게 묘사한 편지를 《보스턴 헤럴드Boston Herald》에 보내자 레이첼은 이제 자기 관심사가 '오랫동안 걱정해온 문제들'에 다시 날카롭게 집중되는 것을 깨달았다.

레이첼은 점점 살충제 문제에 몰두하면서 이 분야에 정통한 사람이라면 누구에게든 연락을 취했다. FWS에 16년간 근무한 덕분에 온갖 종류의 정보와 연락망에 접근할 수 있었다. 롱아일랜드에서 소송을 제기한 사람 중 한 명인 마조리 스팍Marjorie Spock은 레이첼과 친해져서 수많은 연구 논문을 보내주었는데, 그 양이 너무 많았던 탓에 레이첼은 베티 헤이니Bette Haney라는 대학생을 고용해서 논문을 요약했다.

1957년 5월, 롱아일랜드 사건을 맡은 판사는 DDT 살포 중단을 거부했고 항소 절차도 성공하지 못했다. 레이첼은 "이 모든 것에 심리적 각도가 존재한다. 사람들, 특히 전문직 남성은 어떤 것에 대항하는 것을 불편해하며, '무엇인가가' 잘못되었다는 확실한 증거 없이 의심만 품고 있는 경우에는 더욱 그렇다. 그래서 그들은 자신이 강한 의혹을 품고 있는 프로그램에 동조할 것이다"라고 생각했다. 그래서 자기 책에서 DDT 같은 화학 살충제를 대신할 긍정적인 대안을 제시할 수 있다면, 그런 물질이 환경과 인류에 미치는 피해에 대한 자기 생각이 더 쉽게 받아들여질 것이라고 여겼다.

1958년 11월 말, 여든아홉 살이던 어머니 마리아가 뇌졸중 발작을 일으켰고 며칠 후 사망했다. 어머니의 죽음은 레이첼은 물론 로저에게도 크나큰 상실감을 안겨주었다. 레이첼은 자기 삶에 드리워진 어머니의 부드러우면서도 강인한 존재감을 절절하게 그리워했지만, 어머니는 딸이 슬픔에 굴하지 말고 계속 전진하기를 원했을 것이라고 여기고 일을 계속해나가기로 결심했다. 1959년 1월 중순, 레이첼은 다시 일터로 돌아왔다. 레이첼은 이제 DDT가 인간의 건강에도 해를 미친다는 중요한 증거를 비롯해 이 물질이 유해하다는 증거를 대량으로 수집했지만, 이걸 공개할 경우 겪게 될 반발에 대한 두려움 때문에 공개 토론회에서 발표하기를 꺼렸다. 농무부와 화학공업계는 강한 유대관계를 맺고 있었고 레이첼이 접촉하는 사람 중 일부는 그들이 공유하는 이 물질에 대한 정보와 연관되기를 싫어했다.

1959년 4월, 레이첼은 자신의 연구결과를 공개하기 시작했다. 《워싱턴 포스트》에 보낸 편지에서는 "지구상에 놀라운 죽음의 비"가 내린다고 말한 영국 생태학자의 말을 인용했다. 레이첼은 울새의 개체수가 급격히 줄어드는 것은 DDT가 울새의 주요 먹이인 지렁이에 영향을 미치기 때문이라고 설명했다. DDT가 먹이사슬에 미치는 영향은 다른 곳에서도 뚜렷하게 드러났다. 플로리다주의 대머리독수리는 현재 80퍼센트가 불임 상태인데, 이는 대머리독수리가 먹는 물고기의 DDT 잔류물 농도 때문이었다. 또 많은 의사나 과학자와 마찬가지로, 레이첼은 DDT가 인간에게도 영향을 미친다고 믿었다. 한 남자가 3주 동안 사냥여행을 다니면서 매일 텐트 바깥에 DDT를 살포했다가 결국 백혈병으로 사망했다. 1959년 11월에는 모든 신문이 크랜베리 공포에 대해 대서특필했다. 크랜베리에 자주 뿌리는 제초제 아미노트리아졸aminotriazole이 실험실 쥐에게 갑상샘암을 유발한다는 사실이 과학적으로 증명되었다. 국민들의 우려가 고조되는 것을 의식한 식품의약국FDA은 이 살충제를 뿌린 크랜베리 판매를 금지했다.

레이첼과 일반 대중은 1945년 히로시마와 나가사키에 원폭이 투하된 후 발생한 방사능의 영향과 살충제의 영향 사이에 유사한 부분이 있다는 사실을 깨닫기 시작했다. 1950년대에 진행

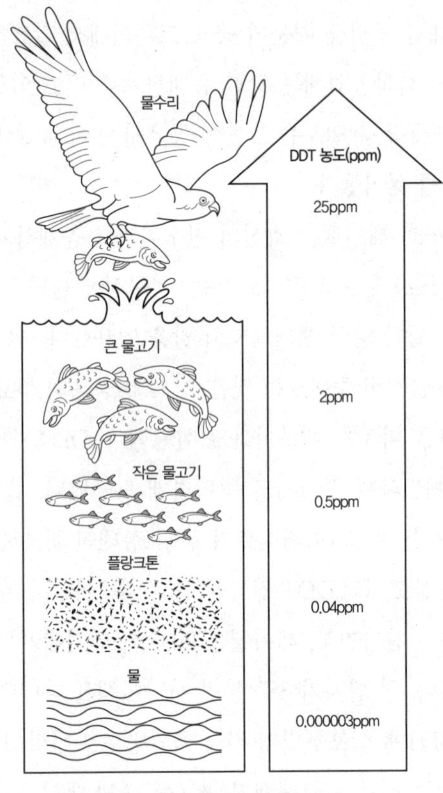

DDT 농약은 먹이사슬 상위로 올라갈수록 농축된다.

된 핵무기 실험 때문에 문제가 더 악화되었다. 실험으로 스트론튬-90strontium-90이 대기 중에 방출되었고, 이것이 특히 우유 같은 식품 사슬을 통해 미국인의 식단에 스며들어 골암과 백혈병을 유발한 것이다.

그 책을 집필하는 과정은 느리게 진행되었다. 완벽한 사례를 제시하고 싶었던 레이첼은 도로시에게 "이 일은 지금껏 내가 한 그 어떤 일보다 훨씬 중요할지도 모른다"고 말했다. 그는 농약 프로그램에 의문을 품은 정부 생물학자들이 해고되었다는 사실을 알았지만, 그래도 이걸 증명할 문서가 필요했다. 레이첼 역시 건강이 좋지 않아 일이 방해를 받았다. 궤양, 폐렴, 축농증을 앓은 뒤에는 양성 종양을 제거한 지 몇 년이 지난 유방에서 낭종까지 발견되었다. 1960년 4월, 이번에는 철저한 유방절제술을 받았다. 레이첼은 그 종양이 암인지 물어보았다. 의사는 암은 아니라면서 더 이상 치료를 권하지는 않았다.

레이첼은 빨리 회복하지 못했고, 가능할 때마다 침대에서 글을 썼지만 진행 속도는 달팽이 걸음만큼이나 느렸다. 조수 베티는 아직 레이첼의 꼼꼼한 성격을 따라가지 못했기 때문에 작업이 끝날 희망이 보이지 않았다. 베티는 "나는 속도를 중시하는 문화권에서 자랐지만 아직 진보와 그 속도를 연관하는 방법을 배우지 못했다……. 그리고 당시에는 레이첼의 결단력이 어느 정도인지, 그런 결의가 얼마나 강력한 힘이 될 수 있는지도 몰랐다"고 말했다.

1960년 11월, 레이첼은 수술한 자리와 가까운 갈비뼈 아래에서 덩어리가 만져지는 것을 느꼈다. 병원에서는 방사선 치료와 화학요법을 권했다. 레이첼은 유방절제술을 받은 뒤 직접 질문까지 했는데도 암 전문의인 친구 조지 크릴George Crile 박사의 중재로 의사가 자신에게 진실을 알려주지 않았다는 사실을 알게 되었다. 암은 당시에도 수술실에서조차 입에 올리기 힘든 화제였고, 의사들은 여성이 암에 걸릴 경우 그 남편과만 의논하려고 했다. 이제 레이첼이 선택할 수 있는 치료 방법은 전보다 더 줄었지만 억울해하고 원망하기보다는 남은 시간을 즐기기로 했다. 레이첼의 주된 관심사는 로저였기에 가능한 한 조카와 많은 시간을 보내고 싶어 했다.

1961년 초에는 몸이 약해져 거의 침대나 휠체어에 갇혀 지냈다. 할 수 있을 때는 일을 하고 돌아온 봄을 즐기면서 "자연의 순환과 리듬이 여전히 계속되고 있음을 알려주는 이 모든 것이 만족스럽다"고 썼다. 화학 살충제 사용과 그것이 야생동물과 환경에 미치는 강력하고 지속적인 효과에 대해 6년간 고되게 연구한 결실인 기념비적이고 흥미로운 책이 거의 완성되고 있었다. 마리는《침묵의 봄》이라는 제목을 제안했고, 레이첼의 마지막 임무는 첫 번째 장을 쓰는 것이었다. '내일을 위한 우화'는 점점 '이상한 곤경'의 희생양이 되어가는 조화로운 마을을 묘사하고 있다. 죽음이 머리 위를 맴돌고 동물과 새가 사라졌다. '소리 없는 봄'에 대한 레이첼의 묘사는 책에 상세히 기술한 농약 사용 때문에 실제로 발생한 여러 가지 환경 재앙을 합친 것이다. 레이첼은 주의하지 않으면 "이런 상상 속 비극이 엄연한 현실이 되어 우리 눈앞에 펼쳐질 수 있다"고 경고했다.

1962년《뉴요커》는《침묵의 봄》내용을 요약해 3부로 나눠 연재했다. DDT 같은 독성 살충제가 환경을 오염하는 상황에 대한 생생한 설명뿐만 아니라 정부와 산업계가 그 결과를 무시하고 있다는 레이첼의 의견을 읽고 감동과 혼란을 느낀 독자 수천 명이 여기저기에 편지를 보냈다. 1962년 8월에 책이 출판되면서 레이첼 인생의 마지막 장을 예고했다. 《침묵의 봄》은 순식간에 베스트셀러가 되었고 수십 년 동안 가장 큰 화제를 모은 책이 되었다. 《뉴요커》 편집장 윌리엄 숀William Shawn은 이 책을 '훌륭한 업적'이라고 평가했다.

물론 모든 독자가 이 책에 만족한 것은 아니다. 레이첼은 중요한 정부 관료와 보존 단체에 무료로 사본을 보내 비방하는 이들의 영향력을 최소화하려고 많은 노력을 기울였지만 점점 반발이 나타났다. 레이첼은 일찍이 예전 동료에게서 "병충해 방제 작업자들과 농약 제조업체에서 많은 보조금을 받는 사람들은 팩트를 들이대도 꿈쩍하지 않을 것"이라는 경고를 받은 바 있다.

레이첼은 자기가 농약 사용을 전적으로 반대하는 게 아니라 오용과 과용만 반대한다는 사실을 강조하려고 애썼다. 그리고 과학계가 살충제를 해충을 구제하는 기적적인 해결책이라고 내세우면서 그것이 불러온 모든 해악은 숨기고 있다고 주장했다. 레이첼의 사건은 논쟁할 여지가 없는 또 하나의 비극인 탈리도마이드 스캔들에 부분적으로 도움을 받았다. 탈리도마이드는 미국에서는 사용허가를 받지 못했지만 유럽과 캐나다에서는 입덧 치료제로 널리 처방되었고, 결국 기형아 출산이라는 끔찍한 결과를 가져왔다는 소식이 미국에도 전해졌다. 레이첼은 "탈리도마이드와 살충제는 모두 비슷한 약물이다. 이는 결과가 어떻게 될지도 모르면서 서둘러 새로운 것을 사용하려는 우리의 태도를 드러낸다"고 평했다.

레이첼의 전투는 계속되었다. 전이된 암과 방사선 치료로 고통받는 상황이었고, 변호사들은 책의 어조에 격분한 화학업계 인사들을 대리해 싸울 준비를 하고 있었다. 《뉴요커》는 《침묵의 봄》을 더는 연재하지 말라는 요청에 시달렸고, 레이첼의 책을 출판한 호튼 미플린은 이 책이 자본주의를 무너뜨리려는 좌파의 음모이며 책을 출판하면 고소할 수도 있다고 시사하는 편지를 받았다.

법적 조치를 취하겠다는 위협은 관련된 모든 사람에게 깊은 우려를 주었다. 이로써 재징적 파멸을 초래할 수도 있었지만 레이첼과 출판사는 화학업계에서 일하는 일부 인사들의 지원에 힘입어 출판을 강행했다. 미국 대통령 존 F. 케네디John F. Kennedy는 취임 18개월 만에 기자회견에서 《침묵의 봄》의 중요성을 공개적으로 인정했다. 그는 정부 기관들이 농약의 잠재적 위험성을 조사하고 있느냐는 질문에 "카슨 씨 책이 출간된 뒤로 (…) 당연히 그 문제를 조사하고 있다"고 말했다. 그리고 얼마 지나지 않아 레이첼은 대통령 특별위원회에 출석해서 증언해달라는 요청을 받았다.

이 책이 계속 논쟁을 불러일으켰지만 변호사들은 대응을 포기했다. 사실은 사실이었고, 레이첼은 자신이 제시한 사실에 대한 의견과 해석을 말할 자격이 있었다. 레이첼은 이 책이 일으킨 소동에 약간 당황했다. 이 일을 시작한 이유는 자연계의 생태와 생물의 상호작용이 얼마나 복잡한지를 대중에게 알리기 위해서였다. 그래서 살충제에 포함된 독성 화학물질이 먹이사슬에 속한 표적 해충이나 이들과 밀접한 관련이 있는 다른 유기체를 어떻게 파괴할 수 있는지 수많은 예를 들어 설명했다. 대중은 이런 화학물질과 그 영향에 대한 지식이 없었고 레이첼은 대중이 '지금과 같은 길을 계속 걷고 싶은지' 결정하기를 바랐다.

레이첼에 대한 공격은 주로 화학업계처럼 살충제 사용을 금지하거나 사용량을 대폭 줄일 경우 영향을 받을 가능성이 높은 쪽에서 나왔다. 사실만을 담은 레이첼의 보고서에서 오류를 발견하기는 어려웠기 때문에 이런 공격은 아주 개인적인 부분을 향하는 경우가 많았다. 레이첼은 사업과 자본주의의 이익을 무시하는 공산주의자라는 비난을 계속 받았다. 또 어떤 사람들이 성별에 초점을 맞춰 《뉴요커》로 발송한 한 편지에는 "곤충은 어떤가 하면, 작은 벌레 몇 마리를 죽도록 무서워하는 여자 같지 않습니까!"라고 쓰여 있기도 했다. 연방해충구제감시위원회의 한 위원은 무정하게도 "레이첼은 노처녀 아닌가. 그런데 무엇 때문에 유전학에 대해 그토록 걱정하는가?"라고 말했다.

레이첼의 결혼 여부는 언론에서 반복적으로 다루는 주제였다. 이에 대한 질문을 받았을 때 레이첼은 결혼할 시간이 없었지만 "때로는 돌보아주고 식사를 준비해주고 불필요한 방해를 받지 않도록 챙겨주는 아내가 있는 기혼 남성 작가들이 부럽기도 하다"고 말했다. 남편이 없는 데 따른 우려를 무시하면, 그가 쓴 글의 힘과 자연계에 대한 이해는 누구에게도 뒤지지 않았다.

《침묵의 봄》은 1962년 10월 '이달의 책'으로 선정되었다. 이제 레이첼은 전세가 역전되고 있다고 느꼈다. '이달의 책'으로 선정되면 독서를 별로 즐기지 않는 가정에서도 이 책을 접하게 될 것이기 때문이다. 그뿐만 아니라 화학회사나 화학업계 출신인 정부 자문위원이 연구비를 지원하는 독립 연구가 겉보기와 다른 경우가 많다는 사실도 드러나게 될 것이다.

레이첼을 비판하는 이들은 레이첼이 연구에 직접 관여하지 않았다고 주장했지만, 곧 다양한 과학 교육을 받고 〈메기Inctalurus punctatus의 배아기와 초기 유충 단계에서 전신 발달〉이라는 석사학위 논문을 썼다는 사실을 알게 되었다. 또 어떤 이들은 농약의 좋은 점이 나쁜 점보다 더 많다고 주장했다. 살충제는 해충을 구제하고 특정 질병을 통제하는 데 놀라운 효과를 발휘했다. 이들은 살충제 사용에 대한 레이첼의 주장이 편파적이라고 여겼고, 《타임》도 그의 문체에는 감탄하면서도 이 책이 '강박적일 정도로 과민하다'고 했다.

화학업계의 반응은 즉각적이고 방어적이었다. 한 산업단체는 '레이첼 카슨에게 답하는 방법'이라는 책자를 만들었고 몬산토는 《침묵의 봄》 첫 번째 장을 패러디해서 농약이 없는 세상을 묘사한 〈황량한 해〉라는 글을 발표했다. 레이첼의 분석 정신을 높이 평가하고 그가 《침묵의 봄》에 정확한 과학적 내용을 담기 위해 얼마나 노력했는지 알고 있던 과학계 친구들은 똘똘 뭉쳐 레이첼이 빗발치는 비난을 견딜 수 있게 도왔다.

조용히 지내는 것을 좋아하는 레이첼로서는 책을 둘러싼 언론의 관심이 견디기 힘들 때도 있었다. 레이첼은 전화번호가 전화번호부에 실리지 않도록 조치했고 자신에 대한 언론 보도를 끊임없이 걱정했다. 고통스러운 순간이 많았지만 그래도 마음이 가벼워지는 때도 가끔 있었다. 만화가들은 환경과 삶의 순환에 대한 레이첼의 우려에 다양한 해석을 제시하면서 신나게 즐겼다. 예를 들어 한 신문에 실린 만화는 두 남자가 길거리에서 죽은 개를 살펴보고 있는 모습을 보여준다. 그중 한 사람이 "이 개는 책이 재배한 맥아를 먹은 쥐를 죽인 고양이를 물어뜯었어"라고 말한다.

《침묵의 봄》은 미국과 해외에서 모두 베스트셀러가 되었다. 레이첼은 CBS가 집에서 자기 모습을 촬영하는 것에 동의했다. 그는 촬영 내내 통증에 시달렸지만 겉으로는 침착하고 매력적으로 보였다. 책을 읽지 않았더라도 1963년 4월 3일 방송을 본 사람이라면 누구나 레이첼이 농약 남용의 위험성을 세계에 경고할 뿐 기술 진보와 화학 산업이 항상 세계의 문제를 억제하는 건 아님을 강조했다는 것을 의심하지 않게 되었다. 6주 뒤, 농약 사용 현황을 검토하기 위해 새로 구성된 특별위원회에서 정부 보고서를 발표했는데, 이들은 레이첼의 주장에 대체로 동의했다. CBS의 후속 프로그램에서는 "레이첼 카슨은 두 가지 목표를 가지고 있다. 하나는 대중에게 경각심을 주는 것이고, 다른 하나는 정부를 다그치는 것이다. 첫 번째 목표는 몇 달 전 달성했다. 오늘 밤 발표된 대통령 위원회의 보고서는 레이첼이 두 번째 목표도 달성했다는 가장 확실한 증거다"라고 결론 내렸다.

1963년 여름, 레이첼은 자기 인생이 막바지에 다다랐다고 느꼈지만 겉으로는 평화로워 보였다. 《침묵의 봄》이 출판되고 그 메시지가 사람들에게 제대로 전달되자 레이첼은 자기가 성취하려 했던 많은 것을 이루었다고 여겼다. 메인주 해변에 있는 별장에서 레이첼은 도로시에게 자기가 관찰한 제왕나비에 대해 편지를 썼다. "제왕나비의 생애 주기는 우리가 알고 있는 수개월로 측정할 수 있습니다. 인간의 경우에는 그 측정 방법이 달라지고 범위도 알 수 없죠. 그러나 생각은 같아요. 그 무형의 주기가 막바지에 다다랐을 때 인생이 끝나는 건 자연스러운 일이지 불행한 일이 아니거든요."

레이첼은 1964년 4월 4일 쉰일곱 살로 숨을 거두었다. 그가 사랑하던 고양이들이 그보다 먼저 죽었기 때문에 레이첼의 주된 관심사는 로저의 안녕이었다. 신탁기금에 상당한 돈이 들어 있었기 때문에 돈은 문제되지 않았다. 레이첼은 거절당할 것이 두려웠던 듯

어느 가족과도 상의하지 않은 채 도로시 프리먼의 아들과 그의 아내, 그리고 친구이자 편집자인 폴 브룩스Paul Brooks와 그의 아내 등 두 부부를 로저의 후견인 후보로 택했다. 두 가정 모두 열한 살인 로저와 나이가 비슷한 아이들이 있었다. 결국 로저는 브룩스 가족과 함께 살게 되었고, "그들의 자녀들과 어울려 애정 어린 보살핌을 하면서 로저를 양육해줄 가족"이라는 유언의 조건은 충족되었다.

레이첼이 죽은 날, 세상에 대한 그의 중요성은 이미 인정받고 있었다. 의회에서는 에이브러햄 리비코프Abraham Ribicoff 상원의원이 위원회에서 환경 재해 문제를 심의하는 청문회 일정을 시작하면서 "오늘 우리는 위대한 여성을 애도한다. 모든 인류는 그에게 빚을 졌다"고 말했다. 이 말은 이후 수십 년에 걸쳐 증명되었다. 1970년 국가환경정책법은 '환경과 생물권의 피해를 방지하거나 제거하고 인간의 건강과 부를 도모하는 조치'를 추진했다. 같은 해에 닉슨Nixon 대통령은 환경보호와 관련된 모든 연방 활동을 조직화하기 위해 환경보호청EPA을 설립했다. EPA는 레이첼이 뿌린 환경적 관심이라는 씨앗 덕분에 생겼으며, 그 웹사이트에서 언급했듯이 "오늘날의 EPA는 솔직히 말해 레이첼 카슨의 확장된 그림자라고 할 수 있다." DDT는 1972년 미국에서 대부분 사용이 금지되었는데, DDE라고 하는 DDT의 분해 산물이 새알 껍데기 두께를 얇게 만들어 새의 생존 가능성을 낮췄기 때문이다. DDT를 금지한 뒤 대머리독수리와 물수리, 송골매 같은 특정 조류 종들의 개체수가 10년 동안 증가했다.

《침묵의 봄》은 아랍어부터 스웨덴어에 이르기까지 20개 언어로 출간되었고, 전 세계적으로 지금까지 200만 부 이상 판매되었다.

이 책은 자연계를 부드러운 시선으로 관찰했던 레이첼의 초기 책들의 어조에서 벗어나 있다. 폴 브룩스의 설명처럼, 이 책은 레이첼의 '생명에 대한 존중'과 인간이 자연질서를 무시할 뿐만 아니라 거기서 한 걸음 더 나아가 파괴하고 있다는 점점 커지는 우려에서 비롯했다. 《침묵의 봄》과 레이첼이 평생 한 일들은 자기 주변의 생명을 보호하라고 전 세계에 경종을 울렸다.

이 책이 출판된 지 50년이 넘었지만 세계는 여전히 산업용 살충제의 영향에 대응하고 있다. 2013년 6월, 미국 오리건주 윌슨빌의 작은 마을에서 쇼핑하던 사람들은 주차장에서 5만 마리가 넘는 벌이 죽어가는 것을 발견했다. 이는 이 중요한 꽃가루 매개자가 전 세계에서 급격히 감소하는 것에 대한 우려가 계속되던 와중에 발생한 매우 충격적인 사건이었다. 그 이유는 알고 보니 간단했다. 그 지역 노동자들이 네오니코티노이드neonicotinoids라는 살충제를 근처 나무에 뿌린 것이다. 레이첼은 벌에 대한 화학적 위협이 증가한다는 사실을 통절하게 인식했고, 《침묵의 봄》 전체에서 이 문제를 경고했다. 살충제는 원래 벌에게 특히 나쁘다. 2012년 네오니코티노이드와 피프로닐fipronil 같은 일부 살충제가 벌에게 특히 위험하다는 새로운 연구결과가 나오자 유럽연합에서는 현재 벌에게 미치는 해로운 영향을 최소화하기 위해 이 약품을 소량만 사용하도록 규제하고 있다.

《침묵의 봄》 3장에서 레이첼은 낡은 용기를 재사용했을 때 유기인산 계열 농약과 우발적으로 접촉할 위험이 있다고 강조했다. 2013년 7월 인도의 한 마을에서 학생 23명이 농약에 오염된 점심을 먹고 사망하거나 입원 치료를 받았다. 점심을 조리할 때 식용유

대신 문제의 농약인 모노크로토포스monocrotophos를 잘못 사용한 것이다. 모노크로토포스는 많은 나라에서 사용이 금지되었고 인도에서도 채소를 재배할 때 사용하지 못하게 금지했지만 면화 재배에는 여전히 사용되고 있다.

레이첼은 점점 목소리가 커지는 환경운동의 상징이자 진정한 변화를 이끌어낸 중추적 인물이다. 레이첼은《침묵의 봄》에 대한 공격에 정면으로 맞설 만큼은 오래 살았지만 이 책이 지닌 실제적인 변혁 효과를 목격할 만큼 오래 살지는 못했다. 살충제는 지금도 계속 사용되긴 하지만 양이 현저히 줄었고 현재 전 세계에서 훨씬 엄격하게 통제되고 있다. 예를 들어 유럽연합의 경우 시중에 나와 있는 모든 살충제는 인간과 동물의 건강과 환경에 해를 미치지 않는지 확인하기 위해 철저한 평가를 거쳐야 한다.

농약 사용이 이렇게 감소한 이유 중 하나는 생물학적 통제 방법, 즉 레이첼이《침묵의 봄》에서 강조한 방법 덕분이다. 레이첼은 짝짓기를 막기 위해 곤충의 페로몬을 조작하고, 생식 능력을 없앤 곤충을 자연계에 풀어놓고, 자연에서 파생된 살충제를 이용하는 방법을 논했다. 레이첼은 자연을 거스르기보다 자연과 협력을 장려했으며, 현재 과학자들이 원하는 대로 이용할 수 있는 생물학적 통제 방법이 계속 늘어나고 있다.

지금도 산업계와 농업 전문가, 환경 로비스트 사이에는 전선이 형성되어 있지만,《침묵의 봄》은 환경오염·환경통제와 관련해 지금 당장 해야 하는 일이 무엇인지 계속 알려준다. 레이첼의 작품은 농업 과학자와 정부의 관행에 도전했고 인류가 세상을 바라보는 방식의 변화를 요구했는데, 이는 오늘날에도 적절한 메시지다.

3장

마리 퀴리 (1867–1934)

대중에게 역사적으로 유명한 여성 과학자 이름을 대보라고 하면, 아마 마리 퀴리를 떠올리는 이들이 많을 것이다. 마리는 방사능의 신비를 파헤치는 일에 일생을 바쳤고, 그 과정에서 새로운 원소 두 가지를 발견했으며, 방사선 피폭 때문에 장기간에 걸쳐 서서히 건강이 악화되는 무거운 대가를 치렀다. 1901년 노벨상이 제정된 이래, 마리는 두 과학 분야(물리학과 화학)에서 노벨상을 받은 유일무이한 인물이다. 마리는 프랑스에서 경력을 쌓았지만 고향 폴란드를 결코 잊지 않았다. 남편이 교통사고로 비극적인 죽음을 맞고 기혼인 동료 과학자와의 연애가 전국적인 추문으로 비화되었지만, 마리는 그 모든 걸 이겨냈다. 마리는 소르본 대학 최초의 여성 교수가 되었다. 마리가 죽은 뒤 프랑스 정부는 시신을 팡테옹사원으로 옮겨 프랑스의 위대한 인물들 옆에 안장했다.

Marie

Curie

마리 퀴리Marie Curie, 1867~1934는 평생 수많은 장애물을 극복했는데, 첫 번째 장애물은 자신이 태어난 땅에서 벌어진 일이었다. 마리는 1867년 11월 7일 폴란드 바르샤바에서 태어났다. 마리가 태어날 무렵, 가족이 살던 폴란드 땅은 러시아에 점령되어 강력한 통제를 받고 있었다. 마리는 교양 있는 집안에서 태어났다. 부모는 둘 다 교사였다. 마리는 과학 교사인 아버지 브와디스와프 스크워도프스키Władyslaw Skłodowski를 통해 과학과 실험을 사랑하는 마음을 키우게 되었다. 어머니 브로니스와바Bronisława는 초등학교 교장이었다.

점령된 바르샤바에서는 러시아 군인들이 거리를 순찰했다. 폴란드어 사용과 폴란드 역사 교육 등 폴란드와 관련된 모든 것이 억압당했다. 학교 수업은 모두 새 공용어가 된 러시아어로 진행해야 했고, 러시아어만 사용하라는 정책이 제대로 지켜지는지 확인하기 위해 하루에도 몇 번씩 군인이 수업을 참관했다. 하지만 이런 억압 때문에 폴란드인은 더 반항적인 태도를 취하게 되었고 자신들의 언어와 전통을 고수하려 노력했다. 교사들이 폴란드어로 가르치는 건 흔한 일이었고, 그러는 동안 학생 한 명이 러시아 군인이 가까이 다가오는지 감시했다. 군인이 눈에 띄면 교사는 그가 흡족한 마음으로 자리를 뜰 때까지 러시아어로 바꿔서 가르치다가, 말소리가 들리지 않을 만큼 멀어지면 다시 폴란드어로 바꾸곤 했다.

마리의 부모도 다른 폴란드인처럼 반항적이었다. 브와디스와프는 러시아인을 몹시 증오했고 아이들 앞에서도 그 사실을 숨기지 않았다. 브와디스와프와 브로니스와바는 다섯 자녀가 모두 러시아인을 증오하고 그들에게 저항하면서 자기가 옳고 정의롭다고 믿는 것을 위해 싸우도록 키웠다. 이런 투지가 평생 마리에게 도움이 되었다는 것은 의심할 여지가 없다. 마리는 투지가 부족한 사람이라면 진작 무릎을 꿇었을 수많은 장애물을 다 이겨냈다.

마리는 어릴 때부터 아버지가 일하는 모습을 보는 것을 좋아했다. 또 성격이 밝고 호기심이 많았으며 특히 과학에 소질이 있었다. 마리는 아버지와 자주 대화를 나눴는데, 아버지는 이 대화를 교묘하게 비공식적인 수업으로 바꾸곤 했다. 아버지는 자녀들의 경쟁심을 북돋우기 위해 매주 수학 문제를 내주곤 했다. 마리는 문제를 풀고 맞출 때마다 감격했고, 언니들보다 빨리 푸는 경우에는 더욱 감격했다.

브와디스와프는 단순한 과학자가 아니라 매우 교양 있는 사람이었다. 그는 아이들에게 시를 읽어주었으며 5개 국어를 하는 능력을 모든 자녀에게 물려주었다. 브와디스와프는 작가이기도 해서 폴란드에서 자기 가족이 살아온 상세한 역사를 글로 남겼다. 이건 단순히 자기 가족의 역사를 기록하려는 것이 아니었다. 러시아 점령이라는 배경 속에서 폴란드의 소중한 유산과 자기 가족의 전통을 보존하려는 정치적 행위이기도 했다.

학교에 다니기 시작한 마리는 반에서 가장 똑똑했고 기억력도 놀라웠다. 한번은 러시아 군인이 마리의 반을 깜짝 방문했다. 교사는 수업 내용을 러시아어로 바꿔 우수한 학생인 마리에게 까다로운 질문을 던졌는데, 마리는 훌륭하게 대답했다. 마리는 매우 기쁘면서도 러시아 압제자에게 굴종적인 태도를 보인 것에 죄책감을 느꼈다.

시간이 지날수록 마리 가족의 상황은 더 힘들어졌다. 어머니가 결핵 진단을 받아 직장을 그만두는 바람에 가족 모두가 아버지 수입에 의존하게 되었다. 하지만 얼마 지나지 않아 아버지도 러시아인 상관에게 불복종했다는 이유로 해임되고 말았다. 브와디스와프는 가족을 부양하기 위해 집에서 학교를 열었다. 곧 남학생 스무 명이 이 학교에 다니게 되었고 그중 일부는 이 집에서 하숙도 했다. 집 안은 언제나 사람들로 붐비고 온갖 활동이 이루어져 호기심 많은 마리가 성장하기에 아주 바람직한 환경이었다.

하지만 불행히도 집에서 연 학교가 질병의 근원이 되었다. 마리의 여동생 조시아는 발진티푸스에 걸려 죽었고, 몇 년 후 어머니 브로니스와바도 결핵과 싸움에서 패했다. 근심 걱정이 없던 어린 마리는 자기 어깨에 세상의 무게를 다 짊어진 듯한 내성적인 10대로 성장했다. 학교를 졸업할 때가 되자 마리를 가르치던 교사는 어머니를 잃은 슬픔을 극복하기 위해 마리에게 쉬라고 권했지만, 아버지 브와디스와프는 새로운 도전을 하는 편이 딸에게 더 도움이 될 거라고 여겼다. 그는 마리를 규칙이 엄한 러시아 학교에 보냈고, 마리는 최우등학생에게 주는 금메달을 받았다.

마리는 열다섯 살 때 시골에 사는 삼촌 집에 가서 1년간 지냈다. 아버지의 영향에서 벗어난 마리는 아침에 늦게 일어나 어린아이처럼 밖에서 놀 수 있었고 낚시와 딸기 따기부터 다양한 게임과 춤에 이르기까지 지금껏 허락되지 않았던 많은 놀이에 푹 빠질 수 있었다. 그해는 아마 그 인생에서 스트레스가 가장 적은 해였을 것이다.

바르샤바로 돌아간 마리는 고등교육을 받고 싶었지만 바르샤바 대학은 당시 흔히 그런 것처럼 여학생을 받아주지 않았다. 마리는 아버지 같은 과학자가 되고 싶어 혼자 공부하겠다고 결심했지만, 과학을 제대로 탐구하려면 실험실을 이용할 수 있어야 했다. 다행히 야드비가 다비도바Jadwiga Dawidowa라는 여성이 폴란드 여학생들을 가르치기 위한 비공식 대학을 설립했다. 야드비가는 러시아가 정해놓은 규칙을 피하기 위해 처음에는 개인 집에서 수업을 하다가 나중에는 더 큰 건물로 옮겼고, 때로는 학교 실험실을 빌려 쓰기도 했다. 야드비가가 운영하는 학교는 발각되는 것을 피하기 위해 계속 장소를 바꿔야만 했다. 야드비가는 바르샤바에서 가장 훌륭한 학자들을 설득해 그들이 자유시간을 포기하고 학생들을 가르치게 했다.

마리와 언니 브로나Bronia는 이 학교에서 수업을 듣긴 했지만 그게 일시적인 해결책일 뿐이라는 사실을 알고 있었다. 야드비가의 학교는 공인된 수료증을 줄 수 없었기 때문에 마리와 브로나는 다른 방법을 찾았다. 가장 좋은 대안은 유럽의 명문 대학이자 여학생도 받아주는 파리의 소르본 대학에서 공부하는 것이었다. 자매는 교대로 대학에 진학하기로 했다. 브로냐가 먼저 파리에 가서 공부하는 동안 마리는 고향에 남아 일하면서 브로냐의 학비를 대주고 자기 미래를 위해서도 돈을 모았다.

마리는 가정교사가 되었는데, 훗날 처음 일했던 집에 대해 다음과 같이 이야기했다. "변호사 집안이었는데 (…) 6개월 동안 급료를 주지 않았고 돈을 마구 낭비하면서도 램프용 기름에는 쩨쩨하게 돈을 아꼈다. 그 집에는 하인이 다섯 명이나 있었다. 그들은 자유주의자인 척하면서 실제로는 가장 어두운 어리석음에 빠져 있었다." 마리는 그 경험을 싫어했다. "내가 아무리 싫어하는 사람이라도 그런 지옥에서 살게 하고 싶지는 않아." 마리는 1885년 12월 사촌 헨리에타 미하워스카Henrietta Michałowska에게 보낸 편지에서 이렇게 썼다.

그러다가 1886년 1월 그 집 일을 그만두고 시골 지역에서 새로운 일을 하게 되었다. 마리는 바르샤바를 출발해 슈투카에 있는 조로프스키 가문의 대저택으로 향했다. 조로프스키가에는 대학에 다니는 아들 세 명과 집에서 공부하는 아이들 네 명이 있었다. 마리는 그 집 부모가 '아주 훌륭한 사람들'이라는 것을 알게 되었고, 맡아서 가르치게 된 아이들 가운데 동갑인 브론카Bronka와 처음부터 아주 사이좋게 지냈다. 하루하루 바쁘게 지냈지만 집안 분위기는 마음에 쏙 들었다. 마리는 또 폴란드 농촌에 사는 아이들에게 읽기를 가르치면서 큰 기쁨을 느꼈고, 자기 공부도 계속하면서 소르본에 입학할 날이 얼른 오기를 바랐다.

1888년 1월, 마리는 고용주의 맏아들 카지미에르즈Kazimierz와 관계가 깊어지는 바람에 위기를 겪게 되었다. 두 사람은 결혼 계획을 세웠지만 조로프스키 부부가 아들이 가정교사와 결혼하는 것을 반대했기 때문에 마리는 15개월 동안 침묵 속에서 고통받았다. 1889년 3월에는 기력을 되찾았지만 아직 언니에게서 소식이 없었기 때문에 발트해안의 휴양지에 있는 훅스Fuchs 집안의 가정교사로 취직했다. 1년 뒤, 마리는 바르샤바로 돌아와 다비도바 대학에서 더 많은 강좌를 들었다. 그 무렵 브로냐가 편지를 보내 자기는 소르본에서 공부를 마치고 결혼했다는 소식을 전했다. 브로냐는 파리로 와 함께 살면서 공부를 시작하라고 마리를 초대했다. 브로냐는 7월에 의대를 졸업했는데, 졸업생 수천 명 가운데 여자는 세 명뿐이었다. 브로냐는 소르본에서 성공하려면 뭐가 필요한지 알고 있었고 자신의 지식을 마리에게 전수하고 싶어 했다.

1891년 11월, 스물네 살이 다 된 마리는 마리아라는 원래 이름을 프랑스식 이름인 마리로 바꾸고 파리행 열차에 올랐다. 소르본에 간 마리는 물 만난 물고기 같았다. 마리는 공부를 두드러지게 잘했고 새로운 환경이 주는 자유를 만끽했다. 딱 하나 좋지 않은 점이 있다면 언니 브로냐, 형부와 함께 살아야 한다는 것이었다. 그들은 비좁은 아파트를 진료실로 사용했기 때문에 하루 종일 환자들이 북적거렸다. 6개월 뒤, 마리는 소르본에서 더 가까운 라틴구에 혼자 살 수 있는 숙소를 마련했다. 하지만 자기 돈으로는 아파트 꼭대기 층에 있는 작은 방을 구할 수 있을 뿐이었다. 게다가 건강을 너무 돌보지 않은 탓에 대학 도서관에서 실신한 적도 있었다. 방에 난방을 안 해서 겨울이면 밤사이 세면대에 받아놓은 물이 다 얼 정도였다. 옷을 다 입은 채로 잤고 체온을 유지하려 옷가지를 전부 침대 위에 쌓아두기도 했다.

마리는 파리에 처음 왔을 때 프랑스어를 조금 할 줄 알았지만 유창한 수준과는 거리가 멀었다. 당시 소르본에는 9천 명이 넘는 학생이 재학 중이었지만 여학생은 전부 합쳐 210명뿐이었고 마리는 1825년 과학 학부에 등록한 여학생 스물세 명 중 한 명이었다. 처음에는 폴란드 학생들끼리 모이는 소규모 그룹에 참여해 친구를 사귀었다. 하지만 1학년이 끝날 무렵부터는 공부에 전념하려고 이들과 우정을 포기했다.

마리가 입학한 무렵 소르본에서는 대대적인 재건이 진행 중이었다. 제3공화국은 이 학교를 프랑스 교육개혁의 중심축으로 삼았다. 과학 교실과 실험실은 짓는 중이었기 때문에 건축가 앙리 폴 네노Henri Paul Nénot가 세계에서 가장 현대적이고 시설이 가장 잘 갖춰진 실험실 건축을 감독하는 동안 마리가 수강하는 강좌는 근처에 있는 임시 강의실에서 진행되었다. 1876년부터 1900년 사이에 과학 교수진 규모가 두 배로 늘었다. 돈이 인재를 끌어들였다. 마리는 나중에 '교수가 학생에게 미치는 영향은 그들의 권위보다 과학에 대한 사랑과 개인적 자질에서 기인한다'고 썼다.

마리는 공부를 마치면 바르샤바로 돌아갈 예정이었다. 그리고 미래의 남편을 만날 때까지 부모님 집에서 살 작정이었지만, 예기치 않은 전환기를 맞았다. 수석으로 졸업한 마리는 소르본에서 수학 학사 학위를 따기 위해 계속 공부할 수 있는 장학금을 받았다. 마리는 이 기회를 놓칠 수 없었다. 과학은 그의 삶 자체였다.

1893~1894년 겨울에는 앞으로도 계속 반복될 문제, 즉 더 넓은 실험 공간을 찾는 문제에 몰두했다. 마리는 수학 학위 취득 준비를 원활하게 진행하면서 다양한 강철의 자기적 특성을 연구하는 일에 고용되었다. 담당 교수 가브리엘 리프만Gabriel Lippmann의 실험

실에서 이 연구를 진행했지만 그곳은 비좁고 장비도 제대로 갖춰져지 않았다. 1894년 봄에 폴란드 출신 친구 요제프 코발스키Józef Kowalski와 그의 부인이 찾아오자, 마리는 이런 열악한 상황에 대해 불만을 터뜨렸다. 스위스 프리부르 대학 물리학과 교수인 코발스키는 근처에서 비슷한 연구를 하는 피에르 퀴리Pierre Curie라는 프랑스 사람을 알고 있었다. 피에르는 형 자크와 함께 수정 결정체가 전하를 띨 수 있다는 사실을 발견해 스물한 살에 벌써 유명해졌다. 그 뒤 피에르는 아주 약한 전류를 측정할 때 사용하는 전위계를 발명했다.

피에르를 만난 마리는 자기 인생이 영원히 바뀌었다는 것을 깨달았다. 카지미에르즈와 불행한 연애를 한 이후 계속 공부에만 전념했지만 피에르를 만나자 그에게 정신없이 빠져들었다. 마리는 피에르가 자기와 같은 부류의 사람임을 알아봤고, 머지않아 두 사람은 헤어질 수 없는 사이가 되었다. 피에르는 마리가 알던 어떤 남자와도 달랐다. 지적이고 조용했으며 마리만큼이나 과학을 사랑했다. 마리의 부모처럼 피에르의 가족도 교육을 매우 중요하게 여겼지만 그는 관습적인 교육 과정을 밟지 않았다. 피에르는 집에서 개인 교습을 받았다. 열여덟 살 때 소르본에서 이학사 학위를 받은 뒤, 소르본의 실험 수업 조교로 일하지 않겠느냐는 제의를 받았다. 그는 곧 독창적인 논문을 발표하기 시작했다. 그는 박사학위를 받은 적이 없지만, 사실상 박사학위를 몇 개나 받아도 될 만큼 많은 논문을 발표했다. 박사학위가 없는 피에르는 아웃사이더 취급을 받았다. 1893년 피에르는 산업 지향적 시설 학교인 시립물리화학공업학교EPCI에서 학생들을 가르치기 위해 소르본을 떠났다.

피에르도 마리에게 강렬한 인상을 받았고 마리가 놀랍도록 지적인 사람이라는 것을 알게 되었다. 둘의 우정은 급속도로 깊어졌고, 피에르는 곧 마리에게 결혼해달라고 했다. 마리는 피에르를 사랑했지만, 카지미에르즈와 결별을 겪은 뒤라서 또다시 상처받고 싶지 않았다. 1894년 여름, 결혼할 준비가 되지 않았다고 느낀 마리는 파리를 떠나 바르샤바로 돌아가기로 결심했다. 마리는 가족과 폴란드에 대한 의무감도 느끼고 있었다. 피에르는 이 놀라운 여성을 포기할 준비가 되어 있지 않았다. 그래서 파리로 돌아와달라고 애원하는 편지를 썼다. 자기가 프랑스를 떠나 폴란드에 가서 살겠다는 제안까지 했다. 마리가 피에르의 마음이 어느 정도인지 깨닫게 된 건 바로 이 제의 덕분일 것이다. 마리는 피에르와 프랑스에서 살려고 다시 파리로 돌아왔다. 하지만 자기 아파트에서 같이 살자는 피에르의 제안을 거절하고, 브로냐의 진료소와 가까운 샤토덩 거리에 아파트를 얻었다.

피에르는 마침내 박사학위 논문을 쓰기로 했다. 그는 1895년 3월 박사학위를 받았고 EPCI에서는 그를 위해 교수직을 신설했다. 그해 늦봄에 마리는 마침내 청혼을 받아들였다. 두 사람은 1895년 7월 26일 파리의 작은 마을 회관에서 결혼식을 올렸고, 피로연은 근처에 사는 퀴리 가족의 집 정원에서 열었다. 마리의 아버지와 여동생 헬레나가 바르샤바에서 왔고 언니 브로냐도 남편과 함께 참석했다. 퀴리 부부는 사촌이 준 결혼식 축의금으로 새 자전거 두 대를 사서 브르타뉴로 신혼여행을 가서 자전거를 타고 여러 어촌 마을을 돌아다녔다. "우리는 브르타뉴의 음울한 해안과 히스와 가시금작화가 핀 강 하류에 푹 빠졌다"고 마리는 썼다. 긴 신혼여행을 마치고 파리로 돌아온 퀴리 부부는 마리가 학생 때 살았던 곳과 가까운 글라시에르가에 아파트를 얻었다. 이때까지 그들의 봉급과 상금, 커미션, 연구비를 합친 수입은 약 6천 프랑으로 학교 교사 월급의 세 배였다. 안락한 생활이 가능한 금액이었지만 그들은 돈을 낭비하지 않았고 하인도 고용하지 않았다.

마리는 다시 자기 현상을 연구했고 자유시간에는 과학과 수학을 계속 공부했다. 마리는 강좌 두 개를 진행했는데, 그중 하나는 다양한 분야에 흥미가 있던 이론물리학자 마르셀 브릴루앙Marcel Brillouin과 함께하는 강의였다. 한편 피에르가 EPCI에서 처음 맡게 된 수업은 전기 관련 강좌였다. 마리가 나중에 한 말에 따르면, 그 강의는 '파리에서 가장 완벽하고 현대적인' 강의였다.

퀴리 부부는 처음부터 가능한 한 자주 함께 연구했다. 프랑스 수학자 앙리 푸앵카레Henri Poincaré는 그들의 관계는 단순히 아이디어만 교환하는 게 아니라 '에너지도 함께 나누는 관계였는데, 이건 연구자라면 누구나 겪는 일시적 좌절에 대한 확실한 치료법'이라고 말한 적이 있다. 1897년 초에 마리는 임신 사실을 알게 되었는데 잦은 현기증과 입덧으로 고생했다. 몸 상태 때문에 일을 할 수 없을 때가 많아서 기분이 우울한데, 엎친 데 덮친 격으로 시어머니가 유방암으로 위독하다는 사실을 알게 되었다. 마리는 시어머니가 돌아가실 때 아이가 태어날까 봐 두려워했고 어머니 죽음이 남편에게 미칠 영향을 걱정했다.

그들이 브르타뉴에서 휴식을 취하고 파리로 돌아온 직후 마리는 진통을 시작했고 1897년 9월 12일 딸 이렌느Irène를 낳았다. 마리가 꼼꼼하게 기록한 가계부를 보면 딸의 탄생을 축하하려고 와인을 한 병 샀다고 기록되어 있다. 가계부에는 또 9월에 27프랑이던 고용인 비용이 12월에는 135프랑으로 급증한 것도 나와 있다. 마리는 이렌느를 위해 유모와 보모를 고용했다. 그리고 마리가 걱정했던 것처럼 이렌느가 태어난 지 2주 만에 피에르 어머니가 돌아가셨다. 피에르 아버지는 퀴리 부부의 집으로 이사 와서 아들과 며느리, 갓 태어난 손녀와 함께 살게 되었다.

그 무렵 마리는 교사가 되는 데 필요한 자격증을 취득했고, 1897년 말에는 프랑스 산업진흥학회 회보에 발표할, 담금질한 강철의 자력에 관한 논문에 쓸 도표와 사진을 모았다. 마리와 피에르는 독창적인 연구로 박사학위를 준비하기로 결정했다. 그전의 2년간 물리학계에서는 흥미진진한 일들이 벌어졌다. 1895년 빌헬름 뢴트겐Wilhelm Röntgen이 엑스레이를 발견했고, 물리학자들은 이 기묘하고 새로운 현상을 이해하기 위해 앞다퉈 노력했다. 1896년에는 엑스레이 실험을 하던 앙리 베크렐Henri Becquerel이 베크렐선이라고 알려진 것을 발견했다. 이 광선에 대해서는 알려진 게 거의 없었기 때문에 마리는 이걸 박사학위 연구 주제로 삼기로 했다.

알려진 것은 베크렐선이 우라늄에서 방출되고 종이를 관통하며 어둠 속에서 몇몇 물질을 빛나게 한다는 것뿐이었다. 그러나 이런 '우라늄 광선'에 대한 연구는 추진력을 잃었다. 1896년 프랑스 과학아카데미에 제출된 엑스레이 관련 논문은 거의 백 편이나 된 반면 베크렐선에 관한 논문은 손꼽을 정도로 적었다. 우라늄 광선은 엑스레이를 발생시키는 현상의 일부로 여겨졌을 뿐 아무도 그것이 다른 과정으로 발생한다는 사실을 알지 못했다.

마리는 피에르의 도움으로 EPCI 건물 1층에 있는 낡은 창고에 실험실을 차렸다. 춥고 더러웠지만 마리는 자기가 선택한 연구 주제에 전념하게 되어 기뻤다. 마리는 1897년 12월 16일부터 실험실 공책에 기록하기 시작했다. 마리와 피에르는 우라늄이 방출하는 에너지를 측정하기 위해 이온화 상자를 설치했다. 우라늄을 측정하기는 매우 까다로워서 베크렐은 실패했지만, 마리는 신중하고 근면하게 하다보면 성공할 것이라고 믿었고 결국 성공했다.

마리는 박사학위 논문을 쓰려고 연구를 시작했으므로 더욱 정확하게 측정하려고만 했지 새로운 발견을 하리라고는 기대하지 않았다. 우라늄으로 실험하고 정체를 알 수 없는 베크렐선의 작은 전하를 측정한 후 실험을 위해 다른 원소들도 살펴보았다. 1898년 2월의 어느 하루에만 금과 구리를 포함해 13개 원소를 시험했는데, 그중 우라늄 광선을 방출하는 원소는 하나도 없었다. 마리가 계속 순수한 원소들을 시험하는 데만 매달렸다면 마리를 유명하게 만든 그 발견을 놓쳤을 것이다. 2월 17일 마리는 시커멓고 무거운 광물 복합체인 피치블렌드pitchblende 샘플로 실험을 했다. 이건 독일과 체코 국경 지대의 광물이 풍부한 요아힘슈탈 지역에서 1세기 전에 채굴한 것이었다. 1789년에 마르틴 하인리히 클라프로트Martin Heinrich Klaproth는 피치블렌드에서 회색 금속 원소를 추출했는데, 그 무렵에 새로 발견된 천왕성Uranus의 이름을 따서 '우라늄'이라는 이름을 붙였다.

피치블렌드에는 우라늄이 아주 소량 들어 있기 때문에 마리는 피치블렌드에서 나오는 광선이 순수한 우라늄에서 나오는 광선보다 약할 것이라고 예상했다. 하지만 놀랍게도 그와 반대 결과가 나왔다. 처음에는 자기가 실수했다고 생각했지만 다시 확인해도 결과는 똑같았다. 그렇다면 왜 피치블렌드에서 나오는 방사선이 더 강할까? 마리는 다른 물질들을 실험했고, 일주일 뒤 또다시 예상치 못한 발견을 했다. 토륨thorium은 들어 있지만 우라늄은 전혀 들어 있지 않은 광물인 에스키나이트aeschynite도 우라늄보다 더 강한 방사선을 방출한다는 것이었다. 이제 마리에게는 풀어야 할 수수께끼가 두 개 생겼다.

마리는 베크렐이 발견한 광선이 단순히 우라늄에서만 나타나는 현상이 아니라 좀더 일반적인 현상일 수도 있지 않을까 의심했다. 피치블렌드에는 방사선을 방출하는, 우라늄보다 훨씬 강력한 물질이 들어 있는 게 분명해 보였다. 하지만 그 원소가 대체 무엇일까? 피치블렌드에는 너무나 다양한 광물이 뒤섞여 있어서 실험실에서 똑같은 걸 만들어낼 수 없었다. 이 무렵 퀴리 부부는 우라늄을 함유한 또 다른 광물인 칼사이트chalcite도 순수한 우라늄보다 더 강력한 광선을 방출한다는 사실을 발견했다. 칼사이트는 피치블렌드보다 합성하기가 쉬웠기에, 퀴리 부부는 이미 알려진 성분으로 칼사이트를 만들면 수수께끼의 성분이 빠질 테니 방사선 방출량이 줄어들 것이라고 추론했다.

마리는 인산구리와 우라늄을 섞어서 인공 칼사이트를 만들었는데, 이 새로운 광물은 우라늄보다 방사선 방출량이 많지 않았다. 결론은 명확했다. 칼사이트와 피치블렌드에는 알려지지 않은 원소가 더 포함되어 있는 게 틀림없었다. 마리는 연구결과를 정리해서 〈우라늄과 토륨 혼합물이 방출하는 방사선〉이라는 논문을 썼다. 이 논문을 1898년 4월 12일 프랑스 과학학회에서 발표했다. 마리와 피에르는 둘 다 과학학회 회원이 아니라서 발언할 자격이 없었지만

주기율표

1	H	Hydrogen	1.008
원자번호	화학기호	이름	원자질량

1 **H** Hydrogen 1.008																	2 **He** Helium 4.003
3 **Li** Lithium 6.94	4 **Be** Beryllium 9.012											5 **B** Boron 10.81	6 **C** Carbon 12.011	7 **N** Nitrogen 14.007	8 **O** Oxygen 15.999	9 **F** Fluorine 18.998	10 **Ne** Neon 20.18
11 **Na** Sodium 22.99	12 **Mg** Magnesium 24.305											13 **Al** Aluminium 26.982	14 **Si** Silicon 28.085	15 **P** Phosphorus 30.974	16 **S** Sulfur 32.06	17 **Cl** Chlorine 35.45	18 **Ar** Argon 39.948
19 **K** Potassium 39.098	20 **Ca** Calcium 40.078	21 **Sc** Scandium 44.956	22 **Ti** Titanium 47.867	23 **V** Vanadium 50.946	24 **Cr** Chromium 51.996	25 **Mn** Manganese 54.938	26 **Fe** Iron 55.845	27 **Co** Cobalt 58.933	28 **Ni** Nickel 58.693	29 **Cu** Copper 63.546	30 **Zn** Zinc 65.38	31 **Ga** Gallium 69.723	32 **Ge** Germanium 72.63	33 **As** Arsenic 74.922	34 **Se** Selenium 78.971	35 **Br** Bromine 79.904	36 **Kr** Krypton 83.798
37 **Rb** Rubidium 85.468	38 **Sr** Strontium 87.62	39 **Y** Yttrium 88.906	40 **Zr** Zirconium 91.224	41 **Nb** Niobium 92.906	42 **Mo** Molybdenum 95.95	43 **Tc** Technetium (98)	44 **Ru** Ruthenium 101.07	45 **Rh** Rhodium 102.906	46 **Pd** Palladium 106.42	47 **Ag** Silver 107.868	48 **Cd** Cadmium 112.414	49 **In** Indium 114.818	50 **Sn** Tin 118.71	51 **Sb** Antimony 121.76	52 **Te** Tellurium 127.6	53 **I** Iodine 126.904	54 **Xe** Xenon 131.293
55 **Cs** Caesium 132.905	56 **Ba** Barium 137.327	*	72 **Hf** Hafnium 178.49	73 **Ta** Tantalum 180.948	74 **W** Tungsten 183.84	75 **Re** Rhenium 186.207	76 **Os** Osmium 190.23	77 **Ir** Iridium 192.217	78 **Pt** Platinum 195.084	79 **Au** Gold 196.967	80 **Hg** Mercury 200.592	81 **Tl** Thallium 204.38	82 **Pb** Lead 207.2	83 **Bi** Bismuth 208.98	84 **Po** Polonium (209)	85 **At** Astatine (210)	86 **Rn** Radon (222)
87 **Fr** Francium (223)	88 **Ra** Radium (226)	**	104 **Rf** Rutherfordium (267)	105 **Db** Dubnium (268)	106 **Sg** Seaborgium (269)	107 **Bh** Bohrium (270)	108 **Hs** Hassium (269)	109 **Mt** Meitnerium (278)	110 **Ds** Darmstadium (281)	111 **Rg** Roentgenium (280)	112 **Cn** Copernicium (285)	113 **Uut** Ununtrium (286)	114 **Fl** Flerovium (289)	115 **Uup** Ununpentium (289)	116 **Lv** Livermorium (293)	117 **Uus** Ununseptium (294)	118 **Uuo** Ununoctium (294)

*	57 **La** Lanthanum 138.905	58 **Ce** Cerium 140.116	59 **Pr** Praseodymium 140.908	60 **Nd** Neodymium 144.242	61 **Pm** Promethium (145)	62 **Sm** Samarium 150.36	63 **Eu** Europium 151.964	64 **Gd** Gadolinium 157.25	65 **Tb** Terbium 158.925	66 **Dy** Dysprosium 162.5	67 **Ho** Holmium 164.93	68 **Er** Erbium 167.259	69 **Tm** Thulium 168.934	70 **Yb** Ytterbium 173.045	71 **Lu** Lutetium 174.967
**	89 **Ac** Actinium (227)	90 **Th** Thorium 232.038	91 **Pa** Protactinium 231.036	92 **U** Uranium 238.029	93 **Np** Neptunium (237)	94 **Pu** Plutonium (244)	95 **Am** Americium (243)	96 **Cm** Curium (247)	97 **Bk** Berkelium (247)	98 **Cf** Californium (251)	99 **Es** Einsteinium (252)	100 **Fm** Fermium (257)	101 **Md** Mendelevium (258)	102 **No** Nobelium (259)	103 **Lr** Lawrencium (262)

다행히 마리의 지도교수이자 이제 좋은 친구가 된 가브리엘 리프만이 두 사람을 대신해 기꺼이 논문을 발표해주었다. 아카데미 회원들은 마리의 발견에 흥미를 느꼈지만, 지금 와서 생각해보면 그 논문에서 가장 중요한 두 가지 사항은 이해하지 못했던 게 틀림없다.

마리는 피치블렌드와 칼사이트에는 방출되는 방사선량을 증가시키는 새로운 원소가 들어 있을 거라고 추측했다. 이는 새로운 원소를 검출하는 새 기법이었다. 한 물질이 지닌 방사성의 특징을 이용하면 그 물질의 존재를 알 수 있다. 현재 우리는 자연적으로 발생하는 원소가 92개 있다는 사실을 알지만, 1898년에는 알려진 원소의 수가 지금보다 훨씬 적었다. 드미트리 멘델레예프Dmitri Mendeleev가 1869년 화학계에 소개한 주기율표의 '공백'은 아직 발견되지 않은 다른 원소가 존재한다는 사실을 암시했고, 그의 선구적 연구 이후 10년이 지날 때마다 더 많은 공백이 채워졌다.

둘째, 마리는 논문에서 '모든 우라늄 혼합물은 활동성을 띤다……. 일반적으로 활동성이 높을수록 더 많은 우라늄을 함유하고 있는 것'이라고 기술했다. 이 말에는 방사선이 원자의 특징이라는 의미가 들어 있는데, 이런 생각은 앞날을 예언하는 것이었다. 그러나 과학학회는 새로운 원소가 존재한다는 사실을 확신하지 못했다. 이걸 증명할 수 있는 유일한 방법은 새로운 원소를 분리하는 것뿐이었고, 그러려면 베크렐과 함께 작업해야 했다. 마리와 피에르는 곤란한 상황에 처해 있었다. 베크렐은 퀴리 부부가 실험실을 마련할 돈을 구하도록 도와주었고 여러 의미에서 친구라고 할 수 있었지만, 마리는 베크렐이 항상 피에르만 상대하고 자신은 상대하지 않는 것을 보고 자기가 무시당한다는 느낌을 받았다. 마리는 베크렐이 자신을 아랫사람처럼 취급한다고 느꼈다. 게다가 베크렐은 마리의 아이디어를 도용해 마리 연구를 위협하는 비슷한 실험을 진행하기도 했다.

피에르는 베크렐이 라이벌이 아니라면서 아내를 안심시키려 했지만, 마리는 남편보다 훨씬 추진력이 있었다. 마리는 자신의 발견을 다른 사람과 공유하고 싶지 않았고, 특히 여성 과학자들을 얕보는 남성 우월주의 집단인 과학학회 회원과 공유할 생각은 더더군다나 없었다. 마리는 가능한 한 새 원소를 발견해서 베크렐을 이길 작정이었다.

학회에서 논문을 발표하고 며칠 뒤, 마리와 피에르는 실험실로 돌아가 피치블렌드 100그램(0.22파운드)을 분쇄해서 그 신비로운 새 원소를 분리하려고 시도했다. 그들은 피치블렌드를 다양한 화학물질로 처리하면서 화학 반응 결과로 만들어진 생성물의 반응을 측정했다. 분해 산물 중에서 반응성이 가장 큰 부산물은 추가로 더 많은 실험을 했다. 실험을 시작하고 2주 뒤, 퀴리 부부는 분광기를 사용해 원자량을 측정할 수 있을 만큼 방사선을 방출하는 물질을 충분히 분리했다고 느꼈다. 원자량을 측정하면 그들이 새로운 원소를 발견했는지 확실하게 알 수 있었다.

하지만 실망스럽게도 이 물질은 알려지지 않은 스펙트럼선, 즉 원소를 식별할 수 있는 지문 같은 역할을 하는 빛스펙트럼의 밝은 선을 보여주지 않았다. 이건 새로운 원소의 존재에 대한 마리 생각에 잘못된 부분이 있다는 뜻일 수도 있지만, 마리는 자신들이 물질을 제대로 분리하지 못했다고 느꼈다. 퀴리 부부는 EPCI 연구소장 중 한 명인 구스타브 베몽Gustave Bémont에게 피치블렌드의 화학적 분리와 정화를 도와줄 수 있는지 물었다. 그의 조언으로 퀴리 부부는 즉각 성공을 거두었다. 새로운 피치블렌드 샘플을 유리관에서 가열하는 증류 방식으로 반응성이 강한 물질을 분리해낸 것이다. 1898년 5월 초, 그들은 피치블렌드보다 훨씬 반응성이 강한 물질을 손에 넣었다.

이 시기에 기록한 실험 공책을 보면 마리와 피에르가 노력을 분담했음을 알 수 있다. 그들은 곧 벤치마크로 사용한 우라늄보다 방사성이 17배나 강한 물질을 갖게 되었다. 6월 25일 마리는 우라늄보다 방사성이 300배나 강한 물질을 분리했고, 피에르는 우라늄보다 방사성이 330배 강한 물질을 분리했다. 퀴리 부부는 이제 피치블렌드에 새로운 원소가 한 가지가 아니라 두 가지 들어 있을 수도 있다고 생각했다. 하나는 광석의 비스무트와 관련이 있고 다른 하나는 바륨과 관계가 있는 것 같았다. 비스무트와 관련된 물질을 충분히 분리했다고 생각한 두 사람은 분광학 전문가 젠-아나톨 드마르세Eugène-Anatole Demarçay를 불러서 다시 분리한 물질의 스펙트럼을 조사했지만, 새로운 스펙트럼선은 나타나지 않았다. 퀴리 부부는 증거가 부족한데도 비스무트에 알려지지 않은 원소가 숨어 있다고 확신했다. 1898년 7월 13일, 피에르는 실험 공책에 중요한 내용을 적었다. 이건 그들이 가상의 원소에 '포Po'라는 이름을 붙였음을 알 수 있는 첫 번째 단서다. '포'는 '폴로늄polonium'의 약칭으로 퀴리 부부가 마리의 조국을 기념하려고 선택한 이름이다.

5일 후, 베크렐은 그들을 대신해 과학학회에서 논문을 발표했다. 그들은 "우리는 아직 비스무트에서 활성 물질을 분리하는 방법을 찾아내지는 못했다"고 인정했지만 그래도 "우라늄보다 방사성이 4백 배나 강한 물질을 획득했다"고 말했다. "따라서 우리는 피치블렌드에서 추출한 물질에 지금까지 알려지지 않은 금속, 그 분석적 특성에 따르면 비스무트와 유사한 금속이 포함되어 있다고 믿는다. 만약 이 금속의 존재가 확인된다면 우리 중 한 사람의 조국 이름을 따서 폴로늄이라고 부를 것을 제안한다."

이 논문은 〈피치블렌드에 들어 있는 새로운 방사성 물질에 대하여〉라는 제목으로 '방사성'이라는 용어를 처음 소개했다. 곧 방사능이라는 용어가 도처에서 사용되면서 '베크렐선' '우란선' '우라늄선' 같은 용어는 폐기되었다.

이 무렵부터 앞서 언급한 실험 공책에 폴로늄 논문에 관한 언급이 한동안 나오지 않은 것으로 보아 3개월 동안 별다른 진척이 없었던 것으로 보인다. 이는 그들이 새로운 피치블렌드가 도착하기를 기다렸기 때문일 수도 있지만, 어쩌면 긴 여름휴가에는 관례적으로 몇 달 동안 학자들이 파리를 떠나 있던 관습 때문일 수도 있다.

그들이 일터로 돌아오자 빠른 속도로 일이 진행되었다. 그들은 1898년 11월 말 바륨에 숨겨져 있던 반응성이 큰 물질을 분리해냈다. 베몽의 도움으로 이 물질의 방사성을 우라늄의 9백 배까지 증가시켰다. 이번에는 분광학 전문가 드마르세가 두 사람이 원하던 것, 즉 알려진 원소와는 전혀 다른 뚜렷한 스펙트럼선을 발견했다. 12월 말에 피에르는 실험 공책 한가운데에 자신들이 발견한 두 번째 새로운 원소의 이름을 적었다. 바로 라듐radium이었다.

이들이 새로운 원소를 발견했음을 분명하게 입증하려면 아직 한 가지 할 일이 남아 있었다. 새로운 원소를 분리해서 그것의 원자량을 측정하는 것이다. 퀴리 부부는 몇 주 동안 라듐이 포함된 바륨

샘플의 질량을 정상 원소와 비교했지만, 질량 차이를 발견할 수 없었다. 그들은 이것이 존재하는 라듐의 양이 아주 적기 때문이라고 추측했다. 두 사람은 1898년 12월 말 다음 논문을 과학학회에 보냈다.

〈피치블렌드에 함유된 새롭고 강력한 방사성 물질에 관하여〉라는 제목의 이 논문은 퀴리 부부와 베몽이 함께 썼다. 여기에는 드마르세가 쓴 스펙트럼 분석에 대한 보고서도 포함되어 있었는데, 그는 새로운 스펙트럼 시그니처를 포착했을 뿐만 아니라 그 스펙트럼선은 "방사능이 증폭되면 이 선들도 동시에 증폭되는 것으로 보아 (…) 우리가 발견한 방사성은 이 물질 때문이라고 생각할 이유가 충분하다"고 말했다. 드마르세는 또 그 스펙트럼선은 "지금까지 알려진 그 어떤 원소에도 속하지 않는 것 같다…… (이런 스펙트럼이 존재한다는 것은) 퀴리 부부의 염화바륨에 새로운 원소가 소량 들어 있다는 증거임이 분명하다"고 덧붙였다.

이 논문을 발표한 뒤 퀴리 부부의 작업 패턴이 크게 바뀌었다. 지금까지처럼 같은 프로젝트를 함께 연구하기보다 각자 독자적으로 연구하기로 했다. 1899년 초 마리는 라듐을 분리하는 임무를 맡았고, 같은 실험실에서 피에르는 방사능의 본질을 잘 이해하는 일에 주력했다. 마리는 화학을 다루고 피에르는 물리학을 맡은 것이다. 마리는 정말 순수한 라듐을 추출하고 싶다는 고집스러운 욕망에 사로잡혔지만, 회의론자들의 의심을 잠재우려면 새로운 원소를 분리해야 한다는 것도 알고 있었다.

그러려면 거의 공장에서나 사용할 법한 방법을 써야 했으므로 마리에게는 아주 큰 실험실이 필요했다. 퀴리 부부는 소르본 대학

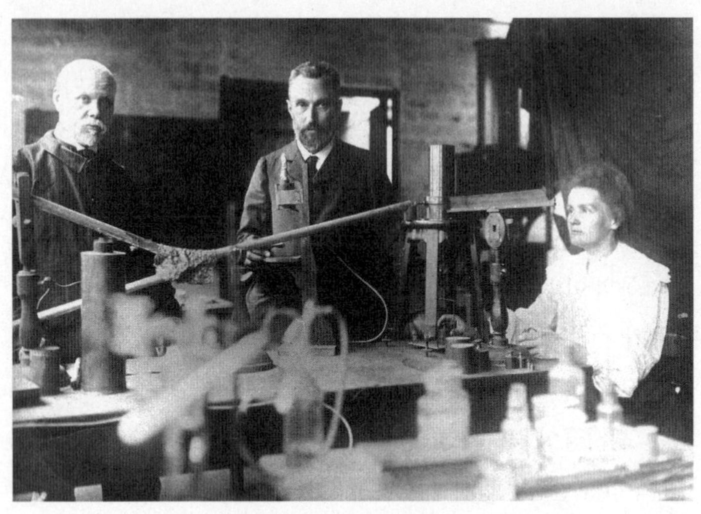

로몽가에 있는 퀴리 부부의 실험실. 물자와 장비가 부족했지만, 이 춥고 동굴 같은 공간은 마리의 성공에 필수적인 장소가 되었다.

에 실험실을 빌려줄 수 있는지 물어봤지만, 대학이 제공할 수 있는 곳은 이전에 해부 연구소로 사용했던 버려진 건물뿐이었다. 그 거대한 공간에는 난방 시설이 없어서 겨울에는 끔찍할 정도로 추웠다. 피에르와 마리는 몸을 따뜻하게 하기 위해 작은 난로 주위에 옹기종기 모여 있다가 추운 실험실로 돌아가 각자 작업을 지휘했다. 화학물질이 내뿜는 유독한 가스를 밖으로 내보낼 환풍기가 없었기 때문에 마리는 뜰에서 일을 해야 했다. 날씨가 나쁠 때는 실험실 안에서 창문을 열어놓고 작업했다. 1899년 봄, 마리는 마침내 원하던 물질을 얻었다. 나중에 마리가 말한 것처럼, "나는 한번에 20킬로그램이나 되는 재료를 가지고 일을 해야만 했다. 그래서 격납고는 침전물과 액체가 가득 든 거대한 용기로 꽉 차 있었다. 용기를 이리저리 옮기고, 액체를 운반하고, 한 번에 몇 시간씩 무쇠 용기

안에서 끓고 있는 용액을 쇠막대로 저어야 하는 정말 진 빠지는 일이었다."

작업 초기부터 바륨에서 라듐을 분리하는 과정은 비스무트에서 폴로늄을 분리하는 것보다 더 쉬우리라는 사실이 분명하게 드러났다. 힘든 작업과 오랜 노동 시간에도 불구하고 마리는 그 도전에서 성공했다. 라듐을 분리하는 동안 퀴리 부부는 예상치 못한 즐거움을 맛보았다. 농축된 라듐 화합물이 스스로 빛을 낸 것이다. 때로는 저녁식사 후 실험실로 돌아가 기괴한 빛을 내는 샘플을 보며 감탄하기도 했다. 그들은 전 세계 동료 과학자들에게 라듐 표본을 조금씩 보내주기도 했다.

방사성 물질의 위험을 몰랐던 퀴리 부부는 라듐염을 유리병에 담아 집에 가지고 가서 침대 옆에 두었다. 몇 달이 지나자 마리와 피에르, 베크렐은 방사성 물질이 일으키는 피해를 알아차렸다. 재킷에 라듐염이 담긴 유리 튜브를 가지고 다니던 베크렐이 몇 주 후 라듐에 가까운 쪽 피부에 화상을 입었다는 사실을 알아차린 것이다.

피에르의 작업에도 성과가 있었다. 그는 자기장이 라듐 방출에 미치는 영향을 보고했으며, 그 뒤 퀴리 부부는 많은 논문을 발표했다. 1900년 파리에서 열린 국제물리학대회에서는 가장 긴 논문인 〈새로운 방사성 물질〉을 발표했는데, 이 논문에서는 자신들의 연구 결과뿐만 아니라 영국과 독일에서 연구된 결과까지 요약했다. 이때쯤에는 어떤 방사선은 자석에 의해 굴절되는 반면 어떤 것은 그렇지 않다는 사실이 알려져 있었다. 또 어떤 광선은 두꺼운 장벽을 통과할 수 있지만 어떤 광선은 그러지 못했다. 그리고 방사성 원소는 다른 물질의 방사능을 '유도'할 수 있어서 퀴리 부부의 실험실을 방사능화할 수도 있었다. 하지만 왜 그런 현상이 나타나는지는 아무도 몰랐다. 그 논문에서 말했듯이, '방사선의 자발성은 수수께끼이자 심오한 놀라움의 대상이었다.'

피치블렌드에서 라듐을 분리하는 작업은 힘들고 시간도 많이 걸렸다. 이 긴 작업을 진행하는 동안 마리는 1899년 11월과 1900년 8월에 실험 경과 보고서 두 건을 《콩트랑뒤Comptes Rendus》라는 잡지에 발표했다. 그러다가 마침내 1902년 염화라듐 1데시그램(10분의 1그램)을 성공적으로 분리했다고 발표했다. 마리는 논문에서 라듐의 측정 원자 중량이 225로 현재 인정하는 원자량인 226에 근접한다고 했으며, '원자량을 보면 [라듐은] 멘델레예프의 [주기율] 표에서 바륨 다음에 놓일 알칼리토금속족이어야 한다'고 결론지었다.

마리가 라듐을 분리한 건 끈질긴 노력이 이루어낸 큰 성과였을 뿐만 아니라, 방사능에 대한 이해를 발전시키는 데도 결정적으로 이바지했다. 물리학자 장 페렝Jean Perrin은 1924년 "[라듐을 분리한 것은] 오늘날 방사능에 관한 전체 지식 체계를 구축할 수 있게 해준 초석이라고 말해도 과장이 아니다"라고 말했다.

마리는 논문을 쓸 연구 내용을 정리해서 소르본 대학에 제출했고, 1903년 5월 박사학위를 받았다. 박사학위 취득을 축하하는 자리에서 아내와 함께 파리에 와 있던 영국의 물리학자 어니스트 러더퍼드Ernest Rutherford를 우연히 만났다. 러더퍼드는 1890년대 중반에 케임브리지에 있는 캐번디시 연구소에서 동료 연구생이었던 폴 랑주뱅Paul Langevin에게 만나자고 전화를 걸었다. 랑주뱅은 러더퍼드 부부와 퀴리 부부를 초대해 함께 식사했다. 저녁식사 후 그들은 정원으로 나갔으며, 러더퍼드는 "피에르가 황화아연으로 일부를 코팅한 튜브를 꺼냈는데 시험관 용액 안에는 라듐이 상당량 들어 있었다. 시험관은 어둠 속에서 밝게 빛났다. 잊을 수 없는 날을 마무리하는 화려한 피날레를 장식했다"고 회상했다.

1903년 8월, 박사학위를 받은 지 두 달 만에 마리는 유산을 했다. 브로냐의 둘째 아이가 뇌막염으로 죽었다는 사실을 안 마리의 슬픔은 더욱 깊어졌다. 마리에게는 빈혈도 왔다. 따라서 다시 일할 수 있기까지 수개월이 걸릴 터였다. 그러나 11월이 되자 이 부부의 운명은 극적으로 바뀌기 시작했다. 11월 5일 그들은 런던 왕립협회가 화학에서 가장 중요한 발견을 한 과학자에게 해마다 수여하는 험프리 데이비 메달을 받게 되었다는 사실을 알게 되었다. 마리는 너무 아파서 여행할 수 없었기 때문에 피에르 혼자 런던으로 갔다. 집에 돌아온 피에르는 자신들이 베크렐과 함께 1903년도 노벨 물리학상을 받는다는 사실을 알리는 스웨덴 아카데미의 편지를 발견했다.

노벨상은 당시 막 제정된 상이었다. 첫 번째 물리학상은 1901년 엑스레이를 발견한 뢴트겐에게 수여되었다. 1903년도 노벨 물리학상은 '스스로 빛을 발하는 방사능을 발견한 공로'로 베크렐과 '앙리 베크렐 교수가 발견한 방사선 현상을 함께 연구한 공로'로 퀴리 부부에게 수여될 예정이었다. 스웨덴 아카데미에서는 방사능이 물리학과 화학의 영역 안에 있는지를 놓고 논쟁이 벌어졌다. 결국 그건 물리학 분야로 간주되었고, 장차 노벨 화학상을 수여할 가능성을 배제하지 않으려고 라듐 발견은 언급하지 않았다. 마리는 여성 최초로 노벨상을 받았으며, 1935년 딸 이렌느가 노벨상을 받을 때까지는 과학 부문의 유일한 여성 수상자였다.

피에르는 스웨덴 아카데미에 감사의 뜻을 표하면서도 교사의 의무를 다해야 하고 진행해야 하는 중요한 연구가 있을 뿐 아니라 마리의 몸이 좋지 않아서 자신과 마리 모두 시상식에 참석하지 않을 것이라고 했다. 반면 베크렐은 수상 수락 연설에서 퀴리 부부를 거의 언급하지 않은 채 스웨덴으로 갔다. 그럼에도 신문들은 마리를 최초의 여성 수상자로 크게 다루었다. 퀴리 부부는 그런 홍보를 싫어했지만 몇 가지 좋은 점이 있었다. 소르본 대학은 피에르에게 교수직을 제안했고 마리는 더 좋은 실험실을 제공받았다. 피에르는 또 프랑스 과학학회 회원이 되었다.

그 사이에 더 많은 라듐을 분리했고 세상은 이 이상한 물질에 빠져들었다. 사람들은 그렇게 사랑스러운 빛을 발산하는 물질은 몸에 좋을 게 틀림없다고 짐작했고, 라듐은 순식간에 만병통치약이 되었다. 어떤 사람은 라듐을 넣은 물을 샀고, 라듐염을 배우들 옷에 넣고 꿰매서 어둠 속에서 빛을 발하게 했다. 파리에서는 몽마르트르언덕에 있는 한 극단에서 '메두사의 라듐'이라는 연극을 공연했고, 미국 샌프란시스코에서는 어둠 속에서 소리도 없이 가볍게 움직이지만 옷에 바른 라듐 때문에 밝게 빛나는, '예쁘지만 보이지 않는 소녀 80명이 일사불란하게 만들어내는 환상적인 군무' 공연을 했다. 손목시계와 벽시계 숫자판에도 라듐을 칠했고, 어떤 회사는 라듐 립스틱까지 만들었다. 그때까지는 아무도 그 물질이 해로울 수 있다는 것을 알지 못했지만, 마리와 피에르는 이미 그 악영향을 느끼고 있었다.

라듐을 직접 만지면서 작업한 피에르는 손이 너무 손상되어 혼자서는 옷을 입고 벗기도 어려울 정도였다. 그는 뼈가 쑤시는 고통을 느꼈으며 자신보다 20~30년 더 나이 든 사람처럼 걸었다. 마리 역시 자주 아팠다. 그들의 건강이 악화된 것과 매일 접하는 방사선 사이에 아무런 연관이 없다면 그게 오히려 더 이상할 터였다. 이 시기에 피에르는 방사성 물질이 있는 갇힌 공간에 실험동물을 넣자 몇 시간 안에 죽었다는 논문을 썼다. 이 논문은 "우리는 라듐 방출로 인한 독성 작용이 호흡기에 해로운 영향을 미치는 실체를 규명했다"고 결론지었다.

마리는 자주 발작을 일으키고 계속 몸이 나빠졌지만 1904년 12월 둘째 딸 에브를 낳았다. 퀴리 부부는 노벨상 상금으로 돈으로 살 수 있는 사치를 약간 즐기기로 하고 아이들과 함께 자주 휴가를 떠났다. 그들은 상금으로 70,700스웨덴 크로나를 받았는데, 이는 2017년 시세로 환산하면 약 30만 파운드(45만 달러)에 해당하는 돈이다. 그들은 더 좋은 옷을 샀고 마리는 그중 상당액을 폴란드에 있는 가족에게 보냈다. 마리가 드디어 개인적·직업적 행복을 찾은 것 같았다.

하지만 그 행복은 1906년 4월의 어느 비 오는 날 산산조각 났다. 피에르는 회의에 참석했다가 소르본 대학으로 걸어가고 있었다. 라듐의 영향으로 거동이 불편했던 피에르는 번화한 파리 거리를 건너다가 잠시 멈췄는데, 그 순간 커다란 마차가 그를 덮쳤다. 마부는 최선을 다해 그를 피하려고 했지만 커다란 마차 바퀴가 피에르의 두개골을 순식간에 찌그러뜨리고 말았다. 마리는 사고가 있고 몇 시간 후 퇴근해서 집에 돌아온 뒤에야 그 비극적인 소식을 들었다. 마리는 망연자실했다.

마리가 서서히 슬픔을 극복하도록 도와준 건 연구 작업이었다. 소르본 대학에서는 피에르의 교수 자리를 대신 맡아달라고 제안했고, 마리는 그 대학의 첫 번째 여자 교수가 되었다. 1906년 11월 5일 오후 1시 30분에 마리의 첫 강의가 시작될 예정이었지만, 이 역사적인 사건을 보기 위해 한낮이 되기 훨씬 전부터 수백 명이 소르본 대학 철문 앞에 모여 있었다. 문이 열리자 군중이 달려들어 모든 좌석은 물론이고 통로까지 꽉 채웠다. 노벨상 수상이 마리를 유명인사로 만들었다면, 일을 계속하겠다는 마리의 결심은 프랑스가 마리를 마음속 깊이 받아들이게 했다.

슬픔을 이길 다른 방법으로 마리는 너무 많은 추억이 담긴 파리의 아파트를 떠나 시골로 이사하기로 결심했다. 그곳에서 마리는 딸들을 위한 개인교사를 고용했다. 이렌느는 일찍부터 과학과 수학에 적성을 보이면서 부모 뒤를 따를 기미를 보였다. 그에 비해 에브는 음악을 사랑했다.

곧 마리 친구들은 마리가 다시 사랑에 빠졌다는 사실을 알게 되었다. 문제의 남자는 피에르의 옛 제자 폴 랑주뱅이었다. 그러나 랑주뱅은 기혼자였고 그의 아내가 마리가 보낸 러브레터를 발견했다. 그의 아내는 이 여자를 죽이겠다고 협박했다. 마리는 랑주뱅에게 이혼하라고 간청했지만 그는 가족을 떠날 준비가 되어 있지 않았다. 그는 아내에게 일과 관련된 만남을 제외하고는 마리를 다시 만나지 않겠다고 약속했다. 같은 해에 마리는 프랑스 과학학회의 첫 번째 여성 회원으로 지명되었다. 하지만 1911년 1월 진행된 투표에서 마리의 학회 가입이 거부되었다. 마리 친구들은 격분했지만 마리는 대수롭지 않은 일이라며 무시했다.

1911년 11월 마리는 브뤼셀에서 열린 솔베이 회의에 참석했는데, 이 회의는 알베르트 아인슈타인, 러더퍼드, 베크렐, 뢴트겐, 랑주뱅 등 물리학계의 주역들이 모이는 자리였다. 랑주뱅의 아내는 마리와 헤어지겠다는 남편의 약속이 거짓말이라고 의심했다. 그 아내는 격분해서 마리의 연애편지를 신문사에 가져가 스캔들을 촉발했다. 마리가 파리로 돌아온 다음 날, 《르주르날Le Journal》은 '퀴리 여사와 랑주뱅 교수의 사랑 이야기'라는 기사를 1면 머리기사로 내보냈다. 이 연애 사건은 며칠 동안 프랑스 신문들을 도배했고, 이 때문에 마리가 이번에는 화학 분야에서 두 번째 노벨상을 수상해서 새 역사를 썼다는 뉴스는 거의 묻혀버렸다. 마리가 수상한 이유는 '라듐을 분리해서 라듐 원소와 폴로늄 원소를 발견하고, 이 주목할 만한 원소의 특성과 화합물을 연구한 공로' 때문이었다. 하지만 랑주뱅과 불륜으로 악명이 너무 높아지자 노벨상 위원회는 마리에게 상을 거절하라고 편지를 썼다. 마리는 자신의 사생활은 연구의 질과 아무 상관이 없다는 답장을 썼다. 마리는 직접 상을 받을 생각이었다. 1911년 12월, 마리는 스웨덴 왕에게 노벨상을 받았고 이 자리에는 언니 브로냐와 딸 이렌느가 함께했다.

12월 29일, 마리는 급히 병원으로 실려갔고 그 뒤 2년 동안 심한 신장 질환을 앓았다. 마리는 1912년 1월 동안 블로메가에 있는 성모마리아 가정 수녀원에서 보살핌을 받았지만, 집에 돌아온 뒤에도 건강이 나아지지 않아 3월에 다시 수술을 받으러 입원해야 했다. 이때 몸무게는 3년 전보다 9킬로그램 줄어든 47킬로그램에 불과했다. 마리는 소르본 대학 학장에게 편지를 써서 휴가를 요청했고, 너무 아파서 6개월 동안 교직에 복귀할 수 없었다. 마리는 또 발작도 자주 겪었는데 요즘에는 이런 발작 증세가 방사선 때문이라는 것을 알지만 그 당시에는 원인을 알 수 없는 질환이었다. 랑주뱅과 사랑은 끝났지만, 그 추문은 마리에게 큰 타격을 주었다. 한때 마리를 사랑했던 대중은 그를 쉽게 용서하지 않았다. 마리에게는 랑주뱅을 꾀어내 간통하게 했다는 주홍글씨가 새겨졌다. 사람들은 마리의 집 창에 돌을 던졌고 신문들은 계속 마리를 비웃었다.

마리는 자기 분야의 발전에 뒤처지지 않으려고 딸들을 가정교사에게 맡기고 가명으로 여행을 다녔다. 시간이 흐르자 언론도 차츰 마리의 스캔들에 흥미를 잃고 멀어져 갔다. 마리는 다시금 적개심을 느끼지 않고 파리를 돌아다닐 수 있다는 것을 알게 되었다. 1914년 여름, 이렌느는 대학 입학 자격시험에 합격했고 소르본 대학에 들어가기로 결심했다. 이렌느는 대학에서 공부하고 싶어 과학에서 계속 뛰어난 성적을 냈고 딸과 어머니는 연구 파트너가 되었다. 두 사람은 언젠가 같은 실험실에서 일할 날이 올 것이라고 생각했지만, 세상일은 그렇게 호락호락 돌아가지 않았다. 프랑스 정부는 마리가 연구에 전념할 수 있도록 전용 연구소를 세워주겠다고 발표했다. 하지만 나중에 퀴리 연구소로 개칭하게 되는 라듐연구소가 문을 열자마자 제1차 세계대전이 일어났다.

파리가 침공당할 위험에 처한 1914년 8월, 정부는 "파리에서 활동하는 과학 교수인 퀴리 부인이 보유한 라듐은 엄청난 가치를 지닌 국가 자산에 해당한다"고 발표했다. 9월 3일, 마리는 납으로 내벽을 코팅한 상자에 프랑스가 모은 라듐을 모두 담아 보르도에 있는 한 대학의 금고에 숨겼다. 다시 파리로 돌아온 마리는 독일군이 퇴각하고 마른 전투Battle of Marne가 시작되었다는 것을 알게 되었다.

파리에서 택시를 타고 전선으로 이동한 프랑스 군인들 덕분에 전투력이 상승한 프랑스군과 영국 원정군은 독일군을 제압하고 마른 전투에서 승리를 거두었다. 파리는 적어도 당분간은 안전해졌다.

마리는 이 전쟁이 새로운 목적과 기회를 제공할 수 있다는 것을 깨달았다. 위기 때는 소르본 대학 교수들의 도덕적 해이조차 하찮은 일처럼 보였기 때문이다. 전쟁은 마리가 불륜 사건의 고통을 잊을 수 있게 해주었다. 그리고 러시아와 독일의 격전지가 된 고국 폴란드를 도울 방법도 찾았다. 전쟁이 시작되고 16일쯤 지났을 때 러시아 차르는 폴란드에 자치권을 부여할 계획이라고 발표했다. 마리는《르탕Le Temps》에 보낸 편지에서, 이건 "폴란드의 통일과 러시아와의 화해라는 아주 중요한 문제의 해결책을 향한 첫걸음"이라고 묘사했다.

마리는 평소 성격답게 전쟁 지원을 위한 노력도 거대하고 완벽하게 했다. 마리가 모든 지출 내역을 기록한 가계부를 보면 엄청나게 많은 기부를 했음을 알 수 있다. 폴란드에 구호품을 보내고 프랑스 정부를 지원하고 '군인'과 '군인을 위한 뜨개실', 가난한 사람들을 위한 쉼터 등을 위해 돈을 썼다. 또 딸 에브의 말에 따르면 마리는 두 번째 노벨상 상금을 프랑스 전쟁 채권에 투자했다고 하는데, 당시 전쟁 채권을 산다는 것은 돈을 버리는 것과 같았다. 마리는 심지어 노벨상 메달까지 기부하려고 했지만, 프랑스 은행 관계자들은 메달 녹이기를 거부했다.

마리는 저명한 방사선 전문의 앙리 베클레르Henri Béclère 박사와 대화를 나눈 끝에 마침내 자신의 전문지식을 제대로 활용해 도움을 줄 방법을 찾았다. 박사는 마리에게 엑스레이 장비가 부족하고 "장비가 있어도 상태가 나쁘거나 제대로 다룰 줄 아는 사람이 없다"고 말했다. 마리는 전선이나 그 가까운 곳에서 부상당한 병사들이 엑스레이를 이용할 수 있게 하려고 결심했다. 마리는 방사선 전문의는 아니었지만 엑스레이 만드는 방법을 알고 있었다. 그는 이렌느에게 보낸 편지에서 "내가 제일 먼저 한 생각은 병원에 방사선과를 설치하고, 연구실이나 동원된 의사들이 사무실에서 사용하지 않고 내버려둔 장비를 활용하는 것이었다"고 썼다.

이 병원 일은 훌륭한 훈련장이 되어주었다. 마리는 베클레르에게서 엑스레이 검사의 기초적인 사항을 배웠고 이 지식을 자신이 모집한 자원자들에게 전수했다. 그런데 병원을 방문한 마리는 정말 필요한 건 엑스레이 기계와 모든 관련 장비를 운반할 수 있는 차량이라는 사실을 깨닫게 되었다. 마리는 프랑스적십자사와 프랑스여성연합에서 차량을 지원할 후원자를 찾았다. 그리고 마지막으로 필요한 장비를 찾아야 했다. 1914년 10월, 두 번째 차를 기증받자 마리는 자신의 방사선과 자동차를 공식적으로 지원해달라고 군대를 설득하기로 결정했다. 마리가 요청한 날부터 몇 주가 지난 11월 1일, 전쟁부장관은 방사선과 자동차가 전선으로 가는 것을 허락했다. 마리, 이렌느, 기계공 루이 라고Louis Ragot, 운전기사 한 명이 방사선과 2호차를 타고 파리 북동부 콩피에뉴의 최전선에서 32킬로미터 떨어진 크레이에 있는 육군 제2부대 후송병원으로 출발했다. 마리는 방사선과 차량 18대로 부상병 1만 명을 진찰하는 등 전시에 놀라운 공헌을 했다. 1916년에는 운전면허증을 따서 필요할 때는 자기가 직접 운전까지 했다.

마리는 또 훈련을 받지 않으면 엑스레이 장비도 무용지물이라는 것을 깨닫고 다른 사람들을 훈련하고 교육했다. 육군에서는 마리에게 엑스레이 기술자를 양성하는 강좌를 진행해달라고 요청했지만, 몇 달간 군대에 접근하는 데 어려움을 겪자 대신 간호사를 훈련하기로 했다. 마리는 1916년 10월 여성 방사선 전문의를 위한 학교를 열었고, 개교한 이후 전쟁이 끝날 때까지 졸업생을 약 150명 배출했다. 그들은 이 학교에서 6주간 과정을 마치고 전국의 방사선 부대에 배치되었다.

훗날 마리는 이때의 기억을 담아 《방사능과 전쟁Radiologie et la Guerre》이라는 책을 출간했다. 이 책에서 전쟁 내내 마리와 긴밀히 협력하면서 불과 열여덟 살로 여성 방사선 전문가를 양성하는 교사 역할을 했던 이렌느를 크게 칭찬했다. 둘의 이 협력 관계는 마리가 죽을 때까지 실험실에서 계속되었다. 1916년 9월 이렌느는 독일이 점령하지 않은 벨기에의 작은 지역인 훅슈타데에서 직접 방사선 전문의로 일했다. 놀랍게도 이렌느는 그런 활동을 하면서도 소르본 대학에서 우수한 성적으로 시험을 통과해 1915년에는 수학 학위, 1916년에는 물리학 학위, 1917년에는 화학 학위를 취득했다.

1919년 베르사유조약으로 폴란드는 123년 만에 처음으로 주권국가가 되었고 마리는 "너무나 많은 인간의 희생으로 얻은 승리의 결과가 내게 큰 기쁨을 주었다"고 썼다.

전쟁이 끝난 후 마리는 과학계가 겪은 상처를 치료하는 데 도움을 주고 싶었다. 국제연맹에 설치된 지식인국제협력위원회는 마리에게 함께해달라고 요청했고, 마리는 12년 넘게 그 위원회에서 활동했다. 또 인터뷰를 요청하는 편지를 쓴 야심만만한 미국인 기자 마리 멜로니Marie Meloney와도 만났다. 마리를 직접 보기 전까지 멜로니는 프랑스 과학계의 이 위대한 여성이 '샹젤리제 거리에 있는 하얀 궁전'에 살 것이라고 예상했지만, 사실은 '시설이 빈약한 실험실에서 연구하고, 보잘것없는 교수 월급으로 소박한 아파트에서 사는 검소한 여인'을 마주하게 되었다. 멜로니는 마리에게 자기 도움이 필요하다고 판단했고, 마리는 미국이 축적해놓은 라듐 일부를 얻을 기회가 왔음을 직감했다.

멜로니의 말에 따르면 마리는 이렇게 말했다고 한다. "미국에는 라듐이 50그램 정도 있다. 볼티모어에 4그램, 덴버에 6그램, 뉴욕에 7그램이 있다." 마리는 미국에 있는 모든 라듐의 소재를 나열한 뒤 자기 실험실에 있는 라듐은 1그램도 채 되지 않는다는 말을 덧붙였다. 멜로니는 마리의 실험실에 라듐 1그램을 기증할 만큼 돈을 모을 수 있다면 마리에게 큰 도움이 되리라는 것을 재빨리 알아챘다. 멜로니는 진실을 다소 과장해 마리를 '가난하고 불쌍한' 존재로 묘사하면서 자금을 끌어 모으기 시작했다.

1921년 6월까지 멜로니는 목표했던 모금액을 거의 달성했다. 라듐 1그램을 사기 위해 10만 달러 이상을 모은 것이다. 멜로니는 마리가 다가오는 5월에 미국을 방문해 강연을 하고, 명예 학위를 받고, 백악관에서 워렌 하딩Warren G. Harding 대통령에게 라듐 1그램을 선물받도록 일정을 짰다. 하지만 마리는 그렇게 일찍 여행을 하고 싶지 않았기 때문에 10월에 가겠다고 고집을 부렸다. 멜로니는 파리 과학학회 회장에게 편지를 보내, 마리에게 5월 방문에 동의하도록 압력을 가해달라고 부탁했다. 결국 마리는 타협을 했고, 1921년 5월 4일 딸들과 함께 올림픽호를 타고 출발했다. 멜로니는 마리가 10주간 미국에 머무는 동안 수많은 점심식사와 만찬과 시상식에 참석하고, 잠깐 시간을 내서 나이아가라폭포와 그랜드 캐년에 다녀오게 하는 등 지극정성으로 보살폈다. 그들이 뉴욕에 도착했을 때는 마리를 환영하기 위해 부두에 많은 군중이 모여들었다. 그래서 마리는 신나기도 했지만 한편으로는 지치는 투어를 시작했다. 몇 년 전 아인슈타인이 그랬던 것처럼, 대부분 장소에서 유명인사 대우를 받으면서 열렬하게 환대받았다.

많은 대학에서 마리에게 명예학위를 수여했지만, 하버드 대학 물리학과에서는 투표를 거쳐 명예학위를 수여하지 않기로 결정했다. 훗날 멜로니가 은퇴한 하버드 총장 찰스 엘리엇Charles Eliot에게 그 이유를 묻자, 그는 물리학자들이 라듐을 발견한 공적이 전적으로 마리에게 속하는 것이 아니라고 느꼈으며, 남편이 죽은 이후로는 큰 공적을 세운 적이 없기 때문이라고 대답했다. 하지만 하버드에서 마리를 따뜻하게 맞아주었기 때문에 마리 자신은 이런 막후 공작을 전혀 몰랐을 것이다.

1921년 5월 20일, 마리는 백악관 블루룸에서 열린 리셉션에 참석했다. 하딩 대통령은 마리에게 '라듐 1그램의 부피를 나타내는 상징'이 들어 있는 모래시계를 담은 녹색 가죽 케이스 열쇠를 선물했다(실제 라듐은 실험실에 안전하게 보관되어 있었다). 마리의 반응은 간단했다. 힘든 여행 때문에 지쳤고 너무 피로해서 약속을 여러 개 취소해야 했다. 때때로 이렌느와 에브가 어머니를 대신해 명예학위나 메달을 받기도 했다. 언론에서는 마리가 피로한 이유에 대한 추측이 무성했다. 실험실을 떠나는 일이 거의 없어서 사교에 익숙하지 않은 마리에게는 '담소'를 나누는 게 너무 벅찼기 때문이라고도 했다.

그러나 마리가 앓는 병의 주된 원인은 의심할 여지없이 장기간 계속된 방사선 피폭이었다. 마리 자신도 여행 중 "라듐을 다뤄야 했던 일 (…) 특히 전쟁 중 했던 일이 건강을 심하게 해친 나머지 내가 진정으로 관심을 갖고 있는 많은 연구소와 대학들을 둘러볼 수 없었다"고 말했다. 마리 가족은 미국 서부 지역을 다 놀아다닌 뒤 올림픽호를 타고 프랑스와 마리가 사랑하는 라듐연구소로 돌아왔다.

라듐연구소는 방사능 연구를 위한 실험실을 짓고자 하는 파스퇴르연구소와 소르본 대학의 열망에서 탄생했다. 약간 내분을 겪은 뒤, 두 기관은 각자 단독으로 라듐연구소를 건설하기로 합의했다. 한곳은 소르본 대학에서 자금을 지원받고 마리를 소장으로 임명해 방사능 원소를 물리화학적으로 연구하는 데 전념했고, 다른 한곳은 방사능의 의학적 응용에 초점을 맞추었다. 두 번째 연구소는 파스퇴르연구소가 자금과 운영을 맡고 리옹의 의학 연구원인 클라우디우스 레고Claudius Regaud 박사가 소장을 맡았다. 두 건물은 나란히 붙어 있었다.

1914년 문을 열었을 때부터 마리의 연구소는 놀랄 만큼 많은 수의 여성을 고용했다. 1931년에는 연구원 서른일곱 명 중 열두 명이 여성이었다. 이는 세계의 거의 모든 다른 과학 연구 시설과 극명한 대조를 이루었다. 다른 곳에 고용된 몇 안 되는 여성들은 실제 연구를 수행하는 남성들을 위해 수치를 계산하는 하등한 '컴퓨터'처럼 일했다. 마리의 실험실은 여성들이 일에서 남성과 동등한 파트너로 함께 연구할 수 있다는 점에서 거의 유일무이했다. 1939년에 마리의 연구소에서 일하던 마르그리트 페레Marguerite Perey는 프랑슘francium 원소를 발견해 마리가 거부당한 지 51년 만에 최초로 여성으로서 과학학회 회원으로 선출되었다.

제1차 세계대전 후 몇 년 동안 연구소 안팎에서 방사선 작업의 위험성이 더욱 뚜렷해졌다. 1925년에는 미국 뉴저지주의 한 공장에서 시계에 발광 물질을 칠하는 일을 하던 마거릿 칼로Margaret Carlough라는 젊은 여성이 고용주인 US 라듐사US Radium Corporation를 고소했다. 칼로는 입술로 붓을 다듬으면서 일해야 하는 작업 방식 때문에 자기 건강이 돌이킬 수 없게 손상되었다고 주장했다. 소송이 진행되는 동안 같은 공장에서 시계판을 칠하던 노동자 아홉 명이 사망했다는 사실이 밝혀졌고, 이들이 사망한 이유는 방사능 때문이라는 결론이 내려졌다. 1928년까지 시계판에 라듐을 칠하던 노동자 가운데 열다섯 명이 방사능 노출로 사망했다.

마리의 실험실도 방사능의 영향으로 타격을 받기 시작했다. 1925년 6월, 엔지니어 마르셀 드맬롱드Marcel Demalander와 모리스 드메니루Maurice Demenitroux는 의료용 방사성 물질에 노출된 뒤 나흘 간격으로 사망했다. 한 방사선 전문의는 '손가락과 손, 팔을 차례로 잘라내는 수술'을 받아야 했고, 다른 근로자는 시력을 잃었으며, 어떤 근로자들은 끔찍한 고통을 겪은 끝에 사망했다. 1925년 11월, 이렌느는 연구소에서 폴로늄 원료를 추출하던 자신과 긴밀히 협력한 일본 과학자 야마다 노부스Yamada Nobus가 귀국한 지 2주 뒤 쓰러져 침대에 누워 있다는 편지를 받았다. 야마다는 2년 후 죽었다.

마리도 부인하려고 애쓰기는 했지만, 마리와 가까운 사람들은 모두 마리의 건강이 악화되고 있다는 것을 확실히 알았다. 마리는 그 사실을 감추려고 부단히 노력했다. "이게 내 고민이야." 마리는 언니 브로냐에게 이런 편지를 썼다. "하지만 누구한테도 이런 말은 하지 마, 절대로. 무엇보다 이런 소문이 나는 건 원치 않으니까." 1920년대 초에는 시력이 아주 약해지고 귀에서는 윙윙 소리가 끊이지 않고 들렸다. 에브의 말에 따르면, 마리는 시력이 나빠진 걸 들키지 않으려고 무척 노력했다고 한다. 실험 도구에 색칠한 표지를 붙이고 강의 노트를 큰 글씨로 썼다. 에브는 "학생이 미세한 선이 찍힌 실험 사진을 마리에게 내밀면서 질문하면, 마리는 먼저 그에게서 머릿속으로 사진을 재구성하는 데 필요한 정보를 얻었다. 그런 다음 혼자가 된 뒤에야 유리판을 꺼내 곰곰이 생각하면서 그 선들을 관찰하는 것 같았다"고 썼다.

마리는 백내장 수술을 모두 합쳐서 세 번 받았지만 에브에게 "내가 눈을 망쳤다는 것을 아무도 알 필요가 없다"고 말했다. 하지만 방사선이 건강을 망치고 있다고 해도 마리는 은퇴하고 싶지 않았다. 마리가 1927년 브로냐에게 보낸 편지에서 말했듯이, "가끔은 용기가 사라질 때가 있어. 일을 그만두고 시골에서 살면서 정원 가꾸기에나 전념해야 한다고 생각해. 하지만 1천 개 결합이 날 사로잡고 있는 것을……. 과학책을 집필할 수도 있겠지만, 실험실이 없어도 살아갈 수 있을지는 잘 모르겠어."

마리는 1929년 약속을 이행하기 위해 미국에 한 번 더 갔다. 미국 여성들이 마리의 모국인 폴란드에 있는 새로운 연구소에 필요한 라듐을 살 수 있을 만큼 충분한 돈을 모금했기 때문이다. 이 연구소는 1932년 문을 열었다. 마리는 허버트 후버Herbert Hoover 대통령을 만나 폴란드에 전달할 라듐을 구입할 수표를 받았지만, 이번에는 몸이 너무 약해진 나머지 몇몇 친구를 만나는 것 외에는 전처럼 여러 곳을 둘러볼 수 없었다.

마리의 건강은 급속히 악화되었다. 1934년 1월, 마리는 이렌느와 사위 프레데릭 졸리오Frédéric Joliot와 함께 요양차 사보이산맥으로 여행을 떠났다. 부활절 기간에는 브로냐와 함께 카발레르에 있는 자기 집에 마지막으로 들렀다. 하지만 마리가 기관지염을 앓는 바람에 휴가를 짧게 끝내야 했다. 5주간 요양한 뒤 에브가 기다리는 파리로 돌아왔지만, 열과 오한이 점점 심해져 고통스러워했다. 에브는 1934년 5월부터 어머니 상태가 급격히 안 좋아지는 모습을 지켜보았다. 마리의 엑스레이 사진에서 오래된 결핵성 병변을 발견한 파리의 의사들은 마리를 사부아 알프스에 있는 요양원에 데려가라고 제안했다. 마리는 요양원으로 향하는 기차에서 정신을 잃었지만, 요양원에 실려 갔을 때 그곳 의사들은 결핵 징후를 찾아내지 못했다. 마리의 혈액을 검사한 스위스의 한 의사는 '극심한 악성 빈혈'에 걸렸다고 진단했다. 1934년 7월 4일 새벽, 마리는 사부아 산기슭의 평화로운 요양원에서 그동안 몸에 계속 쌓인 방사선의 영향으로 숨을 거두었다.

마리는 남녀를 막론하고 과학계에서 진정 위대한 인물 중 한 명으로 역사에 기록되었다. 여성 과학자로서 마리는 개척자였다. 노벨상을 수상한 최초의 여성, 소르본 대학 교수가 된 첫 번째 여성, 주요 과학 연구소를 이끈 첫 번째 여성, 그리고 팡테옹에 묻힌 첫 번째 여성이었다. 또 과학계에서 전문 직업을 병행하며 모성애를 결합한 선구자로, 그를 뒤쫓는 수많은 여성에게 길을 열어주었다.

4장

거트루드 엘리언 (1918-1999)

거트루드 엘리언은 누구나 다 알 만큼 유명한 인물은 아니지만 거트루드의 발견은 우리 모두의 삶에 영향을 미쳤다. 제약업계의 선구적 화학자인 거트루드는 다양한 '디자이너 약물'을 만든 공로를 인정받아 1988년 조지 히칭스, 제임스 블랙과 함께 노벨 생리의학상을 받았다. 거트루드는 이 노벨상을 받은 다섯 번째 여성이지만 박사학위나 의학학위 없이 받은 첫 번째 여성이다.

뉴욕에서 태어나 뉴욕 대학교에서 화학을 전공한 거트루드는 할아버지의 사망 같은 개인적 비극의 영향을 받았다. 그러나 7년간 끈기 있게 버틴 끝에 여성들을 과학 연구에 참여시키지 않는 하는 성차별 장벽을 돌파했다. 거트루드가 만든 혁명적인 약들은 소아 백혈병을 치료하고, 장기 이식 거부 반응을 막고, 통풍을 최초로 효과적으로 치료하고 최초로 안전한 항바이러스를 이 세상에 제공했다. 거트루드의 약물 개발은 과학 연구의 새로운 길을 열었고 전 세계 환자 수백만 명에게 도움을 주었다.

Gertrude

Elion

거트루드 엘리언Gertrude Elion, 1918~1999은 1918년 1월 23일 뉴욕에서 태어났다. 가족과 친한 친구들에게 트루디라는 애칭으로 불린 거트루드는 태어나면서부터 활기찬 아이였다. 머리카락이 빨간색인 거트루드는 어릴 때부터 학문과 음악에 대한 뜨거운 열정을 키웠고, 겨우 열 살 때 사랑하는 아버지와 함께 메트로폴리탄 오페라하우스에서 생애 첫 오페라를 관람했다.

아버지 로버트 엘리언은 대대로 랍비 일을 한 집안의 후손으로 열두 살 때 리투아니아에서 미국으로 건너왔는데, 러시아와 오스트리아-헝가리 제국에서 박해를 피해 도망친 유대인 200만 명 가운데 한 사람이었다. 뉴욕에 정착한 유대인들은 대부분 이곳에 도착할 당시 가진 돈이 50달러를 넘지 않았기 때문에 일자리를 찾는 게 최우선 과제였다. 로버트는 약국에서 야간 근무를 하면서 열심히 일해 대학에 다닐 수 있는 돈을 모았다. 1914년에 뉴욕 대학교

치과대학을 졸업하고 치과를 여러 개 개업해서 매우 성공한 치과의사가 된 그는 결국 주식시장과 부동산에 투자할 만큼 많은 수입을 올렸다.

거트루드 어머니도 이민자였다. 열네 살 때 폴란드에서 미국으로 건너온 버사 코헨Bertha Cohen은 겨우 열아홉 살의 나이에 로버트와 결혼했다. 그들의 결혼 생활은 뉴욕시의 큰 아파트에서 시작되었는데 로버트는 그곳에서도 치과 진료를 했다. 거트루드가 다섯 살 때 남동생 허버트가 태어났고 2년 뒤에는 가족이 브롱크스로 이주해 그랜드 콩코스라는 지역에서 살았다. 아이들은 그곳의 브롱크스 동물원에서 즐거움을 만끽하고 아파트 근처의 공터에서 놀거나 주변 공원으로 소풍을 가기도 했다.

로버트는 현명하고 분별력이 있는 사람이라는 평을 들었으며 동료 이민자들은 자주 그에게 조언을 구하러 찾아왔다. 그는 가만히 못 있는 성격이라 자주 공들인 여행 계획을 짜서 거트루드에게 노선 지도와 기차 시간표를 알려주곤 했지만, 가족의 재정적 상황 때문에 비용이 많이 드는 해외여행이나 국내여행은 할 수 없었다. 로버트가 씀씀이에 신중해서 버사는 가계를 꾸리는 데 드는 비용을 일일이 설명해야 했으며 거트루드는 일찍부터 돈의 가치를 깨우쳤다. "용돈을 조금 더 받으려면 새로운 보조금을 신청할 때처럼 힘이 들었다. 돈의 용도를 자세히 설명하고 기본적으로 구걸하다시피 해야 했다. 그냥 나가서 무언가를 산다는 건 불가능했다."

이 때문인지 버사는 거트루드가 보수가 좋은 직업을 찾아서 자급자족할 수 있기를 간절히 바랐다. 부모님이 모두 거트루드의 배움을 장려했는데 이는 흥미로운 직업에 따르는 재정적 보상의 가능성 때문만은 아니었다. 버사도 로버트처럼 학자 집안 출신이고, 언니들이 모두 미국에서 자리를 잡은 뒤 미국에 왔다. 버사는 영어를 배우러 야간 학교에 다녔고, 실용적인 성격을 바탕으로 재봉사로 취직했다. 거트루드는 나중에 어머니에 대해 이렇게 말했다. "어머니는 고등교육을 받지 않았지만 내가 아는 사람들 가운데 가장 상식적이었으며 내가 사회에서 경력을 쌓기를 바랐다. 그래서 어머니는 본인 세대 여성 대부분이 그렇지 않던 시대에도 나를 항상 지지해주었다."

부모님의 격려 덕분에 거트루드는 일찍부터 학문에 대한 사랑을 키워갔다. 모든 과목이 흥미를 자극했다. 열렬한 독서가였던 거트루드는 특히 자신에게 영감을 주는 두 과학자, 즉 방사능 연구로 노벨상을 두 번 수상한 마리 퀴리(3장 참조)와 전염병을 옮기는 세균 이론을 발전시킨 루이 파스퇴르Louis Pasteur에 대한 정보를 수집했다. 거트루드가 가장 좋아한 책은 초기 미생물학자들의 업적과 그들이 걸은 고달픈 길을 보여주는 전 세계적 베스트셀러《미생물 사냥꾼Microbe Hunters》(폴 드 크루이프Paul de Kruif)이었다. 과학은 그 당시 다재다능한 거트루드가 열렬히 선호하는 분야는 아니었지만, 이 책이 과학에 생기를 불어넣고 연구자로 일하는 데 흥미를 가지게 한다고 생각했다. 어른이 된 거트루드는 과학자가 된다는 게 어떤 것인지 제대로 알려면 모든 어린이가 크루이프의 책을 읽어야 한다고 말했다.

타고난 지성과 호기심이 등을 밀어준 덕에 거트루드는 초기 교육과정을 또래보다 빨리 마쳤다. 몇 년을 월반해서 열두 살에 고등학교에 입학했다. 이건 거트루드를 자극하는 이점이 있었지만, 한

편으로는 10대들이 전형적으로 좋아하는 일을 추구하거나 남자아이들에게 관심을 가지는 반 친구들과는 관심사가 매우 다르기도 했다. 이는 거트루드가 친구들과 보조를 맞추지 못한다는 뜻이기도 했다. 거트루드는 자기 공부에만 관심을 집중했고 배움에서 큰 위안과 만족을 얻었다.

거트루드는 모든 과목을 열심히 공부했지만 그중에서도 특히 영어와 역사를 좋아했기 때문에 교사들은 거트루드가 작가나 역사학자가 될 거라고 예상했다. 과학은 딱히 관심을 둔 분야가 아니기 때문에 거트루드를 가르친 교사들은 훗날 거트루드가 과학자가 된 것에 놀랐다. 거트루드는 나중에 이렇게 말했다. "그 학교는 여학교였으며 교사 중 상당수는 학생들 대부분이 앞으로 사회에 진출해서 일을 계속할지 확신하지 못했으리라고 생각한다. 사실 많은 여학생이 교사가 되었고 일부는 과학 연구 분야로 진출했다."

고등학교를 졸업할 때가 거의 다 되었지만 거트루드는 아직 진로를 결정하지 못했다. 아버지는 딸이 치대나 의대로 진학하기를 바랐지만 거트루드는 해부 수업을 싫어했다. 다만 할아버지와 친밀한 관계가 진로 선택에 도움이 되었다. 거트루드 할아버지는 거트루드가 세 살 때 가족과 함께 살려고 러시아에서 미국으로 이민을 왔다. 그는 시계 기술자이자 학자였으며, 이디시어를 비롯해 언어를 여러 개 구사했다. 나이가 들어 시력이 약해지자 시계 일을 계속하는 건 불가능해졌지만 거트루드와의 관계는 더 돈독해졌다. 그들은 종종 이디시어로 이야기를 주고받으면서 공원에서 긴 산책을 즐겼다.

거트루드가 1933년 열다섯 살 어린 나이로 고등학교를 졸업할 즈음 할아버지가 중병에 걸렸다. “할아버지는 병원으로 옮겨졌고 얼마 후 면회를 허락받았다. 병원에서 할아버지를 만났을 때 너무나도 달라진 외모에 큰 충격을 받았던 게 기억난다. 병이 사람에게 얼마나 끔찍한 영향을 미칠 수 있는지 제대로 이해하게 된 첫 번째 순간이었다.” 할아버지는 위암에 걸렸고, 거트루드는 그가 서서히 쇠약해지다가 고통스러운 죽음을 맞는 모습을 공포와 큰 슬픔을 안고 지켜보면서 자기 삶이 나아갈 방향을 깨닫게 되었다. 거트루드 말처럼, “당시는 인생에서 매우 중요한 시기였다……. 막 고등학교 졸업을 앞두었기 때문이다. 나는 내 미래를 어떤 식으로든 결정해야 했다. 그 사건은 정말 극적이었기 때문에 그렇게 중요한 순간에도 큰 인상을 남겼다. 만약 그 일이 더 일찍 벌어졌다면 그 정도로 큰 인상을 받지는 않았을 것이다.”

할아버지의 죽음은 거트루드의 인생행로에 지대한 영향을 미친 네 번의 상실 가운데 첫 번째 상실이었다. “나는 열다섯 살 때 이미 고등학교 과정에서 내가 과학을 사랑한다는 것을 알았지만, 그해에 할아버지가 암으로 돌아가신 게 너무 충격적이었기 때문에 화학을 전공하는 것이 그 질병과 싸우는 일에 헌신하기 위한 논리적인 첫걸음인 것 같았다.” 거트루드는 할아버지가 견뎌야 했던 일을 다른 이들이 겪지 않도록 도와주고 싶은 욕망에 이끌렸다. “무언가를 이루기 위해 노력하려는 삶의 목표, 동기가 있다는 것을 매우 강렬하게 느꼈다.”

하지만 거트루드는 선택한 전공을 공부하기가 쉽지 않았다. 학문적 능력이 없어서가 아니라 돈이 매우 부족했기 때문이다. 거트루드가 열한 살이던 1929년 10월, 다른 수백만 명처럼 거트루드

집안도 고전하기 시작했다. 세계 경제, 특히 미국 경제가 대공황 상태에 빠져 1933년 겨울에 미국은 가장 심각한 경제 쇠퇴를 기록했다. 주식시장에 막대한 돈을 투자한 로버트는 파산을 선언할 수밖에 없었다. 로버트는 치과 진료를 하며 계속 돈을 벌기는 했지만, 궁핍한 형편 때문에 거트루드의 대학 학비와 그 이후 신로에 필요한 자금을 대줄 수 없었다.

하지만 거트루드는 자기가 올바른 결정을 내렸다는 데 한 치의 의심도 품지 않았고, 가족이 그의 등 뒤를 지켜줬다. "이민 온 유대인이 성공할 수 있는 한 가지 방법은 교육이다……. 우리가 가장 존경하는 사람은 교육을 가장 많이 받은 사람이다. 그리고 나는 우리 집안의 첫째 딸로 학교를 좋아하고 학교생활을 잘했기 때문에 교육을 계속 받아야 한다는 게 명확했다. 내가 대학에 진학하지 않을 거라고 생각한 사람은 아무도 없었다."

거트루드에게는 다행스럽게도 뉴욕 시티 칼리지 여성 학부인 헌터 칼리지에서 1933년에 학비를 무료로 대주겠다고 제안했고 거트루드는 얼른 이 학교에 등록했다. 시티 칼리지는 1930년이 되어서야 겨우 여학생 입학을 허가했고 1951년에야 비로소 완전한 남녀공학이 되었다. 당시 고등교육은 대체로 개신교 학생에게 국한되어서 다른 선택지가 없었기 때문에 대부분 유대인 학생과 다른 종교를 가진 학생들은 시티 칼리지에 다녔다. 거트루드의 남동생 허버트도 시티 칼리지에서 교육을 받았고 거기서 누나를 따라 물리학과 공학을 공부한 뒤 훗날 생명공학 회사와 통신 회사를 차려서 운영했다.

거트루드는 헌터 칼리지의 활기찬 분위기를 좋아했다. 그곳에서 화학 강사인 오티스 박사를 만났는데, 그가 과학자가 되는 것에 관심이 있는 여성들을 위한 스터디 그룹을 만들었기 때문에 특히 힘이 되었다. 그들은 한 저널 클럽에서 정기적으로 만나 최근에 과학 저널에 게재된 새로운 과학적 발견에 대해 토론했다. 이는 오늘날의 과학 강좌에서는 흔히 볼 수 있는 모습이지만, 아마 그 당시에 특히 여성들이 참여한 강좌에서는 특이한 교수 방법이었을 것이다. 오티스 박사의 제자들에 대한 헌신은 거트루드에게 오랫동안 깊은 인상을 남겼고 나중에 자신이 직접 제자들을 가르칠 때도 이런 접근법을 활용하려고 했다.

거트루드는 열아홉 살 때인 1937년 화학 학사학위를 받으면서 자기 반에서 거의 최고에 가까운 성적으로 졸업했다. 이는 연구 직종이 아직 여성에게 개방되지 않았던 그 시기에 이력서를 쓰는 데 도움이 되었다. 과학을 전공한 여성 졸업생들은 보통 간호사나 교사가 되었지만 거트루드에게는 다른 생각이 있었다. 할아버지의 죽음 이후 화학 연구자가 되어 암 치료법을 찾으려는 생각뿐이었다. 그리고 마리 퀴리는 계속해서 거트루드를 고무했다. 마리 같은 여성이 그렇게 많은 일을 이룰 수 있었으니, 거트루드는 자기도 분명 그렇게 할 수 있으리라고 느꼈다. 거트루드가 다닌 화학과에는 여학생이 75명 있었지만 그중 과학자가 된 사람은 거트루드를 포함해 6명뿐이었다.

우선 거트루드는 직장을 구해야 했고 예나 지금이나 연구원 자리를 얻을 수 있는 최선의 경로인 박사학위를 취득해야 했다. 거트루드는 열다섯 개 이상의 대학원에 지원했지만 뛰어난 성적에도 불구하고 합격하지 못했다. 연구원 자리를 얻기 위해 했던 한 면접에서는 거트루드가 너무 예뻐서 연구실에 있는 남자들에게 방해가 될 거라는 말을 들었다. 거트루드는 당황했다. "나는 하마터면 무너질 뻔했다. 내가 여자라는 사실이 정말 불리하다고 생각한 것은 그때가 처음이었다. 그때 화를 내지 않은 게 지금 생각해도 놀랍다."

낙담했지만 포기하지는 않고 공부를 더할 돈을 벌기 위해 일자리를 찾았다. 하지만 일을 찾기란 쉽지 않았다. 1937년에도 대공황의 영향이 여전히 짙게 드리워져 있었다. 일자리는 부족했고 영국과 마찬가지로 미국에서도 여성들이 집 밖에서 일하는 것을 장려하지 않았다. 1937년부터 1944년까지 거트루드는 여성에게 용인되는 기술을 습득하기 위해 6주간 비서학교에 다닌 것을 비롯해 간호사들에게 생화학을 가르치는 일자리까지 다양한 직업과 일자리를 전전했다.

여전히 부모님 집에서 살면서 뉴욕의 덴버 화학회사에서 1년여 동안 근무한 거트루드는 1939년 뉴욕 대학에 등록해 상급 학위, 즉 화학 석사학위를 취득하기에 충분한 돈을 저축했다. 그곳은 남자들이 수적으로 훨씬 우세했다. "나는 대학원에서 화학과 수업을 듣는 유일한 여자였지만 아무도 신경 쓰지 않는 것 같았고, 전혀 이상하게 생각하지 않았다."

거트루드는 학자금을 대기 위해 일을 계속했는데, 이번에는 고등학생들에게 화학과 물리학을 가르쳤다. 하루 종일 학생들을 가르치고 저녁에는 대학원에 갔다. 이 엄격한 스케줄을 어기는 법이 없었다. 주말이면 난방이 안 되는 실험실에서 두꺼운 겨울 코트를 입고 분젠Bunsen 버너를 켜서 손을 녹이며 일하는 거트루드를 종종 볼 수 있었다. 힘든 일과 계속되는 재정적 어려움 속에서도 거트루드는 꿈을 단념하지 않았다. 거트루드 마음속에는 그보다 훨씬 걱정되는 일들이 있었는데, 특히 네 번의 상실 가운데 가장 무거운 그림자를 드리우게 될 두 번째 상실이 곧 찾아올 참이었다.

거트루드는 석사학위 공부를 하는 동안 인생의 사랑을 만났다. 뛰어난 젊은 통계학자였던 레너드 캔터Leonard Canter 역시 시티 칼리지에서 공부하고 있었다. 그는 투자 은행인 메릴 린치Merrill Lynch에서 일할 계획이었으므로 한동안 해외에서 일한 뒤 거트루드와 결혼하려고 미국으로 돌아왔다. 하지만 레너드가 치명적인 아급성 세균성 내막염에 걸리는 바람에, 즉 심장판막과 내막에 세균이 감염되는 바람에 미래 계획이 갑자기 중단되었다. 1941년에는 페니실린처럼 생명을 구할 수 있는 치료법이 없었다. 도로시 호지킨(5장 참조)이 그 구조를 연구한 페니실린은 제2차 세계대전이 끝날 때까지 군인 이외의 민간인에게는 사용되지 않았기 때문이다.

레너드의 죽음으로 엄청난 충격을 받은 거트루드는 자기 삶을 과학에 바치기로 결심했다. 동생 허버트는 훗날 레너드의 죽음으로 "가슴이 찢어진 누나는 평생 완전히 회복되지 못했다……. 아무도 레너드를 대신할 수 없었다"고 말했다. 거트루드는 종종 자신이 연구한 화합물을 '자식'이라고 불렀다. 연구실 직원과 학생들은 가족 같았는데, 거트루드는 그들과 남동생 가족과 돈독한 관계를 키워갔다.

나중에 거트루드는 결혼을 아예 하지 않겠다고 결심한 건 아니라고 말했다. 아마 결혼했다면 상황이 달라졌을지도 모른다. "당시는 여자들이 가족과 직장을 쉽게 병행할 수 없던 시기였다"고 말했다. "지금은 그렇지 않은 것 같다. 둘 다 가진 여자를 볼 수 있다. 그 시절에는 유부녀가 일을 하거나 아이를 낳은 뒤 연구실로 돌아오면 다들 눈살을 찌푸렸다."

1941년 스물세 살이 된 거트루드는 화학 석사학위를 받았는데 이 학급에서 유일한 여성이었다. 미국이 제2차 세계대전에 참전한 1941년 말, 한 직업소개소에서 거트루드에게 전화를 걸어 아직도 연구 활동에 관심이 있는지 확인했다. "관심이 있느냐고? 관심이 있고말고! 내가 늘 하고 싶었던 일은 그것뿐이었으니까. 하지만 그들은 남자들이 전쟁터에 나간 후에야 비로소 내가 필요하다는 것을 알게 되었다. 전쟁은 모든 걸 바꾸어놓았다. 여성을 실험실에 고용하는 것에 대한 모든 의구심이 한순간에 그냥 증발해버렸다."

1942년 거트루드는 지금은 없어진 그레이트 애틀랜틱 & 퍼시픽 티 컴퍼니(A&P로 잘 알려진 미국의 식료품 체인)의 자회사인 퀘이커 메이드 컴퍼니에 식품 화학자로 취직했다. 거트루드는 실험실 환경에서 일하게 된 것을 기뻐했지만, 업무가 판에 박은 듯 늘 똑같았기에 지적 호기심을 충족하지는 못했다. "피클의 산도와 냉동 딸기의 곰팡이를 검사했다. 마요네즈에 들어가는 달걀노른자 색을 확인했다. 정확히 내가 염두에 두었던 일은 아니지만 올바른 방향으로 나아가기 위한 한 걸음이었다."

A&P에서 18개월간 근무한 뒤 건강관리 회사인 존슨앤존슨에서 6개월 동안 일했다. 그러다가 스물여섯 살에 행운을 맞이했고, 그 뒤 40년 가까이 그 일을 하게 되었다. 거트루드의 아버지는 치과 치료에 사용할 진통제 엠피린empirin 샘플을 받았다. 버로스 웰컴(오늘날의 글락소스미스클라인)이라는 제약회사에서 만든 것이었는데, 거트루드는 그 회사 연구실에 혹시 조수 자리가 있는지 전화를 걸

어보면 어떨까 하는 생각이 들었다. 거트루드는 약간 의심스러웠지만 어쨌든 전화를 걸어서 접수 담당자와 통화했고, 그는 언제든 토요일에 회사에 들러보라고 제안했다. 거트루드는 대학을 졸업하고 7년 동안 면접 기회라도 한 번 얻으려고 그렇게 고군분투했는데, 버로스 웰컴의 세계로 들어가는 이렇게 손쉬운 통로가 열려 있었던 것이다.

제약업계는 인도주의적 이상보다 재정적 이득을 더 우선시한다는 악명을 얻는 경우가 많다. 하지만 버로스 웰컴은 달랐다. 1880년 헨리 웰컴Henry Wellcome과 실라스 버로스Silas Burroughs가 영국에서 설립한 이 회사의 철학은 처음부터 심각한 질병을 치료하는 약의 개발에 초점을 맞추었다. 회사 설립 당시에는 약물 생산이 아직 초기 단계에 있었지만 1900년이 되자 파스퇴르와 로버트 코흐Robert Koch 그리고 동료 과학자들의 노력 덕분에 병을 일으키는 스물한 가지 미생물을 확인하게 되었다. 버로스 웰컴은 새로운 치료법을 개발하기 위해 연구 과학자들을 고용한 최초의 제약회사로, 1912년까지 전 세계에 8개 지사를 설립했고 뉴욕 지사는 1906년 문을 열었다.

1944년 그 운명적인 전화 통화를 한 직후 거트루드는 가장 좋은 옷을 차려입고 조지 히칭스와 면접을 하려고 버로스 웰컴으로 향했다. 거트루드는 연구실에서 일하는 직원 75명 중 여직원이 한 명 있는 것을 보고 안심했지만, 초기에는 두 사람 관계가 별로 평탄치 않았다. 동료 화학자 엘비라 팔코Elvira Falco는 처음에는 거트루드를 도와주지 않았고, 거트루드의 말에 따르면 "엘비라는 내가 옷을 너무 잘 입었기 때문에 나를 고용하면 안 된다고 조지 히칭스에게 말했다"고 한다. 이런 명백한 질투 표시에 당연히 모욕감을 느낀 거트루드는 "그럼 면접을 보러 오는데 가장 좋은 옷을 입는 게 당연하지 않나요"라고 되받아쳤다. 이렇게 어색하게 시작했지만 두 사람은 좋은 친구가 되었다.

고맙게도 조지는 엘비라의 말을 무시하고 거트루드를 보조 생화학자로 채용했다. 거트루드는 박사학위가 없다는 사실 때문에 계속 신경 썼지만 조지는 그런 명백한 약점도 꿰뚫어보았다. 그는 대안적인 작업 스타일로 이미 잘 알려져 있었고 그가 내린 결정도 전적으로 존중받았다. 거트루드의 뛰어난 지성과 지식과 추진력에 감명을 받은 그는 당시로서는 상당한 액수인 주급 50달러를 요구하는 청을 들어주면서 "거트루드에게는 그만한 가치가 있다고 생각했다"고 말했다.

조지와 거트루드는 항상 모든 일에 의견이 일치하지는 않았지만 40년간 긴밀한 협력 관계를 유지했다. 그들의 경력 내내 조지는 거트루드보다 한 발 앞서 있었다. 그가 승진할 때마다 거트루드가 그의 후임이 되었다. 1967년 그가 은퇴하자 거트루드가 실험적 치료팀의 책임자가 되었는데, 미국 역사상 최초로 세계 최고 제약회사 중 한곳에서 중요한 연구팀을 이끄는 여성이 된 것이다.

버로스 웰컴의 연구 과학자들은 자기 아이디어를 추구할 자유가 있었는데 이는 거트루드에게 매우 적합한 환경이었다. 거트루드는 더 많이 배우고 싶어 했고 일종의 박식가가 되었다. 오랫동안 과학 분야에 종사하면서 대개 한 분야만 전문으로 하는 오늘날의 과학자들과 달리 유기화학, 생화학, 약학, 면역학, 바이러스학 등 다양한 과학 분야를 다루었다.

거트루드의 첫 실험실은 조건이 완벽하지 않았다. 아래층에 있는 유아용 식품 공장에서는 1년 내내 건조식품을 만들었는데, 바닥에서 뿜어져 나오는 강렬한 열기를 해소할 에어컨이 없었기 때문에 거트루드는 두꺼운 고무로 된 간호사 신발을 신어야 했다. 하지만 다른 작업 환경을 찾을 필요성을 느끼지 못했다. "과학은 항상 배우는 자세를 유지하는 일종의 수련이다. 나는 항상 무언가를 배울 수 있고 새로운 무언가가 있는 직업을 원했다." 직장 생활을 끝낼 무렵, 거트루드는 새로운 치료 특허를 45개 보유한 발명가였고, 200개가 넘는 논문을 쓴 저자였으며, 노벨상이라는 작은 상 외에 23개 명예학위까지 받았다.

조지는 주먹구구식에서 벗어나 약물 발견 과정을 좀더 합리화하는 데 관심이 있었다. 그의 연구 방법은 당시로는 매우 이례적이었다. 대부분 제약 연구는 특정 질병에 초점을 맞췄고, 여러 화합물이 치료 효과가 있는지 알아보기 위해 끈질기게 테스트를 반복하는 이른바 시행착오적 접근법을 이용했다. 조지는 그와 반대되는 방향에서 접근해 현재 합리적 약물 디자인이라고 부르는 신약 연구를 위한 완전히 새로운 과정을 개발했다. 이건 오늘날 가장 많이 사용하는 방법으로, 먼저 화학물질이나 화합물의 성질을 이해하는 데 초점을 맞춘 다음 이를 치료법으로 개발할 수 있는 최상의 방법을 알아내는 데 방점을 둔다.

오늘날의 합리적인 약물 디자인은 특정 단백질을 목표로 정확히 찾아내는 것을 포함한다. 단백질의 정확한 3D 구조가 알려지면, 그 약물은 구조가 드러낸 형태에 맞게 설계할 수 있다. 도로시 호지킨(5장 참조) 같은 과학자들이 단백질 구조를 밝히기 전이라서 조지는 이런 정보를 마음대로 이용할 수 없었지만, 항대사제 아이디어에 매료되었다. 최초 항생제인 설폰아미드sulfonamides를 조사한 결과, 박테리아가 사용하는 필수 대사물을 차단한 것으로 밝혀졌다.

1944년 거트루드가 조지 연구실에 합류하면서부터 유전 정보를 전달하는 분자인 핵산의 신진대사에 초점을 맞추게 되었다. 당시 이런 분자 연구는 새로운 치료법을 알아낼 수 있는 확실한 경로가 아니었다. 1944년이 되어서야 오스왈드 에이버리Oswald Avery가 과학 논문에서 디옥시리보핵산DNA이라고 하는 핵산이 유전자의 핵심 요소라는 사실을 조심스럽게 제시한 정도였다. 그리고 제임스 왓슨James Watson과 프랜시스 크릭Francis Crick, 로잘린드 프랭클린Rosalind Franklin이 DNA 구조를 알아내고 세포 복제 과정에서 유전 정보가 어떻게 복사되는지 밝혀내기까지는 9년을 더 기다려야 했다.

불완전한 지식에도 거트루드와 조지는 모든 세포는 복제하기 위해 핵산이 필요하며 통제되지 않는 성장을 계속하는 암세포에는 복제를 지속하기 위해 다른 세포보다 훨씬 많은 양의 핵산이 필요하다는 것을 알고 있었다. 암세포는 또 성장과 복제 속도가 빠르기 때문에 신속한 DNA 생산과 수리가 필요하며, 이 복제 과정을 방해하는 화합물에 취약하다.

조지는 DNA의 큰 분자들(및 리보핵산RNA)이 DNA 구성 요소인 염기라고 하는 간단한 화학 단위로 이루어져 있다는 것도 알았다. 그중 두 가지가 거트루드의 전공이 되었는데, 바로 아데닌adenine과 구아닌guanine이다. 이것이 DNA에서 발견된 네 가지 화학 염기 중 두 가지다(현재 각자의 보완적 피리미딘 염기인 티민thymine 및 시토신cytosine과 짝을 이뤄 DNA 분자의 나사선 구조를 형성하는 것으로 알려져 있다). 조지는 이것이 암세포나 박테리아처럼 빠른 속도로 분열되는 세포 복제를 억제하는 푸린purine 염기의 잘못된 버전을 만들 수 있다고 주장했다.

그것은 선구적인 연구였다. 거트루드는 나중에 "당시에는 푸린 합성에 관심이 있는 화학자가 거의 없었다. DNA 구조는 피리미딘(티민 또는 시토신) 염기가 그걸 보완하는 푸린(아데닌 또는 구아닌) 염기와 결합해서 염기쌍을 이루는 이중나선 구조인데, 나는 이걸 알아내기 위해 옛날 독일 문헌에 나온 방법에 의존했다"고 말했다. 조지와 거트루드는 자연적으로 발생한 분자와 유사해서 DNA와 결합되지만 복제 메커니즘을 방해할 만큼 다른 점들이 있는 염기를 합성하기 시작했다. 이 염기는 진짜처럼 생겼고 진짜처럼 행동하지만 실제로는 그와 반대되는 역할을 하기 때문에 '고무 도넛'이라고 불리게 되었다.

거트루드는 푸린을 잠재적 약물로 사용했을 뿐 아니라 그 당시에는 단순한 가설이었던 대사 경로를 밝혀낼 연구 도구로도 사용했다. 거트루드는 "그 약이 자연이 숨기려고 하는 해답으로 그대를 인도하게 하라"고 말했다.

이 두 가지는 합리적인 약물 디자인을 개척하는 데 중요한 역할을 했지만 오랫동안 뒷전으로 밀려나 있었다. "처음에는 화합물을 만드는 방법을 알아내는 게 내 일이었다." 거트루드는 이렇게 회상했다. "그래서 도서관에 가서 그 방법을 알 수 있는지 살펴봤다……. 그리고 화합물들을 만들었는데, 그다음 문제는 이 화합물을 가지고 뭘 할 것인가 하는 것이었다. 그게 정말로 무언가에 효과가 있다는 것을 어떻게 알 수 있을까?" 이 장 뒷부분에서는 거트루

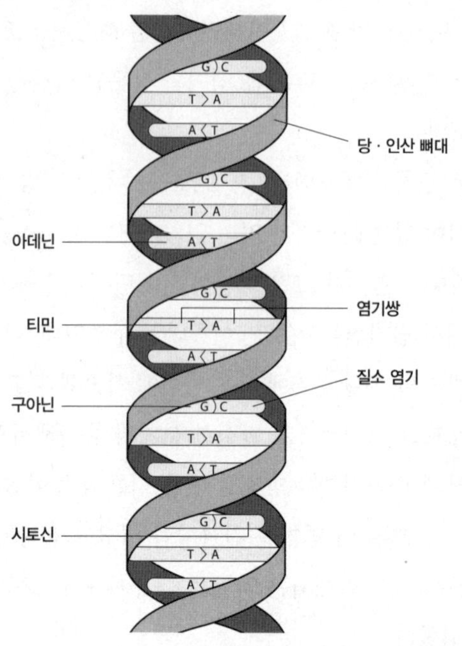

이중나선을 보여주는 DNA 구조, 피리미딘(티민 또는 시토신) 염기가 그것을 보완하는 푸린(아데닌 또는 구아닌) 염기와 결합해 염기쌍을 이룬다.

드와 조지가 개발한 모든 약물을 꼼꼼하게 다 설명하는 게 아니라 대표적인 약물 몇 가지만 선별해서 다룰 것이다.

초기 과제는 새로운 화합물의 잠재적 작용을 파악할 수 있는 생물학적 방법을 찾는 것이었다. 거트루드와 조지는 체다 치즈를 만드는 데 사용되는 무해한 박테리아인 락토바실러스 카제이 Lactobacillus casei의 성장을 지켜보면서 미생물 검사 시스템을 고안했다. 1948년, 그들은 푸린의 수많은 파생물 중 하나인 디아미노푸린diaminopurine이 L. 카제이의 실험 배양 성장을 강하게 억제한다는 것을 발견했다. 쥐의 종양, 즉 배양된 조직의 종양 세포에 테스트했을 때도 디아미노푸린은 유사한 억제 효과를 보여주었다.

1948년, 거트루드의 첫 번째 잠재적 암 치료 실험은 뉴욕의 슬론 케터링 연구소Sloan-Kettering Institute에서 환자들을 대상으로 진행되었다. 전도유망한 출발 후 항암 화학요법의 감정적·육체적 롤러코스터 타기가 시작되었다. 많은 환자가 디아미노푸린을 잘 견디지 못했고 그 독성은 종종 심한 구토를 초래했다. 거트루드는 차도를 보였던 환자들도 2년 뒤에는 암이 재발하는 모습을 옆에서 지켜보았다.

거트루드와 조지 연구의 주된 특징은 그들이 여러 환자와 맺은 개인적 관계와 환자의 불편을 얼마나 개인적으로 강렬하게 받아들였는가 하는 것이다. 그들은 모든 실험 단계에 관여했고 화합물이 연구실에서 환자 침상까지 전달되는 과정을 계속 지켜보는 등 오늘날의 약물 개발자들보다 훨씬 현장과 가까이 있었다. 거트루드의 동료인 크레니츠키Krenitsky 박사는 당시에는 이런 일이 드물지 않다고 말하면서도 "거트루드는 그런 일의 대가였다. 의료진과 논쟁을 벌이고, 미국식품의약국과도 논쟁을 벌였다"고 덧붙였다.

디아미노푸린이 처음으로 병원에서 사용되는 동안, 거트루드는 자신의 삶에 심각한 영향을 미친 세 번째 상실을 지켜보았다. 'JB'는 스물세 살의 여성으로, 이 신약을 투여한 후 나아지는 것처럼 보였다. 암이 완치된 듯했던 그는 결혼해 아이를 낳았다. 하지만 암은 여전히 잠복해 있었고 그는 전투에서 패했다. 당시에는 화학요법 투약 방식과 암 모니터링 방식이 지금과 매우 달랐는데, 초기 치료 후 더는 약을 투여받지 못했다. 오늘날 같았으면 다른 약물을 투여하거나 복용 요법을 조정했을 것이다. 그는 살아남아 아이가 자라는 모습을 볼 수 있었을지도 모른다. 거트루드는 이 젊은 여성의 죽음에 많은 영향을 받아 정상 세포에 미치는 독성이 디아미노푸린보다 적은 약물을 찾으려고 애쓰면서 연구를 계속하기로 결심했다.

거트루드는 과학적 발견의 본질에 대해 매우 현실적인 생각을 했다. "연구는 매우 힘든 작업이다. 다른 방법은 없지만 좌절에 대처하는 방식이 차이를 만들 수 있다. 과학에서는 좌절에 대한 몇 가지 접근법을 택하기만 하면 된다……. 절대 자기가 실패했다고 느껴서는 안 된다. 더 많은 지식이나 더 나은 장비가 생기면 나중에 언제든지 다시 돌아가서 재시도할 수 있다. 나는 그렇게 해왔고 효과가 있었다!"

거트루드는 서른두 살 때 항암제로 처음 큰 성공을 거두었다. 암은 거트루드가 약물 연구를 직업으로 택하게 된 계기이자 다른 연구자들에게도 계속 도전하게 만들었다. 1940년대와 1950년대에는 백혈구에 생기는 암인 급성림프성백혈병에 걸린 아이들은 절반이 몇 달 안에 사망했다.

거트루드와 조지는 1950년대 초까지 L. 카제이균 검사를 이용해 백 개가 넘는 푸린을 만들어 실험했다. 구아닌 구조에는 화학 고리 두 개가 포함되어 있으며, 대체 원자를 이 고리에 있는 숫자 위치 중 하나로 대체하면 분자의 성질을 바꿀 수 있다. 그들은 구아닌 6번 위치에서 산소를 황으로 바꾸면 푸린 이용 억제제가 생성된다는 사실을 알아냈다. 6-메르캅토푸린6-MP은 거트루드와 조지가 협력 관계를 맺은 슬론 케터링 연구소에서 시험했고, 광범위한 종류의 설치류 종양과 백혈병에 효과가 있는 것으로 밝혀졌다.

생쥐를 이용해 약물 효능과 독성을 초기 테스트한 후 6-MP은 어린이들을 대상으로 한 임상실험에서 처음 성공을 거두었는데, 아이들 중 40퍼센트가 완치되었다. 이 파괴적인 질병을 치료할 수 있는 약이 처음으로 발견된 것이다. 많은 환자가 다양한 간격을 두고 재발되긴 했지만, 강력한 효과가 있다는 사실이 확인되었기에 FDA는 1953년 푸린에톨®Purinethol®이라는 상표명이 붙은 6-MP 약품을 승인했다. 이는 약물이 합성된 지 2년이 조금 지난 뒤의 일이다. FDA는 약물에 대한 포괄적인 과학적 데이터를 아직 받지도 않은 상태였는데, 이는 오늘날의 약품 허가 과정보다 훨씬 철저하지 못한 과정이었다.

약물 개발은 이제 훨씬 길고 공개적인 과정이 되었으며, 대부분 처음부터 끝까지 진행되는 데 10~15년 걸린다. 연구자들은 한 질병과 관련된 표적 유전자나 단백질을 선택한 다음 최대 1만 개 후보 화합물을 철저하게 조사해서 최종적으로 승인된 치료법에 도달한다. 컴퓨터 모델이나 체외 세포 배양 및 체내 동물 실험 같은 임상 전 테스트를 거친 뒤 3단계 임상 실험을 진행한다. 1단계는 건강한 자원봉사자 20~100명을 대상으로 독성 같은 안전 문제를 확인하고, 2단계는 환자 100~500명을 대상으로 효능을 실험하며, 3단계는 환자 수천 명을 대상으로 대규모 임상실험을 진행해 안전성, 효능, 유익성 대 위해성의 관계에 관한 추가 정보를 얻는다.

6-MP은 지금도 계속 사용되고 있다. 세포의 DNA 생성과 복구를 중단시키는 대사 길항물질이라고 하는 화학요법 약물 중 하나다. 치료법은 아니지만 병의 진행 속도를 늦춰서 다른 치료법이 효과를 볼 수 있게 한다. 병용 요법에서 다른 약물과 함께 6-MP을 사용한 결과 현재 급성림프성백혈병에 걸린 열네 살 미만 아동의 5년

생존율이 90퍼센트를 넘게 되었다. 6-MP은 기본적인 건강 시스템 유지에 필요한 가장 중요한 약품들이 등재된 세계보건기구WHO 필수 의약품 목록에 올라 있다. 그리고 현재 크론병 및 궤양성 대장염에 대한 면역억제 요법에도 사용된다.

거트루드와 조지는 이런 새로운 화합물을 개선하기 위해 끊임없이 노력했는데, 6-MP 같은 항암 약물이 어떤 식으로 작용하는지, 즉 신체의 신진대사 과정과 왜 암세포만 영향을 받는지, 그리고 어떻게 하면 차별 효과를 개선할 수 있는지 등을 이해하려고 애썼다. 6-MP의 신진대사를 연구하는 과정은 힘들고 시간도 많이 걸렸다. 그들은 7년 동안 약물의 효능이 향상되기를 바라며 다양하게 변형된 6-MP 버전을 생산하면서 인내했다. 1950년대 후반, 다른 연구과학자들은 이식할 때 면역 반응에 흥미로운 영향을 미치는 것처럼 보이는 아자티오프린azathioprine(이뮤란®Imuran®)이라는 파생 물질에 관심을 갖게 되었다.

당시 장기 이식은 아직 초기 단계였다. 1954년 쌍둥이끼리 신장 이식 수술을 한 것이 최초의 생체 혈연 장기 이식이었다. 유전자가 동일한 일란성 쌍둥이의 이식은 유전적으로 일치하지 않는 사람들끼리 이식했을 때와 같은 거부반응을 일으키지 않는다. 면역체계는 박테리아나 바이러스 같은 미생물이든 이식된 장기의 '이질적인' 유전 프로파일이든 상관없이, 모든 이물질에 반응하도록 설계되어 있다. 유전 형질이 비슷한 장기 기증자와 이식 대상자를 찾는 것이 성공적인 장기 이식의 핵심 요소다. 기증된 장기가 유전적으로 일치하지 않을수록 그 공격에 대처하기 위한 이식 대상자의 면역 반응이 더 빠르고 심하게 나타나서 장기를 거부하게 된다.

1958년 보스턴에서 윌리엄 다메섹William Dameshek과 함께 일하던 로버트 슈워츠Robert Schwartz는 6-MP의 특별한 파생물인 아자티오프린이 동물 실험에서 동물에게 주입한 단백질 알부민에 대한 항체 반응을 막는다는 것을 발견했다. 항체는 B세포(특수 백혈구)에서 생산되는 단백질로 특히 외부 항원이나 면역 반응 표적과 결합한다. 거트루드와 조지는 슈워츠의 도움으로 항체 반응을 측정하는 면역학적 선별 검사를 실시해서 투여량, 투여 시기, 반응의 특수성 같은 중요한 요인을 파악했다.

슈워츠의 연구에 대해서 들은 영국의 젊은 외과의사 로이 칸Roy Calne은 신장 이식에 거부반응을 일으킨 개를 대상으로 아자티오프린의 효과를 조사했다. 거트루드는 로이 칸에게 #57-322라고 적힌 약병을 하나 주었고, 칸은 그 내용물을 혈연관계가 없는 개에게서 신장을 받은 롤리팝이라는 개에게 투여했다. 그 약병의 내용물은 임상시험 성공이 확실해진 1959년까지 비밀에 부쳐졌다. 놀랍게도 신장 이식은 거부반응을 일으키지 않았고 롤리팝은 자연적인 원인으로 죽기 전까지 계속 자기가 낳은 강아지들을 길렀다.

1962년에 외과 의사들은 혈연관계가 없는 사람들끼리 신장 이식을 할 때 처음으로 이뮤란®(아자티오프린)을 성공적으로 사용했다. 그 이후 전 세계에서 25만 건 이상의 신장 이식이 진행되었고, 그중 상당수가 이뮤란®의 도움을 받았다. 간, 심장, 폐 같은 다른 장기 이식도 가능해졌다. 면역 억제제는 장기가 거부 반응을 일으키는 것을 막기 위해 일상적으로 사용된다. 최근 들어 시클로스포린cyclosporine 같은 다른 면역 억제제가 사용되기 시작했지만 아자티오프린은 여전히 신장 이식의 대들보 역할을 한다.

아자티오프린의 면역 억제 효과는 다양한 면역체계, 특히 자가면역성 용혈성 빈혈, 전신 홍반성 루푸스, 간염, 류머티스성 관절염 같은 자가면역성 질환과 관련해 많은 연구가 진행되었다. 자가면역질환은 면역계가 체내의 건강한 세포를 이물질로 잘못 인식해서 공격할 때 발생하는데, 원인은 아직 밝혀지지 않았지만 유전적 영향과 환경적 영향이 조합되어서 생기는 듯하다. 류머티스성 관절염의 경우 아자티오프린이 면역체계의 이런 비정상적인 반응을 억제해서 염증을 줄이고 염증으로 인한 관절 손상을 늦춘다. 아자티오프린은 1968년 3월 FDA에서 류머티스 관절염에 사용할 수 있도록 승인했고, 세계보건기구의 필수 의약품 목록에 올라 지금도 사용되고 있다.

1950년대 말과 1960년대 초에는 6-MP의 효과를 높일 수 있는 화합물을 연구했다. 그 과정에서 거트루드는 또 하나의 성공 스토리가 된 알로푸리놀allopurinol이라는 푸린을 찾아냈다. 거트루드는 6-MP의 대사 연구에서 크산틴xanthine 산화효소라는 효소가 6-MP의 이화작용(복잡한 분자를 단순한 분자로 분해하는 것)에 관여한다는 사실을 알았다. 생물학적 촉매인 효소는 화학 반응 속도를 높이며 결코 고갈되는 법이 없다. 크산틴 산화효소는 6-MP의 산화뿐만 아니라 요산 형성의 원인이기도 하다. 결과적으로 거트루드와 조지는 알로푸리놀로 치료하면 혈청과 요산이 현저하게 감소해서 통풍 치료법을 개발할 수 있는 독특한 기회를 제공한다는 사실을 알아냈다.

통풍은 가장 흔한 형태의 관절염으로 영국 성인 2.5퍼센트에서 발생한다. 대부분 갑자기 발생하며 관절이 붉고 빛이 나면서 통증과 붓기가 동반되는 것이 특징인데 이는 관절에 요산 결정이 형성되기 때문이다. 요산은 소화가 진행되는 동안 푸린에서 형성되어 혈액 내에 존재하며, 요산염 형태로 체내를 순환한다. 체내를 돌아다니다 요산염이 너무 많아지면 요산염 결정이 관절에 축적되어 염증을 일으킬 수 있다. 알로푸리놀(질로프림®Zyloprime®)은 크산틴 산화효소를 표적으로 삼아 작용하여 요산 생성을 줄여준다.

거트루드와 조지는 자신들이 개발한 모든 약, 특히 장기간에 걸쳐 사용되는 약들의 여러 가지 요소를 고려해야 했다. 억제제는 요산 생성을 지속적으로 줄일 수 있을 만큼 충분한 반감기(체내 물질의 농도가 절반으로 감소하는 데 필요한 시간)를 가지고 있는가? 생화학적 경로의 한 부분을 방해한 결과, 다른 독성 물질이나 요산 같은 불용성 물질이 더 많이 생성되지는 않는가? 억제제를 장기적으로 쓸 경우 어떤 영향이 있는가? 다른 약들과 상호작용하는가? 신부전 같은 다른 원질환이 있으면 어떤 문제가 발생하는가?

동물 실험과 인간을 대상으로 한 임상시험을 하면서 이 모든 가능성과 다른 많은 요소를 주의 깊게 검토했다. 알로푸리놀은 일반적으로 안전하고 효과적으로 장기간 통풍을 치료하는 방법이다. 치료하지 않으면 혈액 속 요산 수치가 높아져 신장 결석이 생기고 신장이 막힐 우려도 있다. 알로푸리놀이 발명되기 전 미국에서만 1년에 1만 명 이상의 통풍 환자가 신장 막힘으로 사망했다.

10년 뒤 리슈만편모충증이나 샤가스병 같은 기생충 질환(트리파노소마 크루지Trypanosoma cruzi로 유발되는)에 전혀 다른 치료법을 제시하기 위해 개발된 알로푸리놀은 거트루드와 조지의 열린 마음과 자신들이 발견한 것을 다른 이들과 공유하고자 하는 소망을 잘 보여준다.

이 연구는 기생충 효소와 포유류 효소가 상당히 다른 특수성이 있을 수 있다는 지식에 의존해 진행되었으며, 푸린 파생물을 통해 달성할 수 있는 화학요법의 선택성을 증명했다. 의학계 권위자이자 제약회사 임원이기도 한 조셉 마르J. Joseph Marr는 알로푸리놀이 리슈만편모충Leishmania donovani이라는 기생충 복세를 억제한다는 사실을 알아냈고, 거트루드와 조지는 이런 예상치 못한 활동의 생화학적 기초를 밝혀내고자 했다. 리슈만편모충증은 리슈만편모충에 감염되면서 발생하는 열대성 기생충 질병으로, 감염된 모래파리에게 물려 전염된다. 사람에게는 몇 가지 다른 형태의 리슈만편모충증이 존재한다. 가장 흔한 형태는 피부염을 일으키는 피부 리슈만편모충증과 여러 내부 장기(일반적으로 비장과 간, 골수)에 영향을 미치는 내장 리슈만편모충증이다.

모든 기생충이 다 그렇듯이 리슈만편모충도 숙주를 통해 영양분을 얻는데, 이 경우 리슈만편모충의 먹이에는 치료제 알로푸리놀도 포함된다. 리슈만편모충은 푸린을 합성하는 능력은 부족하지만 포유류의 혈류에 존재하는 알로푸리놀을 이용할 수 있다. 기생충이 인간 숙주에게서 영양분을 흡수할 때 알로푸리놀을 같이 받아들이는 것이다. 거트루드와 조지는 알로푸리놀을 기생충의 신진대사에 접목한 이 후속 효과 덕에 리슈만편모충의 단백질 합성을 방해해 기생충 복제를 막고 리슈만편모충증 발생을 억제한다는 사실을 발견했다. 거트루드는 버로스 웰컴에서 일하는 과학자들에게 사람을 쇠약하게 만드는 기생충 질병에 대한 치료법을 찾아내도록 격려했다. 이런 기생충 약은 물론 큰 돈벌이가 되지는 않았지만, 거트루드는 금전적 이득이 아니라 사회적 양심에 따라 움직이는 사람이었다.

1969년 거트루드는 1948년부터 자신을 매료했던 몇몇 연구로 돌아가기로 결심했다. 바로 자신이 처음 만든 잠재적 암 치료제인 디아미노푸린의 항바이러스 활동을 연구하는 것이었다. 바이러스에 의한 감염은 여러 가지 이유 때문에 치료하기가 매우 어려울 수 있다. 바이러스는 세포 밖에서 복제할 수 없고, 종종 숙주 세포 내부의 면역체계가 감지하지 못하게 몸을 숨기기도 한다. 입술에 발진이 생기는 단순 헤르페스 같은 영속성 바이러스의 경우, 초기 감염 후 신경 말단부에 잠복해 있다가 자외선 노출 등으로 다시 촉발되었을 때만 추가 발병한다. 이 바이러스는 자신을 복제하기 위해 세포 자체의 복제 기계를 이용한다. 또 세포에서 튀어나와 그걸 파괴하고, 면역체계에 걸리지 않는 한 더 많은 세포를 감염시키려고 할 것이다. 그래서 면역체계는 급속하게 변이를 일으키는 바이러스에 대처해 백신 설계에 중대한 도전이 될 수 있는 특정한 면역 반응이 일어나지 않도록 해야 한다.

당시에는 대부분 실험실이 백신 연구에 집중했지만, 거트루드와 조지는 다른 생각을 하고 있었다. 1970년 연구소가 노스캐롤라이나로 이전하면서 유기화학 부장을 맡고 있던 하워드 셰퍼Howard Schaeffer 같은 새로운 동료들과 합류했다. 이들은 셰퍼 그리고 영국 웰컴 연구소에서 일하는 바이러스 학자 존 바우어John Bauer 등과 함께 단순 헤르페스 바이러스와 천연두(마마)를 일으키는 바이러스에 매우 효과적이면서 이전 약물보다 독성은 낮은 강력한 화합물을 개발하려고 몇 년을 바쳤다.

아시클로비르Acyclovir(조비락스Zovirax®)는 바이러스 성장을 억제하는 대사 길항 물질 역할을 하는 구아노신 파생물이다. 특히 이 약물은 바이러스 DNA 복제에 관여하는 효소인 DNA 폴리메라아제 polymerase의 작용을 억제한다. 거트루드는 아시클로비르가 다른 종류의 바이러스에는 반응하지 않고 오직 헤르페스 바이러스에 감염된 세포에만 반응하며, 무엇보다 감염되지 않은 다른 체내 세포를 손상시키지 않는다는 사실을 알고 흥미를 느꼈다. 거트루드와 동료들이 화학 구조식과 관련 경로를 더 깊이 연구해보니 그 이유가 명확해졌다. 바이러스 특이 효소인 헤르페스 티미딘 키나아제 thymidine kinase만이 이 약물을 활성형인 아시클로비르 3인산염으로 변환시킬 수 있었다.

1978년 캘리포니아에서 열린 한 학회에서 과학자들에게 아시클로비르를 소개했는데, 이는 항바이러스 연구 분야에서 매우 중요한 순간이었다. 콘퍼런스 센터 로비에는 포스터가 13개 붙어 있었는데, 신약 구상부터 그 메커니즘과 효능에 대한 발견에 이르기까지 신약의 모든 세부 사항을 보여주는 포스터였다. 과학자 70명으로 구성된 거트루드의 연구팀은 아시클로비르를 비밀에 부쳐두었었다. 현재 밝혀진 바에 따르면, 버로스 웰컴은 이 바이러스에 특허를 내서 다른 회사들이 관련 약물을 제조하지 못하게 막을 수도 있었다.

아시클로비르는 구강과 생식기 헤르페스, 대상포진(수두대상포진 바이러스를 유발하는 수두의 재활성화로 생김) 그리고 면역 반응이 억제된 개체의 단순 헤르페스 감염으로 인한 가장 심각한 의료적 문제를 치료하는 데 널리 사용된다. 거트루드는 나중에 아시클로비르가 자신의 '마지막 보석'이라고 말했다. "그런 일은 그때까지는 상상조차 할 수 없었다." 최초의 항바이러스제인 조비락스Ⓡ은 세계 최초로 10억 달러짜리 약이 되었다.

조비락스®의 성공과 특히 높은 선택성에 고무된 버로스 웰컴 연구소는 1980년대에 1981년 처음 보고된 새로운 질병인 에이즈AIDS(후천성 면역결핍증) 치료법을 찾는 일에 동참했다. 에이즈는 면역체계의 중추세포인 보조 T림프구를 감염시키는 인간면역결핍 바이러스HIV에 의해 발생한다. 이 T세포에는 CD_4라는 표지자가 있는데, HIV는 이 표지자에 달라붙어 세포에 침입해서 T세포를 파괴한다. 사람은 CD_4^+T세포 수가 적을수록 감염과 싸울 수 있는 능력이 떨어진다. 일부에서는 에이즈 치료제 연구에 눈살을 찌푸리기도 했다. 이 바이러스는 치료하기가 매우 어려운 것으로 여겨졌을 뿐만 아니라, HIV가 에이즈를 유발한다는 사실을 받아들이기를 거부하는 사람도 있었다(심지어 과학계 내에서도). 바이러스를 연구하기 위해 설립된 제약 연구소는 거의 없었고, 이를 수익성 있는 노력으로 간주하는 이들은 더 적었다.

거트루드는 1983년 공식적으로 은퇴했지만 컨설턴트 자격으로 이 연구와 밀접한 관계를 유지했다. 거트루드 그룹은 미국 국립암연구소의 새뮤얼 브로더Samuel Broder 박사와 협력했는데, 그는 거트루드와 버로스 웰컴이 "단지 말로만 떠드는 게 아니라 실제 제품을 개발하려는" 의지가 충만했다고 기억했다. "그들은 기꺼이 정보를 교환하고 실험 가능한 약물을 제공했다. 그리고 효과적인 제품을 개발해서 상품화하려고 애썼다."

다행히 그들이 연구한 다른 화합물과 마찬가지로, 이 분야에서도 이미 사용되기를 기다리는 약물이 하나 있었다. 거트루드는 공식적으로는 이 일에 관여하지 않았지만, 이 약물 개발에 영감을 준

공로를 인정받았다. 그는 나중에 겸손한 태도로 이렇게 말했다. "내가 주장할 수 있는 건 사람들에게 방법론을 훈련한 것, 즉 약물이 작용하는 방식과 그것이 효과가 없는 이유, 발생 가능한 저항 등을 탐구하도록 가르친 것뿐이다. 실제 업무는 전부 그들의 몫이었다." 아지도타이미딘azidothymidine, AZT으로 에이즈를 치료하려고 노력한 바이러스 학자 마티 세인트클레어Marty St Clair는 "거트루드는 AZT 모든 부분에 관여했다"며 그 말에 동의하지 않았다. "물론 공식적으로 은퇴하기는 했지만 우리와 함께 일하면서 계속 카운슬링을 해주었다. 거트루드는 우리가 무엇을 하는지 정확히 알고 있었다."

거트루드의 푸린 파생물 중 하나인 AZT는 인간 세포 배양에서 HIV 성장을 억제하는 것으로 밝혀졌다. AZT는 에이즈 치료제로 승인된 첫 번째 약물이다. 역전사 효소의 억제제 역할을 하여 바이러스 DNA의 복제를 막고 혈액 내 바이러스양(바이러스 부하)을 감소시킨다. AZT는 1987년에 기록적으로 짧은 시간 안에 FDA 승인을 받았다. 동물 실험이 끝난 뒤 인체에 대한 임상시험이 표준대로 3상까지 진행된 게 아니라 단 한 차례만 있었고, 위약을 받은 환자가 치료받은 환자보다 더 빨리 죽는 바람에 임상시험은 19주 뒤 중단되었다. AZT는 부작용이 없는 건 아니지만 HIV의 성장을 현저하게 둔화시킨다. 1991년까지는 AZT가 에이즈 치료제로 허가를 받은 유일한 약물이었다. 현재 AZT(리트로비어®Retrovir®)는 HIV 감염이 더는 즉각적인 사형선고가 아님을 의미하는 표준적인 약물 혼합제 중 하나다.

예순다섯 살이던 1983년 과장 자리에서 공식 은퇴한 거트루드는 명예직 과학자 겸 컨설턴트로 계속 활동하면서 에이즈와 다른 연구 분야에 관한 회의에 적극적으로 참석하고 세미나에도 참가했다. 또 듀크 대학교의 의학과 약학 연구교수가 되어 종양 생화학과 약학 연구에 관심이 있던 의대 3학년 학생들에게 영감을 주었다. 거트루드는 나중에 "나는 의사도 연구하는 방법을 배우는 게 매우 가치 있는 일이라고 생각한다……. 의대에서는 학생들에게 이걸 가르칠 시간이 없는 듯하다. 그들은 어떤 문제에 접근하는 방법을 배우지 않는데 (…) 나는 연구하면서 보낸 1년이 그들에게 매우 가치 있는 시간이라고 생각한다"고 말했다.

거트루드는 평생 한 부류의 화합물을 연구하면서 제공되는 기회를 포착했고, 그 결과 치료 용도가 다양한 약을 만들어냈다. 또 끈질긴 직업윤리와 호기심으로 다른 사람들에게 영감을 주었다. 거트루드는 친절하고 개방적인 성격에 훈훈함을 느끼고 기록적인 발견에 감탄한 젊은 과학자들에게 중요한 역할 모델이 되었다.

거트루드의 조카인 조나단 엘리언은 훗날 "고모는 학생들이 언제나 쉽게 다가올 수 있게 해주었다. 요즘 사람들은 고모가 과학계에서 여성들의 발전을 옹호했다고 말하지만 나로서는 금시초문인 이야기다. 나는 고모가 과학계에서 모든 사람의 발전을 옹호했다고 항상 생각했기 때문이다"라고 말했다. 거투르드는 학생들과 자연스럽게 교감했다. 그는 "어떻게 보면 나는 젊은 시절 교사로 일하면서 경력을 쌓기 시작해 지금 새로운 세대의 과학자들에게 내 연구 경험을 공유하게 되었으니 다시 원점으로 돌아왔다고 할 수 있다"고 말했다. 거트루드가 남긴 가르침과 멘토링 유산은 건강과 관련 연구 프로젝트 추진에 관심이 있는 여학생들을 지원하는 거트루드 B. 엘리언 멘토드 의대생 연구상 같은 상으로 이어지고 있다.

1997년 거트루드는 "오랫동안 내게 영감을 주었던 것과 똑같은 것이 지금도 내게 영감을 준다. 나는 아픈 사람들을 잘 치료하고 싶다. 아이들을 과학에 참여시키고 싶다. 그들이 내가 느낀 것과 같은 흥분과 재미를 느끼면서 자신들의 삶에 유용한 일을 하기를 바란다"고 말했다.

거트루드의 직장 생활은 확실히 유용하고 생산적이었다. 특허를 낸 약품만 해도 45개가 넘고 2백 편이 넘는 과학 논문을 썼다. 또 약리 연구 분야에서도 엄청난 성공을 거두었다. 하지만 거트루드는 늘 자신의 과학 경력이 발전할 것이라고 생각하지 않았다. 20대 후반 박사 과정에 등록하기는 했지만, 조지의 연구실에 새로 얻은 일자리가 업무가 과중했기 때문에 어쩔 수 없이 학업을 중단해야 했다.

박사학위를 포기하고 마음에 드는 직장을 계속 다니기로 한 결정이 옳았다는 것은 훨씬 나중의 일이기는 하지만 25개가 넘는 명예박사학위를 받은 것으로도 증명된다. 거트루드가 과학계에 공헌한 일은 수많은 상으로 인정받았다. 한 예로 1968년 미국화학협회가 수여하는 가반 메달Garvan Medal을 받았는데, 1980년까지 이 권위 있는 상을 받은 유일한 여성이었다. 또한 이는 거트루드가 과학계에서 처음으로 인정받았다는 증거 중 하나였다. 거트루드는 이런 인정을 받은 것에 감동한 나머지 눈물까지 흘렸다고 한다.

그로부터 20년 뒤인 1988년 10월 17일 오전 6시 30분, 거트루드가 욕실에서 세수를 하고 있는데 전화벨이 울렸다. 그가 노벨상을 받는다는 소식을 전하려고 기자가 전화를 한 것이다. 거트루드는 기자가 공동 수상자(제임스 W. 블랙 경과 조지 H. 히칭스) 이름을 말하기 전까지는 그가 농담을 한다고 생각했다. 이 세 사람은 '약물 치료의 중요한 원칙을 발견한 공로'로 노벨 생리의학상을 받았다. 제임스 W. 블랙James W. Black 경은 고혈압과 심장병을 치료하는 베타 차단제와 궤양을 치료하는 H-2 길항제라는 두 가지 약을 발견했다.

일흔 살이 된 거트루드는 언제나 그랬듯이 이런 중요한 시상식에서도 위압감을 느끼지 않았다. 그해에 노벨상을 받은 사람들 중 유일한 여성 수상자인 거트루드는 다른 참석자들이 모두 흑백 정장을 입은 가운데 혼자 푸른색 시폰 가운을 입어서 더욱 눈에 띄었다. 가족을 총 열한 명이나 이끌고 시상식에 참석했는데 그중에는 다섯 살이 안 된 아이도 네 명 있었다. 거트루드는 아이들도 정식 연회에 참석할 수 있도록 허락해달라면서 "기껏 스웨덴까지 데리고 왔는데 호텔 방에서 저녁 시간을 보내게 하지는 않을 것이다. 아이들이 자기 부모를 볼 수 있고 부모도 아이들을 볼 수 있는 별도 테이블에 앉혀두면 괜찮을 거다"라고 주장했다. 그리고 물론 아이들은 얌전히 행동하면서 모든 참석자를 즐겁게 했다.

이와 같은 허물없는 태도 덕에 사람들은 거트루드가 하는 일의 진지함이나 노벨상 수상자 가운데 제약업계 종사자와 여성이 드물다는 사실을 잊곤 했다. 지금까지 발견한 약 가운데 어떤 약이 가장 중요하느냐는 질문에 거트루드는 "그건 당신 자녀들을 차별 대우하라고 요구하는 것과 같은 일이다"라고 대답했다. 그는 모든 약물의 '탄생'이 똑같이 흥미진진하고 중요하며, '어떤 약물이든 그 시대에는 혁명적'이라는 사실을 알고 있었다.

거트루드는 말년에 만족스러운 기분으로 뒤를 돌아볼 수 있었다. 거트루드와 조지는 약물 발견 과정에 혁명을 일으켰고, 그들이 개발한 약은 수백만 명의 생명을 구하거나 증상을 개선하는 데 도움이 되었다. 1950년대에 급성림프성백혈병에 걸린 아이들은 앞날을 기대하기 힘들었다. 거트루드와 조지가 발견한 6-MP은 암과 싸워 큰 성공을 거둔 사례 중 하나다. 아시클로비르는 세계 최초의 항바이러스제다. 그들이 만든 에이즈 치료제 AZT는 지금도 널리 사용되고 있는데, 조지가 1942년 시작한 합리적 약물 설계 프로그램의 중요한 장기적 결과물 중 하나다. 이뮤란®은 여전히 장기 이식에 필수적인 약이다. 거트루드는 나중에 이렇게 말했다. "나는 그런 작용을 하는 화합물을 만들려고 일을 시작한 게 아니다. 하지만 귀를 기울이고 마음을 열어두면 이런 일이 일어날 수 있다. 그것이 우리 인생이다."

거트루드는 노벨상 수락 연설에서 "나는 화학 요법 약제는 그 자체로 끝이 아니라 닫힌 문을 열고 자연의 신비를 탐사하는 도구이기도 하다는 우리의 철학이 잘 전달되기를 바란다. 이런 접근법은 우리에게 큰 도움이 되었고 의학 연구에서 여러 새로운 영역으로 들어갈 수 있게 이끌어주었다. 선택성은 지금도 우리 목표이고 그 기본을 이해하는 것이 미래로 향하는 가이드다"라고 말했다.

화합물의 핵산이 합성되는 방식이 한 단계 바뀌면, 거트루드와 조지는 그 단계와 그것의 후속 효과를 연구에 이용했다. 이런 레버리지 기법이 그들의 약물 디자인 방식의 주요 요소 중 하나였고 지금도 버로스 웰컴의 계승자인 글락소스미스클라인GSK에서 개발하는 많은 약물에 이 방법을 사용한다. 예를 들어, 넬라라빈nelarabine은 다른 치료법이 다 동났을 때 희귀한 형태의 백혈병과 림프종 치료에서 획기적인 역할을 하고 있다. 2005년 미국에서 허가를 받기까지 이 약의 개발 여정은 소아 종양학자 조앤 커츠버그Joanne Kurtzberg 박사가 소아과 환자들을 위한 새로운 약을 개발하려고 노력한 1980년대에 시작되었다. "거트루드가 검은색 뚜껑이 달린 유리로 된 작은 약병 두 개를 주었던 걸 아직도 기억한다." 그 약병 중 하나에 넬라라빈 전구체가 들어 있었다. 넬라라빈이 만병통치약은 아니다. 많은 암 치료제처럼 독성이 있지만, 골수 이식 수술을 받을 수 있는 기회를 준다.

거트루드는 6-MP로 시작해 추가 치료 방법을 간절히 원하는 암 환자를 도울 약물을 찾기 위해 항상 애썼다. GSK와 일하는 종양학자 닐 스펙터Neil Spector 박사는 이렇게 말했다. "거트루드가 한 말이 여전히 내 귓가에 들린다. '닐, 항상 환자들에게서 눈을 떼지 말아야 해요. 그렇게만 하면 회사도 괜찮을 겁니다.'"

거트루드와 조지가 개발한 다양한 약 덕분에 버로스 웰컴은 그냥 괜찮은 것 이상의 성과를 거두었고, 의학 연구 부문에서 중요한 역할을 한 웰컴 트러스트Wellcome Trust도 마찬가지였다. 1936년 사망한 헨리 웰컴 경은 버로스와 공동 설립한 제약회사와 그 회사의 유일한 주주인 웰컴 트러스트라는 의학 연구 자선단체를 유산으로 남겼다. 제2차 세계대전 동안 영국의 전쟁 물자 지원에 초점을 맞추다보니 제약회사는 거의 파산할 지경에 이르렀다. 그 회사 재산은 웰컴 트러스트에 직접 영향을 미쳤는데, 웰컴 트러스트는 인간의 건강을 증진하는 연구를 지원하는 자선적인 목적을 달성하기 위해 배당금에 의존했다.

미국에서 모기업의 독립적인 분사로 운영되던 버로스 웰컴이 전쟁 기간에 높은 수익을 올린 덕분에 영국에 있는 모기업의 생존과 그 후 수십 년간의 성장을 보장할 수 있었다. 이는 거트루드와 조지의 노력에 더해 그들이 개발한 획기적이고 수익성이 매우 높은 약물 덕분이다. 가치가 매우 높아진 제약회사는 1985년 글락소와 합병했고 1986년 주식시장 부양과 이후 15년간의 자산 다변화 등을 거치면서 현재 웰컴 트러스트는 세계 최대 의료 자선단체로 자리 잡았다.

1983년 버로스 웰컴에서 공식 은퇴하면서 멘토링과 자문 역할도 함께 그만둔 거트루드는 세계보건기구에서 일하기 시작했다. 리슈만편모충증, 샤가스병, 말라리아를 위한 약을 개발한 뒤 이제 그런 병의 원인에 대처할 수 있는 자리에 있게 되었다. 거트루드는 열대성 질환 연구부를 비롯한 몇몇 위원회에서 일했다. 세계보건기구에서 헌신한 덕분에 거트루드의 연구 내용이 미국보다 덜 발달된 나라들로 확산되었다.

거트루드는 자기가 지금까지 개발을 도운 약이 후대에 남길 수 있는 가장 큰 유산이라고 생각했다. 노벨상을 받은 기분이 어떠냐는 질문에 "매우 좋기는 하지만 그게 전부는 아니다. 물론 그 상을 얕보는 건 아니다. 노벨상은 내게 많은 것을 주었지만, 상을 받지 못했더라도 그리 큰 차이가 있지는 않았을 것이다……. 신장 이식을 하고 25년을 건강하게 산 사람을 만나는 것, 그게 바로 내가 받는 보상이다"라고 말했다. "내가 한 일이 사람들의 삶에 어떤 영향을 미치는지 아는 것보다 더 큰 기쁨이 있을까? 우리는 항상 여러 사람이 보낸 편지, 백혈병에 걸렸다가 완쾌된 아이들이 보낸 편지를 받는다. 그 아이들이 안겨주는 기쁨을 이길 수 있는 건 없다"고도 했다. 거트루드가 받은 수많은 감사 편지 중 하나에는 "아주 심한 대상포진을 앓았는데 조비락스 덕분에 시력을 잃지 않을 수 있었습니다. 어떤 이유에서든 인정받지 못한다는 기분이 들면, 이 편지를 꺼내 다시 읽어보세요"라고 적혀 있었다.

이 편지들은 거트루드의 연구가 가장 가까운 사람들을 비롯해 실제 인간의 삶에 얼마나 많은 영향을 미쳤는지를 상기시킨다. 암은 그 자신이 개발한 암 치료제의 성공뿐만 아니라 개인 생활에도 큰 영향을 미쳤다. 첫 번째는 1933년 할아버지가 위암으로 돌아가신 것이었고, 두 번째는 1956년에는 어머니가 자궁암으로 돌아가시면서 마지막 네 번째 상실을 겪게 된 것이다. 어머니가 돌아가셨을 때 서른여덟 살이었던 거트루드는 훗날 어머니가 자신의 약물 발견을 얼마나 기뻐하고 감사하게 여겼을지 깨달았다.

거트루드의 성공적인 경력은 부분적으로 일 중독적 성격 덕분이었지만 거트루드는 인생도 즐겼다. 은퇴한 후에는 사진을 찍거나 오페라를 관람하고 남동생 가족(남자 조카 한 명과 여자 조카 세 명)과 함께 보내는 등 취미 생활에 많은 시간을 할애했다. 좋은 친구이자 이웃인 코라 히마디Cora Himadi와 함께 아프리카, 아시아, 유럽, 남아메리카를 여행하기도 했다. 1970년부터 줄곧 살았던 2층짜리 타운하우스에는 거트루드가 수집한 예술품이 가득했다.

거트루드의 인생은 그가 산책 중 쓰러지면서 갑작스럽게 끝났다. 거트루드는 1999년 2월 21일 자정 노스캐롤라이나의 한 병원에서 여든한 살에 사망했다. 거트루드의 죽음은 그를 알고 사랑하는 모든 이에게 충격을 주었다. 거트루드가 죽은 후 조카 조나단은 우편물을 분류하다가 고모에게 감사를 전하는 환자와 동료들의 편지를 여러 통 발견했다. 그중 한 통은 어린 소녀가 보낸 것이었는데, 조나단은 이렇게 설명했다. "소녀는 학교 숙제에 대해 흥분해서 이야기했다……. 인터넷에서 여러 과학자를 조사한 끝에 거트루드를 자신의 주인공으로 결정했다는 것이다."

거트루드는 자기가 여주인공이 될 가능성이 없는 후보라고 여겼을지도 모르지만, 전 세계인의 고통을 덜어줄 몇 가지 훌륭한 약물을 추적할 때는 두려움을 느끼지 않았다. 거트루드는 과학계에 종사하는 여성들에게 조언을 해달라는 요청을 자주 받았다. 그 대답은 과학을 추구하는 정신을 요약한다. "첫째, 남들에게 전할 수 있는 신비한 비밀 같은 건 없다. 가장 중요한 조언은 당신을 가장 행복하게 하는 분야를 선택하라는 것이다. 자기 일을 사랑하는 것보다 더 좋은 건 없다. 둘째, 스스로 목표를 정하라. '불가능한 꿈'일지라도 그걸 향한 발걸음 하나하나가 성취감을 준다. 마지막으로 집요해야 한다. 남의 말에 낙담하지 말고 자신을 믿어라."

5장

도로시 호지킨 (1910-1994)

1964년 10월, 영국 언론은 신나게 떠들어댔다. 《데일리 메일》은 "옥스퍼드의 평범한 주부 노벨상 수상!"이라는 헤드라인을 내걸었고, 《텔레그래프》는 "영국 여성이 노벨상 수상-세 자녀의 어머니가 상금 1만 8,750파운드 획득"이라고 선언했다. 당시 쉰네 살이던 도로시 호지킨은 페니실린과 비타민 B_{12}의 구조를 밝혀내 노벨 화학상을 받았다. 도로시는 영국에서 과학 분야 노벨상을 수상한 최초이자 유일한 여성이다. 분자를 '보는' 도로시의 능력이 엑스레이 결정학 분야를 변화시켜 생물학자들이 단백질의 기능 방식을 이해하거나 치료 의학을 지도하는 데 도움을 주었다.

도로시의 연구는 기술적 우수성과 의학적 중요성뿐만 아니라 모든 단계에서 점점 더 복잡해지는 컴퓨터를 사용했다는 점과 국제적 협력을 이끌어낸 능력 때문에 더 독특했다. 도로시는 사생활에서나 과학계에서 역경을 부드럽게 이겨냈고 평생 사람들과 그들의 필요에 관심을 기울였다.

Dorothy

Hodgkin

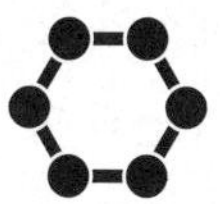

도로시 메리 크로풋Dorothy Mary Crowfoot, 1910~1994은 1910년 5월 12일 네 딸 중 장녀로 태어났다. 도로시는 피라미드가 있는 이국적인 배경에서 어린 시절을 보냈고 외국인 가족으로 카이로에서 편안하고 사교적인 삶을 살았다. 아버지 존 크로풋은 옥스퍼드에서 고전을 공부한 후 1901년 공무원 신분으로 이집트로 갔다. 도로시가 여섯 살이 되었을 때, 아버지가 수단 교육국장으로 승진했기 때문에 가족 모두 수단의 수도 하르툼으로 이사했다. 끝없이 이어지는 디너파티는 이들 가족생활의 한 부분에 불과했다. 부모 모두 탐구적인 사람들로 학문과 지적 추구를 독려했고, 특히 고고학 분야에 관심이 많았으며, 도로시가 물려받은 이타심과 봉사정신의 확고한 신봉자였다.

도로시의 어머니는 여성들을 위한 상류층 활동을 장려하는 집안 출신이었지만 이 때문에 지적인 면에서는 좌절을 겪었다. 그레이스

메리 후드Grace Mary Hood(몰리라고 불림)는 링컨셔의 네틀햄홀에 살았던 아이들 여섯 명(아들 넷 포함) 중 장녀였다. 하지만 남자들이 육군이나 해군에서 경력을 쌓는 동안 몰리는 안타깝게도 집에서만 교육을 받았고 의학을 공부하려던 어린 시절의 야망을 이루지 못했다.

도로시는 네 살 때까지 카이로에서 여동생 조앤, 엘리자베스와 함께 살았고 여름 몇 달간만 혹독한 더위를 피해 영국으로 돌아갔다. 1914년 도로시의 세계, 그리고 수많은 다른 사람의 세계가 뒤집혔다. 그해는 제1차 세계대전이 일어난 해이자 도로시와 여동생들이 한 번에 몇 달 이상 부모님과 함께 살 수 있었던 마지막 해였다. 전쟁 기간에 그들은 남부 해안 도시 워딩에서 그들이 사랑하는 보모 케이티 스티븐스Katie Stephens 그리고 친조부모와 함께 조용히 살았다. 장녀인 도로시는 케이티가 결혼해서 오스트레일리아로 이민가자 여동생들에 대한 책임을 약간 떠맡게 되었다. 도로시의 회복력과 조용한 독립심의 씨앗은 이때 뿌려진 것이다.

존 크로풋이 하르툼에서 일하는 동안 몰리 크로풋은 1918년 태어난 도로시의 새 여동생 다이애나와 함께 잠시 영국으로 돌아왔다. 도로시가 에너지가 많고 배움에 대한 열정이 넘쳤기 때문에 몰리는 아이들을 직접 가르쳤다. 정규교육을 거의 받지 않은 교육 방법은 비정통적이었지만 그래도 성공적이었다. 도로시와 자매들은 지리 수업을 좋아해서 온실의 진흙 바닥에 지도를 그렸고, 직접 역사책을 디자인하고 삽화를 그렸으며, 산책로에서 자연 표본들을 수집했다.

1920년 존 크로풋이 은퇴할 때가 다가오고 도로시가 열 번째 생일을 맞자, 가족은 다음 몇 년을 위한 계획을 세웠다. 몰리는 아프리카에서 생활하는 남편을 돕는 동시에 영국에서 가정을 꾸리기를 간절히 원했다. 몰리가 선택한 곳은 노포크주 겔데스턴에 있는 금방이라도 무너질 듯한 집으로 '올드 하우스'라는 잘 어울리는 별명이 붙어 있었다. 도로시는 그곳에서 화학의 세계에 발을 들여놓았는데, 실제적인 증명의 중요성을 아는 선생님에게서 영감을 받았다. 도로시는 반 아이들이 보는 각도에 따라 색이 달라지는 잊을 수 없는 푸른색 황산구리 결정을 만드는 모습을 넋을 놓고 지켜보았다. 열한 살 때는 자유분방하고 관대한 부모님의 격려를 받으면서 자기 용돈으로 동네 약국에서 실험 재료를 구입해 다락방에서 실험을 했다. 도로시는 건강과 안전에 대해서는 거의 신경 쓰지 않은 채 색채가 풍부하고 종종 폭발이 일어나기도 하는 화학의 세계를 거닐며 여동생들과 즐거운 나날을 보냈다.

1년 뒤, 몰리는 하르툼으로 돌아가 6개월간 거기에서 지냈고, 아이들은 친척이나 친구와 함께 살게 되었다. 도로시는 서포크주 베클스에 있는 존 레먼 스쿨에서 생활하기 시작했다. 1921년에 이 학교에는 130명이 다녔는데 여학생이 대다수를 차지했다. 남학생은 대부분 공립학교에 다녔기 때문이다. 도로시는 지금까지 자기가 받은 다양한 교육방식 덕에 영어와 역사 같은 과목은 기대 수준 이상이지만 수학이나 화학은 그에 미치지 못한다는 것을 알게 되었는데, 두 과목 다 자수 교수인 크리스틴 딜리Christine Deeley가 가르쳤다.

도로시는 화학의 세계를 탐사할 기회가 있으면 모두 활용했고 심지어 코피까지 이용할 정도였다. "이렇게 좋은 혈액이 모두 폐기처분되는 건 안타까운 일이라고 생각해서 코피를 시험관에 모아 [혈액색소] 헤마토포르피린haematoporphyrin을 분리하는 데 사용했다." 몰리는 1923년과 1925년에 윌리엄 브래그William Bragg 경이 왕립연구소에서 출간한 아동용 화학 강의 시리즈 두 편을 도로시에게 사주면서 흥미를 북돋웠다. 브래그와 그의 아들 로렌스는 물질의 구조를 연구하기 위해 엑스레이 사용법을 개척해왔다. 그리고 티록신 호르몬을 분리한 사촌 찰스 해링턴Charles Harington은 1921년에 나온 T. R. 파슨스T. R. Parsons의 생화학 교과서《생화학 기초Fundamentals of Biochemistry》초판을 도로시에게 추천했다. 이런 영향들이 합쳐져 도로시는 자신의 미래 경로를 정하게 되었다.

도로시는 화학을 공부하고 싶은 욕구를 이루기 위해 열심히 노력해야 했다. 열다섯 살 때는 이미 자기보다 평균 18개월 정도 연상인 학생들과 같은 반에서 공부했다. 열일곱 살 때인 1927년 3월에는 학교를 졸업하면서 자격증 시험을 보게 되었다. 이 시험은 도로시가 대학에 지원하는 데 필요했다. 하지만 그 과정이 쉽진 않았다. 도로시는 마음속으로 완벽주의자였고 자기가 공부한 복잡한 내용을 모두 이해하려고 했다. 수학 문제 때문에 좌절의 눈물을 쏟자 몰리는 답이 맞다면서 딸을 안심시키려고 했다. 그러자 도로시는 "물론 맞지만, 왜 그런지 알 수 없어요!"라고 대꾸했다.

도로시는 간단히 시험을 통과했을 뿐 아니라 그해 같은 지역 학교에서 졸업장을 받은 여학생들 가운데 가장 높은 점수를 얻었다. 이후 도로시는 개인 교사 여러 명에게 지도를 받았으며, 성공을 향한 열망은 옥스퍼드 서머빌 대학에서 화학을 전공하는 것으로 이끌었다. 1928년 여름, 도로시는 대학에 입학하기 전 부모님과 함께 요르단의 고고학 발굴 현장에 참여했다. 그곳에서 도로시는 아버지와 함께 5, 6세기의 도로 포장 모자이크를 재건하는 일을 했는데,

상당히 힘들고 어려운 작업이었다. 도로시는 모자이크의 복잡한 패턴에 매료되었고 나중에 3D 결정 구조를 연구할 때는 이때 그려 둔 비례 척도를 참조했다. 숨겨져 있는 원자 구조를 시각화하는 능력은 엑스레이 사진을 해석하는 데 귀중한 기술이 되었다. 나중에 아들 루크가 말한 것처럼, 도로시의 모자이크 작품은 "사물을 세세하게 엮어내는 데 관여하는 게 뭔지 알고 있었다는 것을 의미한다."

옥스퍼드 생활이 도로시에게 큰 충격을 안겨주지는 않았다. 독립적인 공부 규율에 잘 적응했고 1년에 용돈을 200파운드나 받은 덕에 돈 걱정을 하지 않을 수 있었다. 남성 중심 환경은 더 많은 도전을 제시했다. 옥스퍼드에서는 50년 전부터 여학생을 받았지만 그들의 노력에 대한 보상으로 학위를 수여한 건 1920년의 일이다. 1928년에도 여성들은 여전히 특정한 사회 집단에서 배제되었고, 일부 강사들은 여학생들을 강의실에서 쫓아내기도 했으며, 남녀 간 교제를 금지하는 엄격한 규칙이 있었다.

당시의 극단적인 성차별주의 분위기에 긍정적인 부분이 있다면 여자대학에서 진행되는 여성 교육이 헌신적이고 열정적이었다는 것이다. 여성 교육의 대의를 지지하는 이들은 최고 수준의 장학금을 제공했고 도로시에게 잘 어울리는 자극적이고 지적인 환경도 마련되어 있었다. 옥스퍼드에서 지낸 첫 해에 도로시는 자기 공부에만 몰두했다. 그러다가 2학년이 되어서야 비로소 옥스퍼드의 다른 매력이 의식 속으로 파고들면서 여러 모임과 단체에 가입하게 되었다.

도로시는 고고학회와 노동당 클럽 회의에서 만난 외향적이고 재미있는 역사과 학생 엘리자베스('베티') 머레이Elizabeth ('Betty') Murray를 비롯해 친구도 여럿 사귀었다. 베티는 도로시를 보호하면서 다양한 사교 모임과 규칙적인 산책에 데리고 다녔으며, 도덕적이고 실용적인 지원을 해주었다. 베티는 실험에 성공한 도로시와 기쁨을 함께 나누었지만, 실험에 투자하는 시간이 많은 것에 질겁하면서 이렇게 말했다. "도로시는 너무 마르고 건강해 보이지 않았지만, 도저히 연구를 멈추게 할 수 없었다."

하나에 집중하는 도로시의 능력은 옥스퍼드에서 보낸 마지막 해에 열매를 맺었다. 기말 시험이 끝난 뒤에는 내내 연구에만 몰두했는데, 이는 1916년 이후 옥스퍼드 화학과에서 지속된 독특한 특징이었다. 도로시는 자기가 실험실에서 시간을 보낼 때 가장 큰 만족감을 느낀다는 사실을 깨달았고, 엑스레이 결정학을 사용해 복잡한 분자 구조를 발견해야겠다고 결심했다. 엑스레이 이미지가 분자의 화학작용과 기능을 이해하는 데 가장 좋은 기초라는 확신에 이끌렸기 때문이다.

이런 이해는 원자가 가장 작고 세부적인 수준에서 어떤 식으로 결합되는지 알아야만 얻을 수 있다. 예를 들어 다이아몬드, 흑연, 그래핀graphene(2004년에 발견된)은 모두 탄소 원자로 구성되어 있지만 다이아몬드는 단단하고, 흑연은 연필심으로 사용되어 종이 위를 미끄러지듯 달리며, 그래핀은 지금까지 발견된 물질 가운데 가장 가볍고 얇지만 강한 물질이다. 이런 개별적인 특성의 중심에는 탄소 원자의 독특한 구조적 배치가 있다. 호르몬 같은 생물학 분자는 세포 표면에 있는 수용기를 특정한 형상으로 고정해서 상호작용을 촉진한다. 화학 반응을 촉진하는 효소는 정확한 형질을 가질 때만 그렇게 할 수 있다. 단백질 같은 분자 모양을 이해하는 것은 그 기능을 규정할 때뿐만 아니라 새롭고 개선된 약품을 디자인하는 데도 필수적이다.

화학자들은 원자가 어떤 비율로 분자를 구성하는지 대부분 안다. 그러나 1930년대에도 그렇고 오늘날에도 그 배열, 즉 원자가 서로 어울리는 방식은 특히 원자가 수백, 수천 개 가진 큰 단백질인 경우에는 잘 알려지지 않았다. 엑스레이 결정학 기술은 과학자들이 원자가 공간상에서 서로 결합하는 방식을 알아내 분자 모양을 만들 수 있게 해준다.

도로시 같은 과학자들은 순수한 물질을 만들어 분자를 결정화할 수 있다. 도로시는 평탄한 표면과 결정체의 정확한 각도가 그 안에 있는 원자들의 규칙적 배치를 반영한다는 사실을 알고 있었다. 결정을 통해 엑스레이 빔을 발사하면 굴절된 엑스레이가 사진 필름에 포착된다. 현대의 엑스레이 결정학 기계에서는 이와 유사하지만 더 자동화된 프로세스가 진행된다. 엑스레이는 분자를 구성하는 원자에 따라 다양한 방향으로 회절되며, 그 과정에서 파동의 일부가 서로를 보강한다. 회절된 엑스레이가 사진 필름에 닿으면 다양한 강도의 반점 패턴이 생긴다.

도로시가 살던 시대에는 이런 엑스레이 회절 패턴을 분석할 때 처음에는 눈으로 직접 보면서 기준 패턴과 비교했는데, 이는 매우 지루하고 시간이 많이 걸리는 작업이었다. 복잡한 수학적 분석 방법도 사용했다. 그러다가 마침내 공-막대기 모형이 만들어져서 도로시는 책상 위에서 분자 모형을 직접 만지거나 이리저리 돌려가며 볼 수 있게 되었다.

1931년 9월, 스물한 살이 된 도로시는 학부 연구 프로젝트를 시작했다. 이 프로젝트는 옥스퍼드에서 처음으로 엑스레이 결정학을

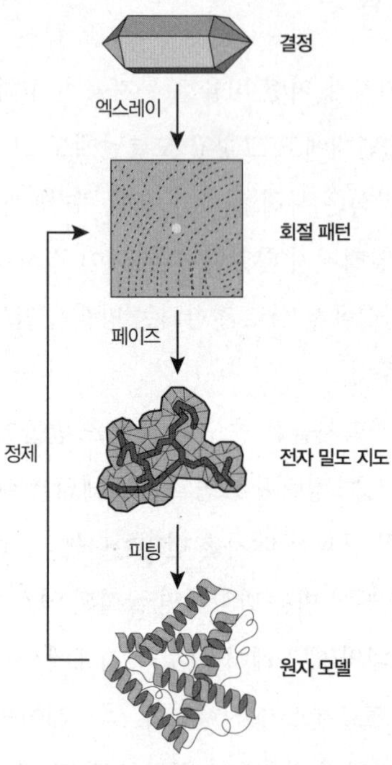

엑스레이 결정학: 결정 원자에 의한 엑스레이 산란으로 과학자들이 결정체를 식별하고 원자 모델을 만들 수 있는 결정의 구조적 정보인 전자 밀도 지도를 제공하는 회절 패턴이 생성된다.

중요하게 활용한 것과 관련이 있는데, 지금까지 분석된 간단한 분자와 아직 분석이 끝나지 않은 훨씬 더 복잡한 단백질의 중간 구조인 탈륨 디알킬 할로이드thallium dialkyl halides라는 화합물을 연구했다.

엑스레이 장비는 대학 박물관 1층의 거대한 방에 보관되어 있었다. 도로시가 사용한 장비는 대부분 오늘날에 비해 원시적이었으며, 어린 시절 겔데스턴의 다락방에서 실험할 때와 마찬가지로 요즘과 같은 건강 관련 안전 규칙을 따르지 않았다. 조심성 많은 친구 베티는 이런 점을 걱정했다. "도로시가 위험한 기계로 작업했기 때문에 제시간에 돌아오지 않으면 걱정스러웠다. 이번 주 어느 날인가는 연구하다가 심한 전기 충격을 받았는데, 전류가 최대치로 흘렀다면 도로시는 죽었을지도 모른다."

반점 패턴을 기하학적·수학적으로 분석하면서 첫 번째 결정 구조가 밝혀지기 시작했다. 이와 관련된 수학이 어려워 도로시는 종종 밤늦게까지 일했지만 꾹 참아냈고 결국 성과를 거두었다. 스물두 살이 된 1932년, 도로시는 다른 두 여성의 뒤를 이어 1등급 학위를 받았다. 그리고 이제 케임브리지에 있는 존 버널John Bernal의 실험실에서 그의 박사학위 제자로 합류할 수 있는 유리한 위치에 서게 되었다.

버널은 믿을 수 없을 정도로 박식하고 폭넓은 주제에 대해 의견을 제시하는 열성가여서 '현자'라는 별명을 얻었다. 그는 또 열렬한 사회주의자로, 케임브리지 연구소의 강력한 좌파 집단의 일원이었으며, 케임브리지 과학자들로 구성된 반전反戰 집단의 창립자였다. 버널은 여자를 좋아했는데, 이는 그의 결혼생활에는 바람직하지 못했지만 실험실과 도로시에게는 도움이 되었다.

버널은 여러 방면에서 도로시에게 영향을 미쳤다. 과학자 겸 사회주의자인 그는 과학을 지식의 한 형태이자 변화의 힘이라고 보았다. 1930년대의 영국 과학은 자금이 부족하고 조직 질서가 엉망이었기 때문에 버널은 과학 분야가 좀 더 통합되어 자신들의 연구 성과를 사회에 이익이 되는 방향으로 활용하기 위해 함께 노력해야 한다고 생각했다. 비록 그의 이상은 공산주의적인 유토피아적 시각에서 태어났지만, 과학을 사회의 중심에 재배치할 필요성을 인식한다는 점에서는 시대를 앞서갔다.

도로시는 버널의 견해를 관심 있게 따랐지만 그걸 전파하는 데는 적극적으로 관여하지 않았다. 하지만 그의 자석 같은 성격에 홀딱 반했고, 결국 그도 똑같이 도로시에게 사로잡혔다. 도로시는 특유의 야단스럽지 않은 방식으로 그들 관계를 진행했고, 도로시가 자신의 연구 학생이라는 사실을 염두에 둔 듯 버널도 똑같이 신중하게 행동했다. 두 사람의 관계는 오래 지속되지 않았지만, 평생 친하게 지냈고 개인적·직업적으로 가깝게 접촉했다.

케임브리지에서 연구를 진행할 때 도로시에게 류머티스 관절염 증상이 처음 나타났다. 도로시는 손 관절에 통증을 느꼈는데 부모의 설득에 따라 검사를 받으러 갔다. 할리가의 의사가 주의 깊게 진찰했는데도 증상은 제대로 진단받지 못했고, 잠시 휴식을 취한 도로시는 하던 일을 계속했다.

버널은 엑스레이 결정학을 이용해 생물 분자의 구조를 이해하는 일에 앞장섰다. 스테롤sterol은 콜레스테롤과 마찬가지로 도로시 박사 논문의 기초를 형성했는데 그 성과는 엄청났다. 과학 논문을 발표하는 건 성공한 과학자의 특징 중 하나다. 도로시는 1930년대 중반까지 여러 논문의 공동저자로 활약하면서 그 분야에서 일찍이 두각을 나타냈다. 버널은 도로시가 쓴 300쪽짜리 논문의 심사위원 중 한 명이었다. 그는 이 논문을 "생물학적 중요성뿐만 아니라 매우 본질적이고 흥미로운 물질 집단에 대한 공동 결정학 및 화학 연구를 위한 첫 번째 포괄적인 시도"라고 설명했다. 그가 다소 편파적이었을지 모르지만 과학계도 그의 의견에 전적으로 동의했다.

1930년대에는 복잡한 단백질과 DNA를 비롯한 많은 분자의 구조가 거의 알려지지 않았다. 이제 가장 간단한 수준에서 보면, 모든 단백질에는 아미노산 사슬이 포함되어 있고 인체에는 그런 사슬이 적어도 20가지 이상 존재한다고 알려져 있다. 단백질을 구성하는 아미노산, 즉 폴리펩타이드polypeptide 사슬을 구성하는 독특한 순서를 1차 구조라고 한다. 2차 구조는 이 사슬이 접히거나 주름이 잡히거나 고리 모양으로 감기는 방식을 말한다. 마지막으로, 3차 또는 3D 구조는 이렇게 접힌 모양을 이루거나 그것들끼리 추가로 상호작용을 하면서 생긴다.

도로시는 지식의 최전선을 밀고 나가는 여러 저명한 과학자 중 한 명이었다. 단백질을 연구하는 것은 결코 쉬운 일이 아니었다. 단백질은 자연적으로 결정 형성에 가담하지 않으며 그 3D 구조는 이해하기 어려운 것으로 판명되었다. 그런 단백질 중 하나가 위 속의 주요 소화 효소인 펩신인데, 펩신은 단백질을 폴리펩티드로 분해한다. 버널과 도로시는 펩신 결정체를 계속 젖은 상태로 유지하는 게 핵심 요소라는 사실을 깨달았다. 1934년 5월 26일, 그들은 지금까지의 연구결과를 최고 과학 잡지인 《네이처Nature》에 실었다. 논문 제목은 간단히 〈결정성 펩신의 엑스레이 사진〉이었다.

단백질 엑스레이 결정학 분야는 푸리에Fourier 변환과 패터슨Patterson 지도 같은 새롭고 복잡한 수학적 기법을 이종동형 치환과 결합하는 방법으로 발전하고 있었다. 노벨상을 받은 물리학자 닐스 보어Niels Bohr는 1913년 원자란 음전하를 띤 전자에 둘러싸여 있는 양전하를 띤 작은 분자라는 생각을 발전시켰다. 이종동형 치환은 단백질 구조를 건드리지 않고 거기에 전자 밀도가 높거나 '무거운' 원자를 추가해서 복잡한 분자의 엑스레이 회절 패턴을 해석하기 쉽게 만드는 것이다. 도로시는 연구 경력의 모든 단계에서 새로운 방법을 받아들이는 데 주저하지 않았다.

도로시는 이제 케임브리지에 정착해 버널의 실험실에서 인생을 즐겼지만, 옥스퍼드에서는 도로시를 되찾고 싶어 했다. 스물네 살이 된 1934년 도로시는 서머빌 대학의 연구 장학생 제안을 받아들여, 이례적으로 적은 교직을 책임지며 연구를 계속할 수 있었다.

옥스퍼드에서는 삶의 중심이 분자 구조를 이해하는 것만은 아니었다. 도로시는 두 팔 벌려 환영받았고 곧 대학 생활의 특징인 정기적인 차 모임과 저녁식사를 즐기면서 사회적으로도 자리를 잡게 되었다. 집중을 방해하는 사교 생활은 1937년 봄 절정에 이르렀다. 런던을 방문한 도로시는 서머빌 대학 학장 마저리 프라이Margery Fry와 함께 머물렀는데, 그곳에서 마저리의 사촌 토머스 호지킨Thomas Hodgkin을 만났다. 토머스는 옥스퍼드 발리올 칼리지에서 고전 1등급 학위를 취득하고 팔레스타인에서 1년간 지내다가 고향으로 돌아와 일자리를 찾고 있었다. 도로시는 그가 흥미롭고 카리스마 있는 인물이라는 것을 곧바로 알아보았다. 그건 사랑인 동시에 마음 맞는 사람과의 만남이기도 했다.

이번만큼은 도로시도 일에 집중하지 못하고 토머스에게 "당신의 절박함에 약간 골머리를 앓고 있다"고 편지를 썼다. 오래지 않아 그들은 약혼을 발표했고, 도로시는 매우 기뻐하며 "앞으로 무슨 일이 일어나든 오늘이 내 인생에서 가장 행복한 날이 될 것 같다"고 썼다. 이들은 1937년 12월 16일 결혼식을 올렸다.

토머스는 이때 컴벌랜드에 있는 '실직한 광부들을 위한 친구들의 자원봉사 서비스'라는 단체에서 역사 강사로 일하고 있었다. 도로시 역시 자기 일을 계속할 수 있기를 간절히 바랐다. 그러려면 먼저 기혼 여성들이 직장에서 일하는 것을 제한하는 관습인 결혼 빗장 문제를 해결해야 했다. 1920년대 중반에는 여성이 결혼하면 일을 포기하는 게 일반적이었다. 1944년에는 교직에서 그리고 1946년에는 공무원 부문에서 마침내 결혼 빗장이 폐지되었지만, 이미 한 세대의 기혼 여성들은 자기들이 그에 대비해 교육을 받고 또 실제로 능력을 발휘했던 직업을 포기하도록 강요당했다.

1937년, 스물일곱 살의 도로시는 영구 펠로십을 얻었고, 예상했던 대로 정식으로 사직서를 쓰게 되었다. 다행히 옥스퍼드는 도로시를 즉각 다시 부를 만큼 충분히 계몽되어 있었다. 점점 커진 도로시의 명성이 유리하게 작용했을 게 틀림없지만 다른 여성들은 그렇게 운이 좋지 않았다. 1930년대에는 의사나 변호사 같은 상위 전문직 종사자의 7.5퍼센트만이 여성이었고 기혼 여성 중 집 밖에서 일하는 사람은 12퍼센트뿐이었다.

이와 대조적으로 지금은 (2013년 영국 통계청 보고에 따르면) 초등학생 자녀를 둔 여성 중 적어도 60퍼센트가 유급 직장에 다니고 있다. 이 비율은 아이들이 나이가 들수록 현저하게 증가한다. 일이 제공하는 자극과 만족감을 좋아하는 도로시에게는 일이 필수적이었지만, 그 영구적이고 비교적 보수가 좋은 속성이 결혼 후에도 계속 일하고 싶다는 욕구를 불러일으켰는지도 모른다.

도로시와 토머스는 결혼 초반 토머스는 컴벌랜드에서, 도로시는 옥스퍼드에서 연구를 계속했기 때문에 합의하에 떨어져 살았다. 둘은 매일 편지를 썼고 주말이면 토머스가 옥스퍼드로 왔다. 제2차 세계대전이 눈앞에 다가오고 있었고 서머빌은 사상가와 정치 운동가와 사기꾼의 온상이 되었다. 반전 논리학자이자 철학자인 버트

런드 러셀Bertrand Russell 경과 롱포드Longford 경 부부(당시에는 프랭크와 엘리자베스 파켄엄Elizabeth Pakenham이라고 불렀던)가 옥스퍼드 디너파티에 참석했다. 좌파적 정치 분위기가 팽배했고 도로시는 정기적으로 노동당 클럽 회의에 참가했다.

도로시와 토머스는 각각 1938년, 1941년, 1946년에 태어난 루크와 엘리자베스, 토비 세 아이를 두었다. 도로시는 스물여덟 살 때 약간 안도하는 기분으로 첫 임신 소식을 알렸다. 옥스퍼드의 물리학자들은 도로시가 해로운 엑스레이의 영향에 지속적으로 노출되는 것에 우려를 표했고 도로시는 결혼 전에 건강검진을 받아야 할 필요성을 느꼈다. 그리고 운 좋게도 아무 문제가 없다는 진단을 받았다.

이제 도로시에게는 극복해야 할 또 다른 장애물이 생겼다. 결혼 빗장을 없애는 데 성공한 후 모성애와 일에 대한 서머빌의 태도를 문제 삼아야 했다. 고맙게도 학장 헬렌 다비셔Helen Darbishire가 도로시 편을 들어주었는데, 도로시는 헬렌을 "매우 다정하고 합리적인" 사람이라고 평했다. 도로시는 옥스퍼드에서 여성으로는 최초로 유급 출산휴가를 받았다. 영국에서는 1975년까지 법적인 출산휴가가 관례적으로 허가되지 않았다.

1938년 12월 20일 루크 하워드 호지킨Luke Howard Hodgkin이 태어났다. 도로시는 출산휴가 중 유방에 농양이 생겨 수술을 받았고 토머스는 교통사고를 당하는 등 힘든 일이 많았지만, 도로시는 다시 일을 시작할 준비를 했다. 그러던 중 류머티스성 관절염 급성 발작을 처음 겪었다. 스물여덟 살밖에 안 되었는데 관절이 뻣뻣하게 굳어서 위층에 올라가거나 옷을 입는 등의 일상적인 일이 몹시 고통스럽고 힘들어졌다. 할리가의 의사는 도로시를 더비셔주에 있는 벅스턴온천 마을에서 전문 클리닉을 운영하는 찰스 버클리Charles Buckley 박사에게 보냈다. 버클리는 온천에서 한 달간 요양하면서 머드팩과 파라핀 왁스 온수욕을 하고 금 주사를 맞으라고 처방했다. 버클리가 류머티스성 관절염이 자주 재발한다는 것을 알고 있었으므로, 도로시는 여러 가지 면에서 미래의 공격에 대비할 수 있었다.

통증과 점점 심해지는 장애를 제외하면, 도로시의 놀라운 집중력은 일과 가족을 위해 계속 노력하는 동안 큰 도움이 되었다. 당시에는 자녀를 둔 어머니가 일을 계속하는 건 드문 일이었지만, 1930년대 영국에서는 가정부를 고용하는 일이 꽤 흔했다. 입주 유모와 시간제 요리사와 청소부를 고용한 덕분에 도로시의 직장 복귀가 매우 용이해졌다. 도로시가 실험실에 있는 엑스레이 장비를 켤 수 없을 만큼 후유증은 뚜렷하게 나타났다. 그래서 고용한 엑스레이 기술자 프랭크 웰치Frank Welch는 도로시를 위해 긴 레버를 만들었고, 그렇게 작업은 계속되었다.

제2차 세계대전이 일어나자 도로시는 루크와 함께 시간을 보낼 수 있도록 근무 일정을 세심하게 조정했다. 도로시는 계속해서 도우미를 여러 명 고용했는데 그중에는 전쟁을 피해 달아난 난민도 있었다. 도로시는 전시 식량 배급도 잘 이겨냈다. 옥스퍼드 시절의 친구들은 학창 시절에 도로시가 얼마나 검소했는지를 이야기한 적이 있다. 직접 채소를 키웠고 놀랍게도 짬을 내서 루크가 입을 옷을 만들기도 했다.

도로시가 서른한 살이던 1941년, 보통 엘리자베스라고 불린 둘째 아이 프루던스 엘리자베스Prudence Elizabeth가 태어났다. 두 번째 출산이라 모든 게 지난번보다 쉬웠고, 엘리자베스는 순해서 잘 먹고 잘 컸다. 도로시는 토머스에게 보낸 편지에서 이렇게 썼다. "리스벳은 내 품에 안겨 있어요. 오늘 아침에 잰 몸무게가 9파운드 4온스였으니까, 생후 첫 8주 동안 일주일에 평균 7.5온스씩 몸무게가 늘어난 셈이에요." 도로시는 엘리자베스가 태어나고 몇 달 후 연구에 복귀했고, "어제 의기양양하게 대학 문을 들어섰고 그 후 10분 동안은 당연히 내 딸에 대해 자랑을 늘어놓다가 마지못해 회의를 시작했다"고 보고했다.

1946년 5월에는 토비 호지킨이 태어나 가족을 완성했다. 그의 탄생은 또 다른 기쁨으로 이어졌다. 도로시는 케임브리지의 생화학자 마저리 스티븐슨Marjorie Stephenson과 캐슬린 론스데일Kathleen Lonsdale이라는 두 여성에 이어 영국 학술원 회원으로 선출되었다. 캐슬린은 윌리엄 브래그 경의 제자로 도로시처럼 결혼해서 세 자녀를 두고 있었다. 영국 학술원은 영국과 영연방 전역에서 가장 저명한 과학자로 구성된 자치 단체다. 회원들은 자신의 연구 성과를 바탕으로 동료들의 검토 과정을 거쳐 선출되며 회원직은 평생 유지된다. 영국 학술원 회원으로 선출된 그 주에 도로시는 '약간 정신이 나간 듯한' 기분을 계속 느꼈다. 이런 의기양양함은 "나는 당신이 대학에서 학생들을 가르칠 뿐만 아니라 가족을 돌보면서 연구까지 병행하는 게 정말 훌륭하다고 생각한다. 나는 어쩌다 한 번 저녁 설거지를 하면서도 불평을 늘어놓는데 말이다"는 앨런 호지킨(토머스의 사촌, 미래의 노벨 생리학상 수상자)의 말을 비롯해 도로시가 들은 다른 이들의 논평과도 일치했다.

제2차 세계대전이 끝날 무렵, 토머스도 자기 일에서 성공을 거두었다. 컴벌랜드에서 수년간 성인들을 가르친 그는 옥스퍼드에서 새로운 교수직을 얻었고, 드디어 가족이 다시 만났다. 1948년에 토머스는 아프리카와의 연애에 몰두하게 되었다. 그는 아프리카 역사에 대한 광범위한 글을 썼고 아프리카가 자치 체제로 전환하는 데 열정적으로 참여했다. 1951년에는 독립 가나의 초대 대통령이 된 크와메 응크루마Kwame Nkrumah의 자문역을 맡았다. 1962년에 토머스는 가나 대학의 새로운 아프리카 연구소를 이끌기 위해 3년간 다시 가나에 가서 지냈다.

집에서는 토머스의 카리스마 넘치는 성격이 집안의 중심을 차지했지만, 그는 도로시가 하는 일을 적극적으로 지지했다. 하지만 돈이 빠듯해지자 도로시가 곧 가장 역할을 맡게 되었다. 1951년, 이들 가족은 브래드모어가의 아파트를 떠나 옥스퍼드 외곽의 집으로 이사했다. 도로시가 출퇴근하기는 힘들어졌지만 그래도 새로 이사한 파우더힐에는 점점 늘어나는 가족을 위한 넓은 정원이 있었다.

도로시의 최우선 과제는 과학 연구를 성공적으로 가정생활과 결합하는 것이었다. 1972년 교토에서 국제결정학연합 회장으로 개회사를 하면서, 일과 가족 양육에 관한 캐슬린 론스데일의 견해를 인용했는데, 그건 분명히 그 자신이나 작업 관행과도 관련이 있을 것으로 보인다. "도로시는 일하는 시간이 평균적인 노동조합원보다 최소 두 배 이상 길기 때문에 틀림없이 잠을 아주 조금 자야만 그 모든 일을 해낼 수 있을 것이다. 도로시는 어릴 때 받은 교육을 거슬러야 하고, 남들이 자기를 좀 특이하다고 여기더라도 거기에 신경 쓰지 말아야 한다. 또 이미 많은 일을 하고 있다고 느끼더라도 추가되는 책임을 기꺼이 받아들여야 한다. 하지만 무엇보다도 가능한 모든 순간에 집중하는 법을 배워야 하며 그렇게 할 수 있는 이상적인 조건을 요구해서는 안 된다."

이 모든 걸 할 수 있었던 도로시의 능력은 엑스레이 결정학 분야에서 중요한 결과를 얻어 가장 복잡한 생물학 분자 구조를 해결하는 데 성공하는 것으로 이어졌다.

1940년대 초에 도로시는 항생제의 광범위한 사용을 예고하여 치료약 분야에 혁명을 일으킨 약 페니실린을 연구했다. 1928년, 런던에 있는 세인트 메리 병원에서 일하던 알렉산더 플레밍Alexander Fleming은 포도상구균을 키우기 위해 사용한 배양접시에 우연히 곰팡이가 핀 것을 알아차렸다. 곰팡이 주위에는 박테리아가 없는 원이 형성되어 있었다. 플레밍은 그 곰팡이의 활성 물질에 페니실린이라는 이름을 붙였다.

옥스퍼드에서는 오스트레일리아인 하워드 플로리Howard Florey와 나치 독일에서 망명한 에른스트 체인Ernst Chain이 페니실린의 생체 내 효과를 조사했다. 그들이 진행한 한 중요한 실험에서는 치사량의 연쇄상구균을 주입한 쥐는 페니실린이 함유된 추출물을 섭취해야만 살아남는다는 사실이 증명되었다. 페니실린은 놀라운 약 같았지만 발효 과정을 거쳐서 대량 생산하는 데 시간이 많이 걸리고 비효율적이었다. 다시 말해 그 구조가 알려지기 전까지는 순수한 합성 페니실린을 생산하는 게 불가능했다.

도로시는 바바라 로Barbara Low와 함께 실험하면서 페니실린 결정을 키우는 게 쉽지 않다는 것을 알았다. 접착제처럼 지저분한 결정을 형성할 뿐만 아니라 정확한 화학식도 불분명했다. 1943년 7월, 황 분자가 발견되면서 페니실린에 들어 있다고 알려진 원자

(탄소, 수소, 질소, 산소, 황) 목록이 완성되었지만 각 원소의 원자 수와 화학식은 여전히 논의 중이었다.

미국인도 페니실린 구조를 알아내려고 열심히 애썼기 때문에 페니실린은 정치적인 성격이 매우 강한 분자이기도 했다. 미국 과학자들은 페니실린 나트륨염 결정을 얻는 데 성공했는데, 이는 도로시가 연구하던 것보다 분자 형태가 더 단순하기 때문에 그 구조를 추론하기가 쉬웠다. 도로시는 1942년 윌리엄 브래그 경이 사망한 이후 왕립과학연구소 책임자 자리에 오른 헨리 데일Henry Dale 경과 접촉해 미국의 머크사에서 견본을 얻는 데 도움을 받았다. 1944년 2월, 페니실린 10밀리그램을 실은 군용기가 영국에 도착했다. 데일의 동료이자 도로시처럼 엑스레이 결정학을 연구하는 캐슬린 론스데일이 이를 옥스퍼드에 있는 도로시에게 전달했다.

캐슬린이 가져온 결정체와 다른 페니실린염을 이용해 실험을 거듭하던 도로시와 바바라는 ICI 알칼리 부서에서 일하는 찰스 번Charles Bunn의 도움을 받아 첫 번째 데이터 세트를 내놓았다. 번은 엑스레이 회절 패턴의 광학 버전을 결정체에서 얻은 실제 버전과 비교하는 '플라이 아이fly's eye' 기법을 처음 이용한 선구자였다. 이 방법은 분석 속도를 크게 높였다. 이 프로젝트에서는 또 너무나 많은 데이터가 생성되었기 때문에 도로시는 홀러리스Hollerith 천공카드 기계라고 하는 초기 형태의 컴퓨터를 사용했다. 1945년에 구조가 드러나면서 그들은 페니실린 분자가 처음 의심했던 것처럼 길쭉한 형태가 아니라 돌돌 말린 상태로 존재한다는 것을 알게 되었다. 여기서 가장 중요한 건 도로시가 페니실린 원자의 3D 위치를 확실하게 입증함에 따라 엑스레이 결정학이 생물학 분자의 구조를 분석하는 결정적인 기법으로 자리 잡은 것이다.

당시에는 도로시의 기여가 국내외적으로 알려지지 않았는데, 이는 산업 기밀 유출을 우려했기 때문이다. 도로시를 '더없이 기분 좋게' 한 강렬한 지적 만족감 때문에 결국 페니실린과 관련된 모든 이야기를 담은《페니실린 화학The Chemistry of Penicillin》이라는 책이 1949년에 출간되었다. 원자 39개로 이루어진 페니실린은 작지만 아주 강력한 분자로, 새로운 항생물질의 시대와 무시무시한 세균성 감염증의 종식을 예고했다.

도로시는 일터에서 이렇게 승승장구하고 국제적인 명성과 입지도 점점 높아졌지만 옥스퍼드의 계급주의는 여전히 제대로 인정해주지 않았다. 도로시는 결국 10년간의 광범위한 연구 활동 끝에 서른다섯 살이 되어서야 처음으로 정식 교직원이 되어 화학 결정학 실습 조교로 일하게 되었다. 이건 가족의 재정 상태를 개선하는 데는 즉각적인 효과가 있었지만 안타깝게도 근로 조건은 개선되지 않았다. 도로시는 대학 박물관의 비좁고 부적합한 환경에서 12년을 더 보내게 된다.

도로시가 세계적인 결정학자로 입지를 굳힌 건 1950년대 초인데, 당시 일하던 실험실의 주된 관심사는 비타민 B_{12}였다. 비타민 B_{12}는 건강한 적혈구 생성과 중추신경계 기능에 중요한 역할을 하는 필수 비타민이다. 비타민 B_{12} 결핍은 합성 보충제를 복용하면 치료할 수 있다. 1926년 미국 과학자 조지 마이넛George Minot은 간에서 추출한 물질로 자기면역질환인 악성 빈혈을 치료할 수 있다는 사실을 증명했다. 나중에 이 추출물에 비타민 B_{12}가 함유되어 있다는 사실이 밝혀졌고, 1948년 미국 머크사 화학자들이 첫 번째 결정체를 손에 넣었다.

비타민 B_{12}에는 원자가 거의 200개 포함되어 있는데, 생물학적 분자 기준으로 별로 크지 않지만 당시 분석해야 하는 원자들 중에서는 단연코 가장 컸다. 도로시가 비타민 B_{12} 분석에 성공한 데는 두 가지 요인이 작용했다. 비타민 B_{12}의 정확한 화학식은 아직 알려지지 않았지만, 엑스레이 결정학 분석에 사용된 패터슨 지도Patterson map에 나타날 정도로 무거운 코발트 원자가 함유되어 있다는 사실은 알려져 있었다. 중원자重原子가 이미 함유되어 있는 분자를 연구한 도로시는 케임브리지 대학의 과학자 맥스 퍼루츠Max Perutz와 존 켄드루John Kendrew보다는 손쉬운 작업을 한 셈이었다. 그들은 이종동형 치환을 이용해 중원자를 인위적으로 추가해서 단백질 분자를 분석했다.

머크사에서 일하는 미국 과학자들과 영국 과학자들은 이 구조를 알아내기 위해 치열한 경쟁을 벌였지만, 도로시의 풍부한 데이터 해석 경험이 진가를 발휘했다. 도로시는 무거운 코발트 원자에 해당하는 엑스레이 회절 패턴을 분명히 볼 수 있었지만, 무언가 다른 물질의 모호한 이미지도 보았다. 1951년 스톡홀름에서 열린 제2차 국제결정학회에서 도로시의 강연을 들은 젊은 박사과정 학생 데이비드 필립스David Phillips는 나중에 이렇게 말했다. "도로시는 (…) 꼭 '피롤 고리pyrrole ring'가 잔뜩 모여 있는 것처럼 보인다. 다른 사람들 눈에는 아무것도 보이지 않았기 때문에 다들 멍한 표정으로 도로시를 쳐다보기만 했다. 나는 그날 도로시와 그가 연구 주제를 대하는 창의적이고 고무적인 방식을 처음 접했다. 전자 밀도 지도의 해석에 의존하는 방식은 완벽한 화학적 이해가 뒷받침되기에 가능한 것인데 그 사실을 전면에 내세우는 경우는 거의 없었다."

도로시의 성공에 도움이 된 또 하나의 요소는 홀러리스 기계의 초기 모델이었다. 세계 최초의 자동 데이터 처리 시스템은 미국 통계학자 허먼 홀러리스Herman Hollerith가 개발했는데, 그는 1890년 미국 인구 조사 결과를 계산하기 위해 이 기계를 처음 썼다. 그러나 미국의 결정학자 켄 트루블러드Ken Trueblood의 도움으로 이보다 성능이 뛰어난 컴퓨터를 사용할 수 있게 된 후에야 비로소 상당한 진척이 이루어졌다. 트루블러드는 당시 캘리포니아 대학 로스앤젤레스에서 미국표준국의 웨스턴자동컴퓨터SWAC라는 강력한 컴퓨터로 작업하고 있었다. 하지만 SWAC가 있어도 일은 쉽게 진행되지 않았다. 트루블러드는 원자 하나의 위치를 잘못 계산하는 실수를 저질렀다. 일에 혹사당하던 그는 "지난 사흘 동안 14시간밖에 못 잤는데 이런 타격까지 입다니 견디기 힘들다"고 보고했다.

비타민 B_{12}의 구조가 서서히 모습을 드러내자 도로시와 동료들의 기여가 인정을 받았다. 미국의 생화학자 라이너스 폴링Linus Pauling은 도로시에게 이런 편지를 썼다. "당신이 비타민 B_{12}로 진행한 멋진 작업을 축하하기 위해 편지를 드립니다. 엑스레이 결정학을 효과적으로 활용해서 그렇게 복잡한 분자 구조를 알아내다니 매우 만족스러운 동시에 믿기 어려울 정도네요." 폴링의 인정이 중요한 이유는 그가 원자가 결정체를 형성하는 방식과 관련된 여러 가지 규칙을 만들었기 때문인데, 이제 그에게 보여줄 증거가 생겼다.

1954년 도로시는 B_{12}의 부분적인 구조를 공개했고 2년 뒤에는 비타민 B_{12} 전체의 잠정적인 구조를 공개했는데 둘 다《네이처》에 발표했다. 그 구조는 이전에 예상치 못했던 화학적 배치인 코린 핵

corrin nucleus의 존재를 드러냈다. 연구가 진행된 8년 내내, 미국과 영국에서 이 연구에 관여한 여러 실험실이 각자의 중요성을 내세우는 바람에 문제가 되었다. 도로시는 계속 공정하려고 애썼고《네이처》에 실린 논문 두 편에서도 연구에 관여한 모든 과학자의 공로를 인정하고 그들 이름을 저자로 올리는 등 여러모로 신경을 썼다. 브래그는 훗날 비타민 B_{12}의 구조를 밝혀낸 도로시의 업적을 현장에서 "음속 장벽을 깬" 것과 마찬가지라고 설명했다. 이제 생명을 구하는 이 비타민의 전체적인 구조가 밝혀진 덕에 대량 생산이 가능해졌다.

1960년, 쉰 살이 된 도로시는 드디어 울프슨 영국 학술원 연구교수라는 자리에 임명되었다. 봉급이 꽤 많은 안정적인 자리라서 연구에 쓸 돈도 생기고 학생들을 가르치는 책임에서 자유로워질 수도 있었다. 이 소식을 들은 도로시는 가나에 있는 토머스에게 전화를 걸려고 했다. 하지만 토머스와 연락하는 데 좀 어려움이 있어서 전화 교환원은 전화선을 계속 열어두면서 그 비용을 도로시에게 청구해야 했다. 마침내 행복한 소식이 전달되었지만 중간에서 그 이야기를 들은 전화 교환원의 생각은 명확했다. "세상에, 무슨 의자 하나 가지고 이렇게 야단법석을 떨어요! 어쨌든 의자를 갖게 되었다니 그게 세상에서 가장 편안한 의자였으면 좋겠네요."(교수 자리를 뜻하는'chair'를 의자로 이해해서 한 말-옮긴이)

도로시는 1960년대 초에 거의 40년 동안 자기 골머리를 썩인 분자 연구로 돌아갔다. 췌장에서 생성되는 인슐린 호르몬은 혈액 속의 당분 양을 조절한다. 자기면역질환인 제1형 당뇨병의 경우 면역체계가 췌장 세포를 공격해서 세포를 파괴하고 인슐린 생성을 줄이므로 인슐린 주사를 놓는 것이 이 병의 유일한 치료법이다.

1922년 1월, 열네 살 소년 레너드 톰슨Leonard Thompson은 인슐린 주사를 맞아 생명을 얻고 당뇨병을 다스린 최초의 당뇨병 환자가 되었다.

인슐린은 1926년 결정이 처음 발견되었지만 아직 엑스레이 결정학을 이용해서 그 구조를 연구한 사람은 없었다. 1930년대 초에 도로시는 인슐린 결정체가 너무 작아서 그걸 다시 녹여 더 크게 키우는 게 힘들다는 것을 알았다. 하지만 결국 그 작업에 성공해서 유레카의 순간을 맞았다. 꽃처럼 생긴 인슐린 결정체를 처음으로 엑스레이 사진으로 찍은 것이다. 1935년 도로시는 이 연구결과를 《네이처》에 발표했다. 스물다섯 살에 처음으로 단독 논문 저자가 된 것이다. 하지만 인슐린 분자의 전체 구조를 파악한 건 이종동형치환이나 복잡한 수학/컴퓨터 분석 같은 기술이 많이 활용된 35년 뒤의 일이다.

1960년대에 도로시에게는 많은 동료가 있었고 영국 학술원과 과학연구회의 자금 지원도 받았다. 도로시에게 화학을 배운 마저리 에잇킨Marjorie Aitkin과 베릴 리머Beryl Rimmer는 최초의 인슐린 중원자 파생물을 연구했다. 그들은 덴마크 화학자 예르겐 슐리히트크룰Jørgen Schlichtkrull이 제공한 결정을 사용했는데, 그는 딸이 당뇨병을 앓고 있어서 인슐린에 관심이 많았다. 그가 준 결정에는 6분자체 하나당 아연 원자가 2개 또는 4개 포함되어 있었다. 그 이미지는 해석하기가 매우 어려웠기 때문에 염분 농도가 어떤 결정이 형성되는지에 영향을 미친다는 사실을 깨닫기 전까지 도로시와 팀원은 혼란에 빠졌다. 염화물의 농도가 너무 높으면 아연이 4개인 버전이 생성되었다.

결정학 분야에서는 이런 기술적인 문제가 여전히 흔했다. 컴퓨터가 더 널리 보급되고 정교해지기 전까지는 방대한 데이터를 해석하는 것도 문제였다. 도로시는 경력의 모든 단계에서 최신식 컴퓨터를 이용했다. 캘리포니아 공과대학에서 일하다가 1955년 이 연구실에 합류한 존 롤렛John Rollett은 결정학 분석을 위한 컴퓨터 프로그램을 개발하는 데 매우 능숙해졌다. 1961년 수학자 엘리너 도슨Eleanor Dodson(결혼 전 성은 콜리어Collier)도 도로시 연구실의 컴퓨터 전문가가 되었다.

케임브리지에 있는 도로시의 친구 맥스 퍼루츠의 실험실에서 일하던 마이클 로스먼Michael Rossman과 데이비드 블로David Blow도 중요한 역할을 했다. 그들의 연구는 이종동형 치환 이후로 복잡한 단백질 구조를 해결하기 위한 다음 이정표가 되었다. 그들은 결정체의 하위 단위들 간의 긴밀한 관계를 연구하려고 수학적인 방법을 개발했다. 그리고 회전과 변환을 이용해 인슐린이 6합체라는 것을 증명했다. 인슐린 분자의 아단위 6개는 두 개씩 쌍을 이루어 이중 축에 따라 서로 연결되고(한 선에 대해 180도 회전) 삼중 축에 직각을 이룬다(한 선에 대해 시계 반대 방향으로 120도 회전).

이렇게 복잡한 구조를 밝혀낸 건 참여한 이들에게 중요한 의미가 있었다. 39개 원자로 구성된 페니실린과 181개 원자로 이루어진 비타민 B_{12}의 구조를 밝혀낸 도로시가 이제 원자 777개로 구성되어 지금껏 연구한 물질 가운데 가장 큰 분자인 인슐린의 구조를 알아낸 것이다. 블로는 나중에 2D 데이터를 보고 머릿속에서 3D 구조를 그려내는 도로시의 능력에 깊은 감명을 받았다고 말했다. 컴퓨터가 갈수록 중요한 역할을 하기는 했지만, 비타민 B_{12}의 경우처럼 이 작업도 도로시가 자기 앞에 놓인 데이터를 직관적으로 이해한 덕분에 진전될 수 있었다.

마저리 에잇킨의 연구 내용은 1966년에 공개되었다. 그 후 몇 년 동안, 몇 가지 요인 덕분에 실험실에서 더욱 완전한 구조를 도출할 수 있게 되었다. 엘리너와 결혼한 생화학자 가이 도슨Guy Dodson은 벵갈루루의 마만나마나 비야얀Mamannamana Vijayan과 함께 일하면서 서로 다른 중쇄heavy chain 파생물 다섯 개에서 회절 패턴을 총 6만 개 얻었다. 이건 새로운 방법을 이용해서 만든 것인데, 그는 인슐린 결정에서 아연 원자를 제거하고 다른 금속으로 아연을 대체했다. 그리고 이 납과 카드뮴 파생물을 1968년에 발명된 매우 정확하고 빠른 최신식 회절계로 분석했다.

인슐린 구조는 1969년 9월 《네이처》에 발표되었는데, 이 논문에는 저자 이름이 열 명 등재되었고 그밖에도 과학자 스물세 명의 기여를 인정했다. 이는 수많은 과학자가 관여한 길고 복잡한 발견 과정과 모든 사람의 기여가 인정되는 모습을 보고 싶어 한 도로시의 열망을 모두 드러낸다. 다른 과학자들을 경쟁자로 여기지 않았던 도로시는 관련된 이들의 이름을 모두 열거했다. 중요한 건 누가 문제를 해결했느냐가 아니라 문제가 해결되었다는 사실이다. 오늘날 과학 논문에는 저자가 스무 명 넘게 등재되는 경우도 흔하고 특히 유전학 분야가 그렇다. 하지만 1960년대에는 그리 흔한 일이 아니었다. 도슨을 비롯한 많은 저자는 그 이후에도 오랫동안 인슐린 연구를 계속했다.

국제적으로도 인정받게 된 도로시는 자기가 영향력을 행사하고 사람들을 설득할 수 있는 특별한 위치에 있다는 것을 깨달았다. 도로시는 어머니에게 많은 감화를 받았고, 10대 때 어머니와 함께 참석했던 국제연맹 총회에서 받은 인상이 계속 머릿속에 남아 있었다. 어머니 몰리처럼 도로시도 전 세계에 친구가 있었다. 도로시는 과학계에서 의사소통과 협업이 얼마나 중요한지 알고 또 사람들을 편견 없이 대했기 때문에 국제 관계와 과학적 상호작용을 촉진하기에 안성맞춤인 위치에 있었다. 그 자신의 설명처럼, "전쟁이 끝났을 때 결정학자들이 가장 먼저 해야 할 일은 모든 사람이 만나 정보를 교환할 수 있는 국제결정학연합을 만드는 것이었다." 그건 지극히 무해한 목표처럼 보였지만 여기에 공산주의 국가들까지 포함시키는 건 매우 어려웠다.

도로시는 1930년대 당시 케임브리지에 만연했던 반전 좌파 정서의 영향을 받았다. 사회주의에 대한 태도는 강경한 이념주의와는 거리가 멀었다. 그보다는 과학이든 아니면 다른 분야든 상관없이, 남녀 모두 자기가 선택한 분야에서 동등한 기회를 얻기를 바라는 개인적 소망이 투영된 것이었다. 여행을 많이 다닌 도로시는 베트남, 러시아, 중국 같은 나라들의 생활을 직접 목격했고, 겸손한 태도로 열심히 일하는 그곳의 지역사회와 훌륭한 학교나 병원에 마음이 끌렸다. 도로시는 몇몇 공산주의 지도자의 폭정을 전혀 몰랐던 건 아니지만, 당시 도로시나 다른 사람들이 그런 정권들이 드러낸 최악의 상황을 얼마나 알고 있었는지는 여전히 논쟁할 여지가 있다. 하지만 도로시는 세간의 주목을 받거나 자신의 관점을 내세우는 것을 두려워하지 않았다.

도로시는 중국을 정기적으로 방문했다. 1950년대 후반의 중국에는 과학연구라는 게 거의 존재하지 않았다. 1949년 마오쩌둥이 집권한 뒤 농업과 산업 생산성을 높이려고 애쓰면서 1953년 제1차 5개년 계획을 시작으로 1958년에는 대약진 정책을 펼쳤다. 과학은 갈수록 부르주아적이고 지적인 학문 분야로 취급되었으며 생산성 향상에 도움이 될 때만 예외였다. 여기서 한 가지 예외가 인슐린 합성 프로젝트였는데, 이건 기초 연구를 촉진하겠다는 중국 정부의 형식적 제스처였다.

도로시가 여덟 차례 중국을 방문하던 중 그 일에 참여하는 과학자들의 열정에 매우 감동한 적이 있다. 당시 중국인들은 자신들의 연구결과를 서양 잡지에 게재하는 게 허용되지 않았기 때문에 도로시의 개인적 방문이 그들에게 매우 중요했다. 1967년에 중국인들은 인슐린 구조를 독자적으로 규명했는데, 도로시의 연구 발표 이후 2년 만의 일이었다. 중국 정부는 이 업적을 인정하지 않았지만 도로시가 그 결과를 세계에 알렸다. 도로시가 그들과 계속 연락을 유지한 덕에 중국 결정학자들은 1976년에 마오쩌둥이 죽고 그의 정권이 몰락한 뒤 좀더 유리한 위치에서 국제적인 연구에 참여할 수 있었다.

1970년대 도로시는 국제결정학연합과 영국과학진흥협회 회장을 맡았고, 퍼그워시 회의Pugwash Conference를 주재했다. 후자는 도로시가 실험실과 세계무대에서 보여준 활동의 성격을 완벽하게 축약한다. 리제 마이트너(8장 참조)처럼 도로시도 과학적 책임, 특히 과학자들이 잠재적으로 위험하거나 윤리적인 문제가 있는 발견을 인정해야 한다고 열정적으로 설파했다. 퍼그워시 회의는 1955년에 버트런드 러셀과 알베르트 아인슈타인이 함께 작성한 선언문에서 영감을 얻었다. 두 사람은 이 선언문에서 전 세계 지도자들에게 핵 군축을 촉진하고 평화적인 방법으로 분쟁을 해결하라고 촉구했다. 이들의 사명은 과학과 세계정세가 맞물리는 지점에서 과학적 통찰력과 기술개발을 활용해 문제를 해결하는 것이었다.

도로시는 1957년에 캐나다에서 열린 제1회 퍼그워시 회의에는 참석하지 않았지만, 절친한 캐슬린이 1962년 런던에서 열린 회의에 참석하라고 권했다. 그 후 10년 동안 도로시는 자신이 퍼그워시의 중요한 자산임을 입증했고, 1975년에는 예순다섯의 나이로 의장직에 올랐다. 이 단체는 도로시가 명목상의 대표 이상의 존재라는 것을 분명히 알고 있었다. 뛰어난 인맥 확장 기술을 갖춘 도로시는 러시아나 중국 같은 나라의 과학계 인사들에게도 잘 알려져 있어서 그들의 신뢰를 받았다. 또 개발도상국에도 뜨거운 관심을 보였으며, 자신의 아이디어를 일관성 있고 설득력 있게 제시하는 능력이 있었다.

도로시는 막후에서 조용히 동구 국가들과 연락 라인을 열어둠으로써 동서 관계의 해빙을 위해서도 노력했다. 영국의 핵 군축 운동과 유럽의 다른 유사한 단체들에 대한 지지가 크게 늘어나면서 대세가 역전되고 있었다. 1983년 도로시는 중요한 연줄을 이용했는데, 바로 자신이 예전에 화학을 가르쳤던 마거릿 대처Margaret Thatcher였다. 도로시는 수상의 지방 관저에서 대처 수상을 만나 소련과 관계를 논의하기로 했다. 두 사람의 정치관은 상당히 달랐을지 몰라도 서로 의견을 존중했고, 결국 도로시의 공헌은 영국인이 아니라 1987년 일흔일곱 살의 도로시에게 레닌 평화상을 수여한 소련 국민이 인정해주었다.

도로시는 무엇보다 사람들을 걱정했다. 세계무대에서 과학이나 인도주의적 이상을 고취하든 아니면 실험실에서 일하든, 적절한 근로 조건을 만드는 게 중요했다. 도로시가 일하던 실험실의 여러 부분은 오늘날 과학자들에게도 익숙할 테지만, 몇몇 부분은 크게 달랐다. 1960년대에 도로시와 함께 인슐린을 연구한 시바라즈 라마세스한Sivaraj Ramaseshan은 인도 연구소의 예의를 차리는 분위기와 매우 생산적이기는 해도 형식에 얽매이지 않는 도로시 실험실의 분위기 차이에 충격을 받았다. 그는 "날씨가 좋은 날에는 크리켓 경기를 보고 술집에 가곤 했다……. 휴식과 과학 연구라는 두 가지 관점에서 보면, 그 시절은 내 인생에서 가장 행복한 시기였다"고 말했다. 그리고 벵갈루루에서 시바라즈와 함께 일한 M. A. 비슈바미트라M. A. Viswamitra도 도로시의 연구실에서 한 경험을 칭찬하면서 이렇게 말했다. "연구원들의 집을 방문한 것도 우리의 성공에 도움이 되었다. 우리는 결정학 이야기를 나눴을 뿐만 아니라, 실험실에 돌아가면 어떻게든 더 잘할 수 있을 거라는 기분을 느꼈다."

당시에는 남자들은 성을 부르고 여자들은 ~양이나 ~부인이라고 부르는 게 일반적인 관습이었지만, 도로시 실험실 사람들은 다들 이름을 불렀다. 도로시는 자신을 페미니스트라고 여기지는 않았지만 양성 평등을 우선시했다. 한번은 자기 학생이 결혼했다는 이유로 연간 보조금이 삭감되었다는 사실을 알고, 여성에 대한 정당한 급여 지불 정책을 옹호했다. 도로시는 과학산업연구부에 편지를 썼다. "결혼 당시 내가 우리 가족을 부양하기에 충분한 월급을 받지 못했다면, 지금까지 이룬 것만큼의 과학 연구를 절대 수행할 수 없었을 겁니다." 도로시의 호소는 통했다. 비록 정책이 공식적으로 바뀐 건 아니고 예외적인 상황이긴 했지만, 원래 받기로 했던 보조금 액수가 유지된 것이다.

대학생과 노동자들의 복지는 항상 도로시의 주된 관심사였다. 도로시는 1965년 해외에서 온 대학원생들을 위해 옥스퍼드에 리네커 칼리지를 설립했다. 또 여성들을 위해 낡아빠진 고용 규정을 바꾸는 데도 중요한 역할을 했다. 1960년대 말에 도로시는 버밍엄 대학의 행정 문제를 조사하기 위해 발족한 위원회에 참여하게 되었다. 그 대학과 옥스퍼드에서 파트타임으로 일하는 여성들이 많았는데 그들은 제대로 된 계약서도 없이 일했다. 그중 한 명이었던 엘리너 도슨은 이렇게 말했다. "도로시는 옥스퍼드로 돌아오자마자 내게 근로 계약서를 작성해주었다……. 서머빌 칼리지에서 제대로 된 직업을 갖고 있었고 (…) 임신 출산 기간에도 학교에서 급여를 받은 것이 큰 도움이 되었다."

도로시는 예순일곱 살이 된 1977년 울프슨 교수직에서 은퇴했지만, 그 뒤에도 계속 옥스퍼드 결정학과에 자기 근거지를 두고 거기서 책도 읽고 글도 쓰고 지나가는 학생들에게 조언도 해주었다. 다양한 조직에 대한 열정과 참여도 변함없이 계속되었다. 영국 대학들은 1960년대와 1970년대에 변화의 시기를 겪으면서 학생들의 목소리가 점점 더 커져가고 있었다. 브리스톨 대학도 예외는 아니었다. 학생들이 '도로시 호지킨이 좋은 후보'라며 추천한 뒤, 도로시는 영국 대학 역사상 처음으로 평민 출신 여성 총장이 되었다. 도로시는 1970년부터 1988년까지 이 직책을 맡았고 학생들의 권익을 강력하게 옹호했다. 도로시가 브리스톨 대학에 남긴 많은 유산 중에는 해외에서 온 학생들을 위한 호스텔인 호지킨 하우스와 남아프리카인을 위한 유니언 호지킨 장학회 등이 있다.

도로시는 과학계에 남긴 유산으로 가장 많은 이에게 기억될 것이다. 1945년에는 페니실린의 분자 구조를 파악했고, 1956년에는 비타민 B_{12}, 1969년에는 인슐린, 그리고 수많은 다른 단백질 구조를 엑스레이 분석으로 발견했다. 도로시가 새로운 발견을 할 때마다 연구하는 분자의 크기와 복잡성이 증가했고 결정학 분야도 발전했다.

특히 1950년대는 단백질의 구조와 그것이 단백질 기능과 어떤 관계가 있는지 분석하는 데 열을 올린 시기였다. 1954년에 코넬 대학의 빈센트 뒤 비뇨Vincent du Vigneaud는 인공적으로 만들어진 최초의 자연 발생 단백질인 옥시토신 호르몬을 합성했다. 1956년에 단백질의 3차원 구조가 아미노산 서열과 연결되었고, 그 덕분에 1957년에는 존 켄드류가 근육에서 산소를 운반하는 단백질인 미오글로빈myoglobin의 3차원 구조를 처음으로 확인했다. 그리고 1959년에는 맥스 퍼루츠가 헤모글로빈의 3차원 구조를 발견했는데, 이는 그가 프로젝트를 처음 시작한 날부터 23년 만에 거둔 성과다.

켄드류와 퍼루츠는 도로시보다 2년 앞선 1962년 노벨상을 공동 수상했다. 도로시는 몇몇 중요한 분자의 구조를 밝혀냈을 뿐만 아니라 화학이라는 학문 자체의 한계를 확장한 공로로 노벨상을 받았다. 그는 다른 사람들이 불가능하다고 여긴 프로젝트를 선택함으로써 분자 구조를 이용해 생물학적 기능을 설명하는 현대 과학의 특징 중 하나가 확립되도록 도왔다. 그리고 단백질 구조를 파악한 덕에 약물 개발을 위한 표적 연구도 가능해졌다.

당시에는 물리학 분야에서 들여온 엑스레이 결정학이 전통적인 화학적 분석법에 비해 유효한 기술로 인정받지 못했지만, 도로시의 연구결과는 다른 사람들이 단백질 구조에 대한 연구를 발전시키고 확장할 수 있게 도와주었다. 페니실린의 핵이 탄소 원자 3개와 질소 원자 1개로 이루어진 고리 모양이라는 사실이 밝혀지자, 과학계에서는 너무 불안정한 구조라 자연계에서 존재하기 힘들다며 믿을 수 없다는 반응을 보였다. 존 콘포스John Cornforth라는 화학자는 "만약 페니실린 화학식이 그런 것이라면, 나는 화학을 포기하고 버섯이나 키우겠다"고 선언했다. 하지만 도로시의 화학식은 정확했고 화학적으로 변형된 페니실린 합성의 출발점이 되었다. 페니실린 분자에 대한 도로시의 연구가 너무 늦게 끝나는 바람에 전시에는 페니실린을 합성할 수 없었지만, 전쟁 기간에 얻은 구조적인 지식은 전쟁이 끝난 뒤 더 편리하게 투여할 수 있고 더 효과적이며 부작용도 적은, 페니실린과 유사한 항생제를 개발하는 데 매우 유용하게 쓰였다.

비타민 B_{12}는 처음으로 구조가 밝혀진 유기금속 화합물로, 페니실린과 마찬가지로 그 구조를 통해 예전에는 몰랐던 특징들이 밝혀졌다. 코린핵은 중앙에 있는 코발트 원자를 둘러싼 질소와 탄소 원자의 이상한 고리로 이루어져 있는데, 이 원자들의 새로운 결합 방식이 비타민의 생물학적 기능에 대한 단서를 제공했다.

오늘날에는 결정학의 많은 작업이 자동화되어 몇 시간 혹은 며칠이면 끝난다. 하지만 도로시 시대에는 그 작업이 수년 혹은 수십 년씩 걸렸다. 도로시의 트레이드마크는 지적 활력과 직관의 조합이었다. 놀라운 업적을 거두었으면서도 항상 겸손하고 현실적이었으며, 한 기자에게 "내 인생의 90퍼센트는 실패에 대처하는 시간이었고, 성공은 어쩌다 한 번씩 찾아왔을 뿐이다"라고 말하기도 했다.

그 세대의 다른 결정학자들과 달리 도로시는 어떤 특정한 기술적 발전과 연관되어 있지는 않지만 항상 새로운 컴퓨터 기술을 활용하기를 열망했고 결국 이로써 인슐린 구조를 규명했다. 이제 인슐린 구조가 알려졌기 때문에 생물학자들은 인슐린이 어떻게 만들어지고, 어떤 수용체와 결합하며, 어떻게 몸 전체로 운반되는지에 초점을 맞추고 있다. 이런 지식으로 무장한 유전공학자들은 인슐린의 화학작용을 변화시켜 당뇨병 환자들이 얻는 이점을 개선할 수 있다.

도로시는 자기가 연구하는 과학에 열정적이었을 뿐만 아니라 학생들이나 그들의 경력에도 관심이 많았다. 영국과 해외 출신 과학자들이 모인 팀은 마치 대가족 같은 분위기였고, 도로시는 그들이 팀을 떠난 뒤에도 오랫동안 긴밀하게 접촉을 유지했다. 어떤 사람은 도로시가 "선생님, 어머니, 친구, 인도자를 하나로 합친 듯한 인물이었다"고 말했다. 그중 상당수는 제니 글러스커Jenny Glusker, 주디스 하워드Judith Howard, 폴린 해리슨Pauline Harrison, 엘리너 도슨 같은 여성들이었다.

도로시의 제자들은 독립해서 자기들만의 성공적인 연구실을 구축했다. 핵심 인물인 가이 도슨은 강사로 일하다가 1976년 요크 대학 화학과 교수가 되었다. 자기 스승처럼 인맥 형성의 명수인 도슨은 제약업계와 긴밀히 협력해서 당뇨병을 치료하기에 적합한 변형 인슐린을 개발했다.

도슨이 죽은 지 1년 뒤인 2013년 《네이처》에 그에게 헌정된 논문이 실렸는데, 그의 연구실에서 일하면서 이 논문을 쓴 과학자들은 인슐린 작용 방식을 이해하는 데 중요한 진전을 이룬 새 연구에서 중추적 역할을 했다. 이 연구는 호르몬-수용체 복합체의 존재를 처음으로 확인해주었고, 인슐린이 수용체와 결합하면서 구조 변화를 겪고 수용체의 핵심 요소들도 재형성된다는 것을 보여주었다. 인슐린이 발견된 지 90년, 그리고 도로시가 그 구조를 규명한 지 43년이 지난 지금, 이 물질은 핵심적인 생물학 과정을 시각화하는 엑스레이 결정학과 구조 생물학의 힘을 시기적절하게 일깨워준다.

오늘날 엑스레이 결정학은 그 어느 때보다 중요하다. 2003년에는 인간 게놈 프로젝트로 사람 몸속에 있는 DNA 세트 전체를 구성하는 문자 30억 개, 즉 염기쌍의 순서가 밝혀졌다. 이 시퀀스에 포함된 유전자는 단백질로 번역되는데, 그 구조는 아직 거의 알려져 있지 않다. 단백질은 지금도 결정화하기가 어렵지만, 매우 강력하고 가는 엑스레이 빔을 생성하는 다이아몬드 싱크로트론Diamond Synchrotron(영국은 디드콧Didcot) 같은 새롭고 자동화된 고속 분석 장비를 사용할 수 있다. 알츠하이머병, 운동신경세포질환, 암 같은 병과 관계된 복잡한 분자 구조를 이해하면 이런 난치병에 적합한 치료법을 개발할 수 있다.

도로시가 한 연구의 중요성이 명백해지면서, 도로시와 다른 사람들은 곧 노벨상을 받게 되리라는 것을 짐작하고 있었다. 하지만 과학자가 연구를 진행한 시기와 노벨상 수여 시기 사이에 시차가 상당한 경우도 있다. 비타민 B_{12}와 페니실린 구조를 밝혀낸 지 각각 8년과 15년이 지난 1964년, 도로시는 노벨 화학상을 단독으로 수상했다.

2018년 현재까지 도로시는 과학 분야에서 노벨상을 수상한 유일한 영국 여성이다. 노벨 화학상이 전 세계 여성들에게 수여된 비율은 2퍼센트가 조금 넘는 수준이다. 이 상은 '엑스레이 기술을 이용해 중요한 생화학물질의 구조를 밝혀낸 공'으로 받은 것이다. 영국 언론은 도로시가 받은 상에서 가장 중요하다고 생각되는 측면, 즉 주부로서 역할과 어머니로서 역할에 초점을 맞추었다. '상냥하게 생긴 주부'가 '전혀 주부답지 않은 기술, 즉 화학적으로 중요한 물질의 결정체 구조'로 상을 받았다고 한 《옵저버Observer》의 반응이 대표적이다. 도로시는 자기 삶의 모든 측면을 성공적으로 결합하지 못할 이유가 없다고 생각했지만, 당시 그런 일을 가능케 한 능력은 매우 이례적이었다.

1년 뒤인 1965년에는 메리트 훈장Order of Merit도 받았다. 예술, 과학, 공공복지에 실질적으로 기여한 공을 인정해 여왕이 개인적으로 수여하는 이 훈장은 한 번에 24명만 받을 수 있어서 영국 시민에게는 최고의 영광이다. 결정학 분야에 대한 도로시의 공헌은 주로 과학적 업적으로 이어지지만, 몇몇은 예술적인 방식으로 전해지고 있다. 도로시를 모델로 한 초상화와 조각품이 많은데, 그중에는 매기 햄블링Maggi Hambling이 1985년에 그려서 런던 국립초상화 미술관에 소장된 작품도 있다. 이 그림은 도로시가 생전에 마지막으로 살았던 워릭셔의 크랩 힐에서 그렸는데, 류머티스성 관절염 때문에 울퉁불퉁하게 마디진 손으로 여전히 정신없이 일하느라 바빠서 샌드위치도 반쯤 먹다가 내팽개쳐둔 일흔다섯 살의 도로시를 볼 수 있다. 이 초상화는 또 커다란 분자 모형과 서류 더미에 둘러싸여 있는 과학적 성공도 기념한다.

도로시는 영국 우표에도 두 번 등장했다. 1996년에는 '천재의 초상화' 시리즈에 포함된 여성 다섯 명 중 한 명으로 '20세기의 위대한 여성'을 대표했다. 2010년에는 영국 학술원이 창립 350주년을 기념하기 위해 우정공사와 손잡고 10장짜리 우표 세트를 발행했다. 1,400명이 넘는 동료와 60명이 넘는 노벨상 수상자 가운데서 선택된 10명 중 도로시는 유일한 여성이었다. 2014년 구글은 여성들의 업적을 부각하는 시리즈의 하나로 구글 두들Google Doodle(기념일이나 행사, 업적 등을 기리려고 구글 홈페이지의 구글 로고를 일시적으로 바꾸는 것-옮긴이)을 이용해 도로시의 생일을 축하했는데 이때 구글의 'O'를 페니실린의 탄소 고리 모양으로 표현했다.

도로시가 나이를 먹음에 따라 주변에 있던 수많은 친구와 동료도 서서히 줄어들었다. 물리학자인 친구 캐슬린 론스데일은 1971년 세상을 떠났고 그 직후 영국 결정학계의 아버지인 로렌스 브래그 경도 사망했다. 도로시에게 가장 큰 충격을 안겨준 것은 1982년 사랑하는 남편 토머스가 일흔두 살로 사망한 일이었다. 오랫동안 담배를 많이 피운 그의 건강은 서서히 나빠졌다. 수단으로 장기간 여행을 갔다가 집으로 돌아오는 길에 그들은 그리스에 들렀다. 그곳에서 토머스는 심부전으로 쓰러졌고 3일 후 사망했다.

비탄에 빠진 도로시는 세 자녀와 일곱 손주에게 의지했는데, 특히 딸 엘리자베스가 큰 위로가 되었다. 도로시는 인명사전의 본인 항목에 '자녀'를 기분전환이라고 기록했다. 도로시의 제자 제니 글러스커는 이렇게 말했다. "도로시는 아이들에게 많은 관심을 기울였고, 부산스럽게 집안일을 하기보다는 아이들과 이야기할 시간을 냈다. 나는 그런 모습을 보면서 인생에서 뭐가 중요하고 뭘 무시해야 하는지 많이 배웠다." 도로시는 가족을 자랑스러워하고 또 그들이 각자 좋아하는 분야에서 성공을 거둔 걸 매우 뿌듯해했는데, 이 집안 자녀들은 틀림없이 재능 있고 열심히 일하는 부모에게서 많은 영향을 받았을 것이다.

루크는 발리올 칼리지와 옥스퍼드 세인트존스 칼리지에서 수학을 공부했다. 대학에서 수학과 역사를 가르치다가 은퇴한 그는 현재 프리랜서 작가 겸 교사로 활동하고 있다. 최근에 출간한 책으로《수학의 역사 : 메소포타미아에서 근대에 이르기까지A History of Mathematics: From Mesopotamia to Modernity》등이 있다. 역사학 박사학위를 받은 엘리자베스는 아랍어를 할 줄 알았기 때문에 1970년대에 하르툼 대학에서 중세사를 가르쳤고, 어머니가 어릴 때 살았던 수단과 긴밀한 관계를 유지하고 있다. 엘리자베스는 또한 1980년대 후반부터 국제사면위원회에서 인권 조사관으로 일했다. 토비는 이탈리아에서 과학자로 활동하면서 자연 선택의 결과로 나타나는 농업적 생물 다양성을 연구하고 있다.

도로시는 류머티스성 관절염 때문에 몸이 점점 쇠약해졌는데도 계속 여행을 다녔고, 죽기 1년 전에는 마지막으로 중국 여행을 가겠다고 고집했다. 이즈음에는 거의 휠체어에 의지해서 살았는데, 중국에 있는 친구들은 허약해진 도로시를 보고 충격을 받았다. 이 여행에서 돌아온 도로시는 엉덩이뼈가 부러졌는데 이번이 벌써 두 번째였다. 도로시의 불굴의 정신도 마침내 쇠약해졌고, 결국 1994년 7월 29일 여든넷을 일기로 가족에게 둘러싸여 집에서 숨을 거두었다.

과학계의 전기작가들은 좋은 품성과 위대한 과학적 성과 사이에서 별다른 상관관계를 발견하지 못하지만 도로시만큼은 예외다.

맥스 페루츠는 도로시의 부고에 이렇게 썼다. "어려운 구조를 규명하는 도로시 호지킨의 기묘한 재주는 손재주와 수학적 능력, 결정학과 화학에 대한 심오한 지식이 결합되어 생긴 것이다. 그 덕분에 엑스레이 분석을 통해 처음 얻은 흐릿한 지도가 말하려는 바를 알아차리는 사람이 그 혼자뿐인 경우가 많았다. 도로시는 위대한 화학자, 성자처럼 온화하고 관대한 태도로 다른 이들을 사랑한 사람, 그리고 헌신적인 평화 주창자로 기억될 것이다."

6장

헨리에타 리비트 (1868-1921)

헨리에타 리비트는 천문학자들 사이에서 스타가 될 만큼 영향력이 큰 미국인이다. 헨리에타는 사진판을 이용해 별의 밝기에 등급을 매기는 방법을 발견했는데, 이 방법이 천문학계에서 표준이 되었다. 헨리에타는 또 천문학자들이 은하계 바깥의 거리를 정확하게 측정할 수 있는 방법을 개발했는데 이걸 주기-광도 관계라고 한다. 헨리에타는 이걸 이용해 아주 멀리 떨어져 있는 별까지의 거리를 알아냈고 그 정보를 활용해 우주의 규모를 파악했다. 1923년 에드윈 허블은 이 중요한 연구 내용을 이용해 안드로메다은하(메시에 31)가 너무 먼 거리에 있어서 우리은하의 일부일 수 없다는 사실을 증명했다.

헨리에타는 1926년 노벨상 후보에 올랐지만 안타깝게도 그 5년 전 쉰셋의 나이로 세상을 떠났기 때문에 노벨상을 받지 못했다. 노벨상은 사후에 수여되는 일이 없기 때문이다. 헨리에타는 살아생전에는 거의 인정을 받지 못했지만, 한 동료 천문학자는 나중에 헨리에타를 '별 중독자'라고 불렀다. 헨리에타는 죽은 뒤에야 20세기 천문학에 기여했음이 널리 알려지게 되었다. 달에 있는 리비트 분화구는 헨리에타를 기리기 위해 그 이름을 따서 지은 것이며 소행성 5383 리비트도 마찬가지다.

Henrietta

Leavitt

헨리에타 리비트Henrietta Leavitt, 1868~1921는 1868년 매사추세츠주 랭커스터에서 태어났다. 아버지 조지 로스웰 리비트George Roswell Leavitt는 회중교회 목사였고 어머니 이름은 헨리에타 스완(결혼 전 성은 켄드릭Kendrick)이었다. 1880년 인구조사 당시, 이들 가족은 매사추세츠주 케임브리지 워랜드가 9번지에 있는 커다란 두 세대짜리 연립주택의 절반을 차지하고 살았다. 조지는 집에서 몇 블록 떨어진 매거진 거리와 코티지 거리 모퉁이에 있는 필그림 회중교회의 목사로 일했다. 1880년까지 헨리에타에게는 남동생 로스웰과 여동생 마사, 캐롤라인, 미라가 있었다.

하지만 미라는 영유아 사망률이 높았던 당시에 흔히 그랬듯이 세 살도 되기 전에 죽어 1880년 인구조사에는 사망한 것으로 나온다. 또 다른 남동생 로스웰도 1873년에 죽었는데 당시 겨우 생후 15개월이었다. 헨리에타의 막내 남동생 다윈은 1882년에 태어났다. 그 집 나머지 반쪽에는 헨리에타의 할아버지 에라스무스 다윈 리비트Erasmus Darwin Leavitt가 아내와 서른 살 된 딸과 함께 살고 있었다. 헨리에타의 아버지는 보스턴 지역의 명문 문과대학인 윌리엄스 칼리지를 졸업하고 앤도버 신학교에서 신학 박사학위를 받았다.

이 가족은 1880년대 초 오하이오주 클리블랜드로 이사했고, 헨리에타는 1885년 오벌린 대학에 입학해 예비 과정을 마치고 2년간 학부 공부를 했다. 그리고 2년 후 헨리에타는 다시 케임브리지로 돌아가 1888년 래드클리프 대학에 입학했다. 래드클리프는 하버드(당시 남자만 입학 가능했던)에 소속된 여자대학으로, 미국 최고 여자대학 중 하나라는 평가를 받았다.

래드클리프의 입학시험은 모든 대학 중에서도 아주 까다로운 축에 속했다. 학생이 래드클리프에 들어가서 집중적으로 공부하려는 과목이 무엇이건 간에, 셰익스피어의 《율리우스 카이사르Julius Caesar》와 《뜻대로 하세요As You Like It》, 새뮤얼 존슨Samuel Johnson의 《가장 뛰어난 영국 시인들의 삶Lives of the Poets》, 조너선 스위프트Jonathan Swift의 《걸리버 여행기Gulliver's Travels》, 제인 오스틴Jane Austen의 《오만과 편견Pride and Prejudice》 등 수많은 고전 작품을 잘 알아야 했다. 입학 지원자들은 또 즉석에서 짧은 작문을 쓰면서 라틴어, 그리스어, 독일어, 프랑스어에 능통하다는 사실을 증명하고, 역사에 대해서도 잘 알며(그리스/로마 역사나 미국/영국 역사 중 하나 선택), 수학(2차 방정식과 평면 기하학 등의 대수학 포함)과 물리학, 천문학 시험에도 합격해야 했다. 정말 쉽지 않은 과정이었다. 학생들은 또 본인이 선택한 두 과목에 대해 고도의 지식을 증명해야 했다. 래드클리프 대학 카탈로그에는 "지원자가 이 중 몇몇 과목에 대한 지식이 부족하더라도 입학이 허가될 수 있다. 하지만 재학 중 부족한 지식을 보충해야 한다"고 되어 있다.

입학시험 과목 중 헨리에타에게 보충이 필요한 건 역사뿐이었고, 3학년 때 미비한 지식을 보완했음을 증명했다. 래드클리프에 다닐 때는 주로 라틴어, 그리스어, 인문학, 영어, 현대 유럽어(독일어, 프랑스어, 이탈리아어), 미술, 철학 등의 과목을 수강했다. 과학 교육은 별로 받지 못했다. 자연사와 물리학 입문 수업(이 과목은 B학점을 받았다), 해석 기하학과 미분학(이 과목은 A학점을 받았다) 강좌가 다였다. 4학년이 되어서야 겨우 천문학 강의를 들었는데 A- 학점을 받았다. 천문학 수업은 래드클리프 대학교에서 가든 스트리트를 따라 조금 올라가면 있는 하버드 대학교 천문대에서 진행되었는데, 이 천문대의 새로운 감독인 에드워드 피커링Edward Pickering의 지휘를 받으면서 일하는 천문학자들이 학생들을 가르쳤다.

1892년, 스물네 번째 생일을 맞이하기 직전에 헨리에타는 래드클리프를 졸업했다. 졸업증서에는 헨리에타가 남자였다면 하버드 대학에서 문학사 학위를 받기에 충분한 커리큘럼을 모두 이수했다고 적혀 있었다. 하지만 여자였기 때문에 학사 학위를 받을 수 없었다.

피커링은 서른한 살이던 1877년 하버드 대학 천문대 책임자로 임명되었다. 젊고 활동적인 피커링은 그 자리에 확실하게 도장을 찍고 싶었다. 몇 년간 새로운 자리에서 적응을 마친 피커링 교수는 1885년 케임브리지에 있는 자기 천문대와 하버드 대학교가 칠레 아레키파Arequipa에 설치한 남반구 관측소 양쪽에서 하늘에 보이는 모든 별의 위치와 밝기, 스펙트럼을 최대 9등급까지 분류하겠다는 야심 찬 아이디어를 내놓았다.

천문학자들이 별의 밝기를 측정하는 데 사용하던 등급계는 기원전 190~기원전 120년에 살았던 고대 그리스의 천문학자 히파르코스Hipparchus의 연구에서 유래한 것이다. 히파르코스는 로도스 섬에서 자기 눈에 보이는 밝기를 기준 삼아 별들을 분류하면서 가장 밝은 별은 1등성, 가장 희미하게 보이는 별은 6등성이라고 했다. 이건 상당히 자의적인 시스템이었지만 1856년에 영국 천문학자 노먼 포그슨Norman Pogson이 좀더 수학적인 정의를 제시하기 전까지는 그대로 사용되었다. 포그슨은 1등성은 6등성보다 정확히 100배 더 밝다고 했다.

따라서 등급계는 네거티브 시스템이다. 1등성은 6등성보다 더 밝다. 9등성은 6등성보다 더 희미하고, 1등성보다 밝은 시리우스Sirius 같은 별은 광도가 마이너스가 된다. 이 시스템은 광도가 0인 베가Vega성을 기준으로 정의된다.

등급계와 관련해 또 하나 혼란스러운 점은 그것이 로그함수라는 것이다. 즉, 광도 차이가 10이라면 이건 밝기가 100+100만큼 차이 난다는 뜻이 아니라 100×100=10,000만큼 차이 난다는 이야기다. 광도 차이가 15라면 100×100×100=1,000,000이 된다.

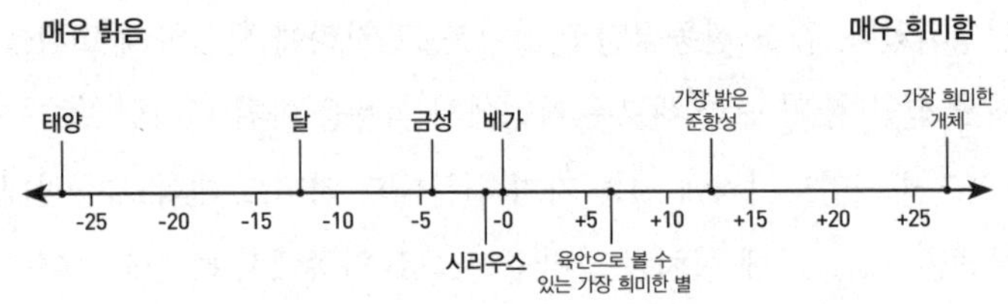

등급계상에서 일부 개체의 겉보기 밝기

육안으로 볼 수 있는 가장 희미한 별은 충분히 어두운 곳에서 약 6등급의 밝기를 가지고 있다. 밤하늘에서 가장 밝은 별인 시리우스의 광도는 -1.46이다. 9등성은 6등성보다 거의 16배나 희미해서 눈으로 보기 힘들 정도이므로 하버드나 칠레에서 촬영한 사진판에서만 볼 수 있었다.

피커링 교수가 착수하고자 했던 방대한 프로젝트에 필요한 자금은 대부분 천체 사진술의 선구자였던 헨리 드레이퍼Henry Draper의 부인에게서 나왔다. 드레이퍼는 의사가 되려고 교육을 받았지만, 진정으로 열정을 품은 대상은 천문학이었다. 1872년, 그는 베가 스펙트럼을 찍어 태양이 아닌 항성의 스펙트럼을 처음으로 촬영했다. 그 사진에는 요제프 폰 프라운호퍼Joseph von Fraunhofer가 1814~1815년에 태양 스펙트럼에서 처음 발견한 흡수선이 수없이 많이 나타났다. 드레이퍼는 뉴욕 대학교의 학장 겸 의학 교수였지만, 1873년 천문학에 대한 열정을 풀타임으로 추구하려고 교수직을 그만두었다. 1867년에 부유한 사교계 명사 메리 안나 파머Mary Anna Palmer와 결혼한 그는 다행히 돈 걱정은 하지 않아도 되는 처지였다.

또 드레이퍼는 오리온자리 중 오리온의 검 중심부에 있는 '별'을 형성하는 그 유명한 오리온성운을 최초로 촬영한 인물이기도 하다. 그는 늑막염을 앓다가 1882년 겨우 마흔다섯 살로 사망했지만, 사망하기 전까지 100개가 넘는 별의 스펙트럼을 얻었다. 그의 부인은 남편을 기리기 위해 하버드에 많은 돈을 기부하기로 결심했는데, 그 돈은 망원경 구입과 피커링 교수의 야심찬 별 분류 작업에 쓰였다. 이 방대한 카탈로그는 '헨리 드레이퍼 카탈로그'라는 이름으로 알려지게 되었고, 피커링 교수가 은퇴한 직후인 1924년에야 완성되었다. 이 작업으로 22만 5,300개에 달하는 별의 위치와 밝기, 그리고 스펙트럼 유형이 알려졌다.

그렇게 많은 별을 분류하는 데 필요한 방대한 작업을 하기 위해 피커링 교수는 훗날 '하버드 컴퓨터' 또는 '피커링의 하렘'이라고 알려지게 된 여성들을 다수 고용했다. 전자컴퓨터가 등장하기 전까지는 계산 작업을 많이 하는 사람은 누구나 '컴퓨터'라고 불렀고, 여성들의 급여가 남성보다 저렴했기 때문에 과학 연구 기관에서 여성을 컴퓨터로 고용하는 일이 꽤 흔했다.

피커링 교수가 하버드 대학 천문대에서 컴퓨터로 고용한 최초의 여성은 그의 집에서 일하던 가정부 윌리아미나 플레밍Williamina Fleming이었다. 윌리아미나는 1878년 남편과 함께 스코틀랜드를 떠나 미국으로 이민 왔지만 출산 후 남편에게 버림받고 결국 교수 집에서 일하게 되었다. 윌리아미나의 능력을 알아본 피커링은 1881년 천문대에서 일자리를 주기로 결정하고 별의 스펙트럼을 분석하는 방법을 가르쳤다. 윌리아미나가 천문대에서 일하게 된 후 1896년에 애니 점프 캐넌Annie Jump Cannon, 1890년대 중반에 안토니아 모리Antonia Maury, 1893년에 헨리에타 리비트 등 여러 여성이 그 뒤를 이어 합류했다.

헨리에타는 칠레에서 보낸 사진판과 천문대에서 다른 하버드 컴퓨터들과 함께 사용하던 사무실 바로 위에 있는 망원경으로 촬영한 사진에 찍힌 별 수천 개를 보고 그 등급을 판정하는 임무를 맡았다. 이 별 카탈로그를 편찬하는 데 필요한 작업량이 엄청나게 많았기 때문에 별의 등급을 알아내는 작업도 여성 여러 명이 나눠서 했다.

헨리에타가 특별히 맡은 임무는 밝기가 일정하지 않고 주기적으로 밝아지거나 희미해지는 변광성의 밝기를 측정하는 것이었다.

헨리에타는 칠레에서 보내온 사진판에서 15세기 포르투갈과 네덜란드의 천문학자들이 아프리카 대륙의 남쪽 끝 주변을 항해할 때 처음으로 주목한 커다란 두 개의 빛 조각인 마젤란운Magellanic Clouds에서 변광성을 찾는 일에 집중했다. 마젤란운은 처음에는 '케이프운Cape Clouds'이란 이름으로 알려졌으며 하늘의 먼 남쪽에 자리 잡아서 적도 남쪽에서만 볼 수 있다. 아메리카 대륙 이름의 기원이 된 이탈리아 탐험가 아메리고 베스푸치Amerigo Vespucci도 1503~1504년에 마젤란운을 주목했고, 안토니오 피가페타Antonio Pigafetta는 1519~1522년에 페르디난드 마젤란Ferdinand Magellan과 함께 세계 일주를 하면서 이 성운에 대해 자세히 묘사하기도 했다. 이때 피가페타가 자세히 설명한 뒤부터 마젤란운으로 알려지게 되었다.

대마젤란운LMC의 지름은 약 10도로 보름달 지름의 20배 정도 된다. 소마젤란운SMC은 지름이 약 5도(달 지름의 10배)로 하늘에서 더 작게 보인다. 남회귀선 남쪽 부근의 어두운 곳에서는 하늘 높이 떠 있는 마젤란운을 꽤 쉽게 볼 수 있다. 지금은 마젤란은하가 우리 은하의 작은 위성 은하라는 것을 알고 있지만, 헨리에타가 두 성운에 속한 변광성들의 등급을 측정하는 임무를 맡았을 당시에는 그런 사실을 몰랐다.

미국의 물리학자 제러미 번스타인Jeremy Bernstein은 나중에 "변광성은 오랫동안 관심의 대상이었지만, [헨리에타가] 그 사진 건판을 연구하게 되었을 때 피커링이 과연 헨리에타가 천문학을 송두리째 바꿔버릴 중요한 발견을 하게 되리라고 예상했을지 의심스럽다"고 썼다. 헨리에타는 SMC에 있는 수천 개 변광성을 주목했다. 헨리에타는 매일 사진 건판을 열심히 살펴보면서 시간을 보냈다. 한 동료가 훗날 말하기를, 헨리에타는 '거의 종교적인 열정'을 가지고 일에 헌신했다고 한다. 2년간 이 변광성을 연구한 헨리에타는 연구결과를 기록했다. 그리고 1896년에 배를 타고 유럽으로 가서 2년 동안 유럽 여행을 했다.

마침내 보스턴으로 돌아온 헨리에타가 피커링에게 연락하자, 그는 자신이 유럽 여행을 떠나기 전에 한 작업을 약간 수정해달라고 제안했다. 헨리에타는 자기가 쓴 원고를 가지고, 아버지가 다른 교회 목사로 일하고 있는 위스콘신주 벨로이트로 떠났다. 헨리에타는 잘 알려지지 않은 '개인적인 문제' 때문에 2년간 벨로이트에 머물렀다. 그 기간에 벨로이트 대학에서 미술 조교로 일했지만, 만족하지 못한 게 분명했다. 헨리에타는 몇 년 동안 피커링과 연락을 하지 않은 채 지냈다.

헨리에타는 1902년 5월 13일에 피커링 교수에게 편지를 보내, 그가 맡긴 연구를 계속하지 못한 것과 오랫동안 연락하지 못한 것을 사과했다. 그러면서 위스콘신에서 작업을 계속할 수 있기를 바란다고 말했다. 헨리에타는 편지에서 이렇게 설명했다 "제가 돌아온 해 겨울에는 생각도 못했던 걱정거리들 때문에 바빴습니다. 그러다가 드디어 일을 시작할 여유가 생기자, 이번에는 눈이 너무 아파서 사진을 자세히 들여다보는 일을 할 수 없었습니다." 헨리에타는 피커링 교수에게 이제 눈이 괜찮아졌다면서, 그동안 자리를 비워서 미안하고 자기는 변광성 등급을 판정하는 작업을 재개할 준비가 되었다고 말했다. 헨리에타는 천문학에 대한 열정이 줄어들지 않았다면서 원고를 완성하는 데 필요한 공책을 보내줄 수 있느냐고 물었다.

헨리에타는 피커링의 반응에 안심하면서 기뻐했을 것이다. 사흘 뒤 피커링은 헨리에타에게 일자리를 제안했다. 그는 "보통 이런 일에는 시간당 25센트를 지급하지만 당신은 일을 워낙 잘하니까" 시간당 30센트를 주겠다고 말했다. 그리고 헨리에타가 케임브리지로 다시 이사 올 수 없다면, 자기가 여비를 대줄 테니 하버드 대학교 천문대에 잠깐 들러서 필요한 것들을 챙겨 다시 위스콘신으로 돌아가라고 했다. 헨리에타는 피커링의 제안을 받아들이면서 1902년 7월 1일 이전 그곳에 도착해서 일을 시작할 예정이라고 말했다. 오하이오주에 사는 친척의 병환 때문에 일정이 지연된 헨리에타는 1902년 8월 25일 보스턴에 도착해 가을 내내 일하다가 다시 유럽으로 긴 여행을 떠났다. 여행에서 돌아온 헨리에타는 케임브리지로 다시 거처를 옮겨서 천문대의 상근직 직원이 되기로 결심했다.

1904년까지 헨리에타는 변광성의 밝기를 측정하는 일에 전념했다. 어느 봄날, 헨리에타는 다양한 시간대에 촬영한 SMC 사진 건판을 비교하고 있었다. 여기서 여러 개의 변광성을 발견했고, 다른 이미지를 조사해 변광성 수십 개를 더 찾아냈다. 1904년 가을에 아레키파 관측소에서 촬영한 SMC 사진 건판 16장을 보스턴 천문대로 보냈다. 1905년 1월에 건판이 도착하자 헨리에타는 곧장 연구를 시작했다. 헨리에타는 점점 더 많은 변광성을 발견했는데, 나중에 직접 말하기를 "놀라울 만큼 많은 수"였다고 했다.

헨리에타는 그 결과를 〈소마젤란운에서 새롭게 발견된 843개의 변광성〉이라는 제목의 논문으로 정리해서 1905년 4월에 발간된《하버드 대학 천문대 정기 회보》에 게재했다. 헨리에타는 이 논문의 단독 저자였는데, 이는 당시로서는 이례적인 일이었다. 천문대 소장이나 연구 단체 책임자가 논문을 쓰고 실제로 그 일을 한 사람은 공동 저자로 인정받거나 그냥 논문에 이름만 언급되는 게 관례였다. 헨리에타가 이 논문의 단독 저자였다는 사실은 피커링이 헨리에타와 다른 하버드 컴퓨터들을 높이 평가했음을 보여준다. 프린스턴 대학교의 한 천문학자는 피커링 교수에게 보낸 편지에서 "리비트 양은 정말 변광성을 찾는 재주가 '귀신' 같군요……. 새로운 발견 속도를 도저히 따라갈 수가 없을 정도입니다"라고 썼다.

당시 헨리에타는 천문대에서 겨우 몇백 미터 떨어진 가든 스트리트에 있는 이탈리아식 대저택(지금은 롱이 음악학교의 일부가 된)에서 삼촌 이래즈머스와 함께 살았다. 집이 직장과 매우 가까웠기 때문에 천문대에서 오랜 시간을 보낼 수 있었던 헨리에타는 두 마젤란운에 속한 변광성을 분류하는 작업을 계속했다. 1908년에는 4년간의 연구결과를 정리해 〈마젤란운의 1,777개 변광성〉이라는 논문을 직접 써서《하버드 대학 천문대 연보》에 발표했다.

헨리에타는 이 논문 107쪽에서 별 16개를 연구해 얻은 데이터에 기초해 "표 6에서 [SMC의 변광성 주기를 살펴보면] 변광성이 밝을수록 주기가 더 길다는 점에 주목할 필요가 있다"고 말했다. 우리가 지금 알고 있는 사실을 고려할 때 이 간략한 서술은 엄청난 내용을 절제해서 표현한 것으로, 제임스 왓슨과 프랜시스 크릭이 1953년 발표한 DNA 구조에 관한 논문 끝부분에서 한 말과 유사하다. "우리가 상정한 특정 염기쌍이 즉각적으로 유전 형질을 복제할 방법을 제시한다는 것을 놓치지 않았다." 이는 그들이 생명의 비밀을 발견했음을 간접적으로 표현한 문장이다.

헨리에타가 일부러 겸손한 척한 건 아니다. 데이터를 지나치게 해석하고 싶지 않았을 뿐이다. 더 많은 작업이 필요하다는 것을 알고 있었고, 피커링 교수도 분명히 그 점을 지적했을 것이다. 별 16개만으로는 대담한 결론을 내리기에 충분하지 않다. 하지만 안타깝게도 '추가 작업'은 중단되었다. 1908년 연말 헨리에타가 병이 났기 때문이다. 12월 20일 전주 내내 입원해 있던 보스턴 병원에서 피커링에게 편지를 보내 "아름다운 분홍 장미"와 "친절한 마음을 이토록 아름답게 표현해준 것"에 감사했다. "친구들이 기억해준다는 것을 깨닫는 것은 이럴 때 아주 중요한 일입니다."

헨리에타는 건강을 회복하기 위해 위스콘신으로 돌아가 가족과 함께 지냈다. 이때쯤 남동생 조지는 선교사로 일했고 막냇동생 다윈은 아버지처럼 성직자가 되어 있었다. 헨리에타는 1909년 봄과 여름 내내 벨로이트에서 휴식을 취했고 가을부터 일을 다시 시작할 계획이었다. 하지만 9월에 피커링에게 보낸 편지에서 집 근처 호수에 갔다가 걸린 사소한 병이 의외로 심각해서 언제 벗어날 수 있을지 모르겠다고 했다.

헨리에타가 자리를 비운 지 거의 1년 가까이 된 1909년 10월, 피커링은 헨리에타에게 일을 좀 줘도 될지 묻는 편지를 보냈다. 하지만 12월까지 답장이 없자 그는 다시 편지를 썼고, 이번에는 약간 조급해하는 모습을 내비쳤다. "친애하는 리비트 양, 당신이 계속 아프다니 정말 안타깝습니다. 완전히 괜찮아질 때까지는 여기 일을 맡지 않는 게 좋겠군요. 하지만 두세 가지 의문을 해결할 수 있다면 당신도 마음이 편해지지 않을까요…….”

그의 첫 번째 요청은 매달 초 자기에게 편지를 써서 조만간 일에 복귀할 수 있을지 알려달라는 것이었다. 두 번째 요청은 그가 부탁한 또 다른 연구인 ‘북극성 계열’ 연구결과에 대한 예비보고서를 써 줄 수 있겠느냐는 것이었다. 북극성 근처에 있는 별 96개의 등급을 전보다 정확하게 측정하려고 시도하는 것인데 이는 피커링이 아끼는 프로젝트 중 하나였다. 사실 그에게는 헨리에타가 마젤란운의 변광성과 관련해서 했던 작업보다 이쪽이 우선순위가 높았다. 그는 북극성 계열을 하늘 전체에 있는 모든 별의 밝기를 측정하는 기준으로 삼고자 했다.

헨리에타는 며칠 후 답장을 보내 10월에는 답장을 쓰지도 못할 만큼 쇠약한 상태였다고 사과하면서 1909년 크리스마스 이후에는 일을 다시 시작할 수 있을 만큼 상태가 호전되기를 바란다고 했다. 하지만 계속 몸이 좋지 않아 1910년 초가 되어서야 겨우 일에 복귀할 수 있었는데, 그것도 케임브리지가 아닌 벨로이트에서만 가능했다. 사진 건판, 논문 인쇄본, 기록 원장, 나무로 만든 관찰용 틀, 1.5인치짜리 접안렌즈 등이 담긴 상자를 받은 헨리에타는 자세한 보고서를 써서 천문대에 보냈다.

1910년 5월 14일에는 드디어 케임브리지로 돌아갈 수 있을 만큼 건강해졌지만 복귀는 짧게 막을 내렸다. 1911년 3월 아버지가 돌아가시자 헨리에타는 어머니 곁에 있으려고 벨로이트로 돌아갔다. 6월에 피커링은 헨리에타가 북극성 계열 작업을 계속할 수 있도록 사진 건판 70장과 다른 자료들을 보냈다. 헨리에타는 어머니와 함께 아이오와주 디모인에 있는 친척집에 머물러 갈 때 그 자료 가운데 일부를 가지고 갔다. 그곳에서 마젤란운의 변광성에 대한 작업을 계속할 시간도 낼 수 있었다. 마침내 방해받지 않고 두 성운의 변광성 연구에 전념하게 되었고, 그중 25개의 겉보기 밝기를 수직축으로 삼고 변동 주기를 수평축으로 삼아 그래프를 그렸다. 이 그래프는 세페이드Cepheid 변광성(일정한 주기에 따라 밝기가 변하는 별)의 주기-광도 관계라는 중요한 발견을 보여준다. 이 결과는 1912년 《하버드 대학 천문대 정기 회보》에 게재되었지만, 이번에는 헨리에타 이름이 아니라 피커링 이름으로 발표되었다. 이 논문 제목은 〈소마젤란운에 속한 변광성 25개의 주기〉이고, 첫 문장에는 "소마젤란운에 속한 변광성 25개의 주기에 관한 다음 내용은 리비트 양이 작성했다"고 나와 있다.

논문 첫 쪽 하단에는 다음과 같은 내용이 있다. "이들 변광성의 밝기와 주기 사이의 놀라운 관계에 주목하게 될 것이다. H.A. 60, 4호(216쪽에서 언급한 1908년 논문)에서는 변광성이 밝을수록 주기가 더 길다는 점에 주목하라고 했지만, 당시에는 그 숫자가 너무 작아서 일반적인 결론 도출을 보장할 수 없다고 생각했다. 하지만 그 이후 추가로 등급이 판정된 8개 변광성 주기도 동일한 법칙을 따른다."

헨리에타는 겉보기에 더 밝아 보이는 세페이드 변광성이 본질적으로 더 밝다는 사실을 어떻게 알았을까? 우리가 하늘의 별을 볼 때 가장 밝게 보이는 별이 반드시 가장 밝은 건 아닐지도 모른다. 얼마나 멀리 떨어져 있느냐도 밝게 보이는 정도에 영향을 미칠 것이다. 예를 들어, 시리우스는 밤하늘에서 가장 밝은 별처럼 보이는데, 시리우스의 광도는 -1.41이다. 하지만 오리온자리 북동쪽 구석에 있는 푸른 별 리겔Rigel(시리우스와 가까운 곳에 있어서 동시에 볼 수 있다)은 광도가 0.13(시리우스보다 4배 정도 희미한)에 불과한 듯 보이지만 실제로는 시리우스보다 훨씬 밝다. 단지 지구에서 훨씬 멀리 떨어져 있을 뿐이다. 시리우스는 불과 8.6광년 떨어져 있는 데 비해 리겔은 100배 가까이 먼 860광년 정도 떨어져 있어 더 희미하게 보이는 것이다. 그래서 별의 본질적인 밝기를 비교하려면, 별이 얼마나 밝게 보이는지 측정해야 할 뿐만 아니라 별의 상대적 거리도 알아야 한다.

헨리에타가 하늘에 흩어져 있는 세페이드 변광성을 연구했다면, 별들의 다양한 거리를 어떻게 감안해야 할지 모르는 탓에 본질적으로 밝은 별은 밝기를 변화시키는 데 시간이 더 오래 걸린다는 주장을 할 수 없었을 것이다. 하지만 헨리에타가 연구하는 별은 모두 대마젤란운에 속했기 때문에 그들이 대략 같은 거리에 있다고 정확하게 추정할 수 있었다. 이건 매우 중요한 사실이었다. 다른 세페이드보다 밝게 보이는 세페이드는 본질적으로 더 밝다는 것을 의미했고, 이것이 곧 헨리에타의 중요한 발견의 열쇠였기 때문이다.

밝기를 바꾸는 데 시간이 더 오래 걸리는 세페이드 변광성은 그보다 시간이 덜 걸리는 변광성보다 본질적으로 밝다는 사실을 알아차린 것 자체는 그리 중요한 발견이 아니었다. 하지만 차차 살펴보겠지만, 천문학자들은 이 발견을 이용해 다른 방법으로는 불가능했던 거리를 측정할 수 있게 되었다. 하늘에서 거리를 측정하는 것은 천문학자들에게는 늘 큰 도전 과제 중 하나였다. 시리우스와 리겔의 예에서 보았듯이, 하늘에 떠 있는 어떤 것이 얼마나 큰지 혹은 얼마나 밝게 보이는지로는 거리를 알 수 없다. 태양이 시리우스와 리겔보다 밝게 보이는 건 지구에서 겨우 8광분 거리로 훨씬 가까이 있기 때문이다. 하지만 태양까지 실제 거리를 어떻게 알 수 있을까?

사실 지구에서 태양까지 거리는 1700년대 중반이 되어서야 알 수 있었는데, 거리 측정 방법을 생각해낸 사람은 영국의 천문학자 에드먼드 핼리Edmond Halley(핼리 혜성의 그 핼리)였다. 1676년, 초대 왕실 천문관이었던 존 플램스티드John Flamsteed는 남쪽 하늘의 별들을 분류하기 위해 열아홉 살이던 핼리를 남대서양에 있는 세인트헬레나섬으로 보냈다. 핼리는 1677년 11월 그곳에서 수성이 태양의 원반을 가로질러 움직이는 모습을 관찰했는데, 이를 '일면 통과Transit'라고 한다. 지구보다 태양에 가까이 있는 수성과 금성의 경우에만 태양 표면을 통과하는 모습을 볼 수 있지만, 둘 다 드문 일이다. 수성의 일면 통과는 한 세기에 13~14번 정도 발생하지만 금성의 경우에는 더 드물다. 금성은 8년 간격을 두고 두 차례 일면 통과가 일어나는데, 다음 일면 통과까지는 105.5년 또는 121.5년을 기다려야 한다.

핼리는 천문학자들이 지구에서 태양까지 거리가 얼마인지 모른다는 것을 잘 알고 있었다. 아마 이것이 1600년대 천문학계의 가장 큰 문제였기 때문일 것이다. 1677년 수성이 태양 원반을 가로질러 움직이는 모습을 지켜보던 그는 런던에서 이와 똑같은 상황을 지켜보는 누군가는 남대서양의 세인트헬레나섬에 있는 자기와는 약간 다른 광경을 보게 될 것이라는 사실을 깨달았다. 이것이 바로 시차視差(관측 위치에 따라 물체의 위치나 방향에 차이가 생기는 것-옮긴이)라는 유명한 현상이다. 우리가 같은 대상을 두 가지 다른 관점에서 바라

보면, 마치 배경에서 움직이는 것처럼 보일 것이다. 연필을 들어 얼굴에서 30센티미터 정도 떨어진 곳에 두고 먼저 왼쪽 눈으로만 바라보자. 이번에는 왼쪽 눈은 감고 오른쪽 눈으로만 보자. 보는 각도가 약간 달라졌기 때문에 연필이 마치 배경에서 움직인 것처럼 느껴질 것이다. 우리의 두 눈은 이런 식으로 주변 세계의 깊이를 인식한다. 핼리는 수성의 일면 통과를 보면서 만약 다른 곳에 있는 사람은 수성이 태양 원반을 가로지를 때 자기가 본 것과 약간 다른 경로로 가는 것을 보았고 그 두 경로 사이의 차이를 측정할 수 있다면, 천문학자들이 간단한 삼각법을 이용해 태양까지 거리를 계산할 수 있을 거라고 추론했다.

하지만 런던으로 돌아와서 자세한 내용을 살펴본 핼리는 수성이 지구에서 너무 멀리 떨어져 있어서 이 기법을 적용하기 힘들다는 것을 깨달았다. 수성이 태양 원반을 가로지르는 경로를 지구상의 다른 두 장소에서 관측하더라도 그 차이가 너무 적어 측정하기가 힘들 것이다. 그러나 금성은 지구와 훨씬 더 가깝기 때문에 금성의 일면 통과를 이용하면 그 방법이 실제로 효과를 발휘할 것이다. 핼리는 1716년 이 연구 내용을 발표했지만 금성이 다음에 일면을 통과하는 건 1761년의 일이므로 자기 살아생전에는 보지 못할 것임을 잘 알고 있었다.

다행히 핼리의 아이디어는 그가 죽은 뒤에도 계승되었고, 유럽 과학자들은 금성이 일면을 통과하는 1761년 6월과 1769년 6월에 핼리의 방법을 이용해 마침내 지구에서 태양까지 거리를 측정하려는 계획을 세웠다. 그 결과, 옥스퍼드 대학교 천문학 교수 토머스 혼스비Thomas Hornsby는 1771년 지구에서 태양까지 거리가 1억

5,083만 8,824킬로미터라고 발표했는데, 이는 현재 밝혀진 거리와 오차 범위가 1퍼센트도 안 될 만큼 정확한 수치다.

태양까지 거리를 알면 다른 항성까지 거리를 계산하는 것도 가능할까? 지구는 태양 주변을 공전하니까 시차 효과 때문에 가까이 있는 별들은 멀리 있는 별들보다 급격하게 위치가 바뀌어야 한다. 그런데 문제는 별의 위치가 그렇게 바뀌는 모습을 아무도 보지 못했다는 것이다. 갈릴레오가 지구는 우주의 중심이 아니라 태양 주위를 돌고 있다는 설을 제기했을 때, 시차 때문에 별이 움직이는 모습을 본 사람이 없다는 것이 그의 생각에 반대하는 강력한 논거로 이용되었다.

망원경 성능이 좋아짐에 따라 천문학자들은 계속해서 연주 시차stellar parallax를 측정하려고 했다. 마침내 1838년 독일의 천문학자이자 수학자 프리드리히 베셀Friedrich Bessel이 백조자리의 미광성인 백조자리 61의 연주 시차를 측정하는 데 성공했다. 그는 이 별의 위치가 0.31각초 변한 것을 측정했는데, 이는 0.000086도를 나타낸다. 각도가 이렇게 미세하니 연주 시차를 확인하기까지 오랜 시간이 걸린 것도 당연한 일이다. 이건 약 32킬로미터 떨어진 곳에 있다고 가정할 경우, 위치가 1센티미터 바뀌면서 생기는 각도다.

19세기 말이 되었지만, 천문학자들은 가장 가까이에 있는 별 수십 개의 연주 시차만 측정했을 뿐이다. 더 멀리 있는 별들은 측정 가능한 시차를 드러내기엔 너무 멀리 떨어져 있었다. 따라서 천문학자들은 자신들의 위치가 1600년대에 비해 그리 달라지지 않았다는 것을 알았다. 그들은 우리 태양계 이웃에 있는 별들을 제외하고는, 더 멀리 있는 별까지 거리를 밝혀낼 방법이 없었다. 천문학자들은 꼼짝달싹 못하고 있었다. 이건 우리가 사는 은하의 크기도 모른다는 뜻이었다. 우리은하 크기의 추정치는 1만 광년에서 30만 광년까지 매우 다양했다. 1912년 헨리에타가 내놓은 돌파구는 너무 멀리 있어서 연주 시차를 이용할 수 없는 별까지 거리를 알아낼 수 있는 방법을 제공했다. 연주 시차 기술을 이용해 가까운 세페이드 변광성까지 거리를 알아내기만 하면 이 방법을 이용할 수 있었다.

이듬해 덴마크의 천문학자 아이나르 헤르츠스프룽Ejnar Hertzsprung이 이 일을 해냈다. 그는 1913년 연주 시차를 이용해 몇몇 세페이드 변광성까지 거리를 알아냈고, 그 별의 밝기가 변하는 데 걸리는 시간을 측정함으로써 헨리에타의 주기-광도 관계를 보정할 수 있었다. 이런 보정 덕분에 어떤 세페이드 변광성이든 별의 밝기가 바뀌기까지 걸리는 시간을 측정하고 헤르츠스프룽이 거리를 알아낸 세페이드의 밝기와 비교해 얼마나 밝게 보이는지를 측정하기만 하면, 그 별까지 거리를 파악할 수 있게 되었다. 소마젤란운을 대상으로 이 작업을 진행하자, 거의 20만 광년쯤 떨어져 있는 것으로 밝혀졌다. 이건 우리은하의 크기가 최대 추정치에 가깝지 않는 한, 마젤란운이 우리은하에 속해 있지 않을지도 모른다는 첫 번째 증거였다.

지구가 우주의 중심이 아니라는 사실을 깨달은 이후 우주에 대한 우리 이해가 가장 근본적으로 바뀐 이 사건은 헨리에타가 진행한 연구의 직접적 결과물이라고 할 수 있다. 수세기 동안 천문학자들은 하늘에 보이는 수많은 흐릿한 조각을 주목했는데, 그건 분명히 별이 아니었다. 그런 조각들을 가리켜 성운nebula이라고 하는데, 이 말은 '구름'을 뜻하는 그리스어에서 유래했다. 오리온성운은 발광성운bright nebula 중 하나다. 천문학자들은 또 18세기 초에 망원경으로 발견한 토성을 닮은 행성 모양 성운에 주목했다. 지금은 그것들이 행성과 아무 관련도 없다는 것을 안다. 그것은 우리은하의 태양 같은 항성이 수명이 다해가면서 바깥층이 점점 떨어져나가는 모습이다.

아마 가장 당혹스러운 형태의 성운은 나선성운일 것이다. 이건 마치 하늘에 떠 있는 가스 소용돌이처럼 보여서 많은 천문학자가 그게 항성과 그 주변의 행성계를 형성하는 중인 우리은하계 내의 가스 구름일 것이라고 추측했다. 반면 우리은하 너머에 있는 거대한 항성계라고 주장하는 이들도 있었고, 독일 철학자 이마누엘 칸트Immanuel Kant는 그걸 묘사하기 위해 '섬우주island universe'라는 새로운 용어를 만들기도 했다. 19세기와 20세기 초에 걸쳐, 이 나선성운이 섬우주인지 아니면 우리은하 안에서 항성이 만들어지는 부분인지를 놓고 격렬한 논쟁이 벌어졌다.

망원경이 커지고 사진 건판이 민감해지면서 이 나선성운의 장노출 사진을 찍을 수 있게 되었다. 20세기 초에 진행된 세부 연구 중 하나는 아마 그 시대의 가장 유명한 천문학자인 에드윈 허블Edwin Hubble의 연구였을 것이다. 그는 박사학위 논문을 쓰려고 시카고에 있는 여키스 천문대에서 나선성운을 연구했다. 그는 이 성운을 촬영하기에 가장 적합한 24인치 조리개 망원경을 사용했고, 1917년에는 〈희미한 성운의 사진 연구〉라는 제목의 논문을 제출했다. 1919년 제1차 세계대전이 일어나자 허블은 잠시 육군장교로 복무한 뒤, 여키스 천문대 초대 책임자 조지 엘러리 헤일George Ellery Hale이 1900년대 초 남부 캘리포니아에 세운 마운트 윌슨 천문대에서 일하게 되었다.

조지 헤일은 대형 망원경 제작에 필요한 기금을 모으는 능력이 매우 뛰어나서 1908년에 60인치 반사경을 완성한 뒤에는 곧바로 100인치 망원경을 제작하기 위한 기금을 모으기 시작했다. 이 자금의 주요 출처는 로스앤젤레스를 기반으로 하는 산업가 존 D. 후커John D. Hooker였다. 1917년 가동을 시작한 후커 100인치 망원경은 당시 세계에서 가장 큰 망원경으로, 가장 근접한 성능을 갖춘 경쟁자보다 거의 세 배 많은 빛을 모을 수 있었다. 맑은 하늘과 훌륭한 관측 시설을 갖춘 마운트 윌슨 천문대에는 실력이 아주 뛰어난 최고 천문학자들이 몰려들었고, 허블도 그중 한 명이었다.

허블은 자기가 근면하고 성실한 관찰자라는 사실을 입증하여 마운트 윌슨 천문대에서 승진을 거듭할 수 있었다. 1922년까지 100인치 망원경을 이용할 수 있는 시간이 점점 늘어나자, 그는 전보다 더 큰 망원경과 성능 좋은 사진 건판을 이용해 예전에 박사논문을 쓰면서 연구했던 희미한 성운들을 집중적으로 연구했다. 그가 연구한 성운 중 하나가 흔히 메시에 31이라고 알려진 안드로메다 대성운이었다. 메시에 31은 육안으로 볼 수 있는 유일한 나선 성운이다. 8~12월 북반구의 어두운 장소에 가면 페가수스 사각형의 북동쪽 바로 옆에 있는 안드로메다를 찾을 수 있다.

허블은 주기적으로 메시에 31의 사진을 찍었는데, 어느 날 밤 건판 하나에 전에 보지 못한 별 세 개가 찍혀 있는 것을 발견했다. 그는 거기에 새로운 별을 뜻하는 '노바nova'의 머리글자를 따서 'N'이라고 표시했다. 하지만 예전에 찍은 다른 건판과 비교해본 그는 별들 중 하나는 새로 발견된 게 아니라는 것을 알았다. 예전에 촬영한 건판에도 그 별이 찍혀 있었던 것이다. 그는 흥분을 억누르지 못했다. 이 별은 변광성, 세페이드 변광성이었다. 그는 건판에 'N'이라고 표시했던 걸 지우고 'VAR!'라고 적으면서 헨리에타가 10년 전에 발견한 주기-광도 관계를 이용해 안드로메다 성운까지 거리를 측정할 수 있다는 사실을 깨달았다.

거리 측정을 해본 허블은 계산 결과를 믿을 수 없었다. 그 성운이 약 200만 광년 정도 되는 어마어마하게 먼 곳에 있다는 사실을 알아낸 것이다. 계산하면서 무언가 실수를 저지른 게 분명했다. 그는 다른 변광성을 찾을 수 있을지 알아보기 위해 메시에 31을 촬영한 건판을 전부 다 뒤졌고, 운 좋게 다른 변광성 두 개를 찾아냈다. 이 변광성 두 개까지 거리를 계산해보니 200만 광년이라는 똑같이 엄청난 거리가 나왔다. 우리은하의 규모를 아무리 크게 추정하더라도, 그런 엄청난 거리는 안드로메다 성운이 우리은하 안에 있기에는 너무 멀다는 것을 의미했다. 그건 '섬우주'임이 분명했다. 갑자기 우주의 규모에 대한 이해가 확 달라졌다.

우리는 이제 우리은하가 우주의 유일한 은하가 아니라는 사실을 알고 있다. 메시에 31과 다른 나선성운은 모두 각각 수억 개 별이 포함된 독립적인 은하다. 허블은 1920년대 후반에 더 멀리 있는 나선 은하들이 우리은하에서 빠른 속도로 멀어진다는 것을 증명했다. 우주가 팽창하고 있다는 것을 알아낸 것이다. 그는 이들 은하계까지 거리를 알아낼 때도 역시 헨리에타의 세페이드 변광성에 대한 주기-광도 관계를 이용했다.

SMC 변광성에 관한 헨리에타의 연구결과가 공개될 무렵에는 북극성 계열에 관한 지속연구에 몰두하고 있었다. 헨리에타는 피커링이 특히 아끼던 이 프로젝트를 4년 동안 열심히 진행했지만,

병 때문에 종종 공백이 생겼고 때로는 그 공백이 몇 달씩 이어지기도 했다. 1913년 봄에는 3개월간 자리를 비우기도 했지만 1914년 1월, 마침내 북극성 계열에 속하는 별 96개의 밝기를 판단하는 엄청난 작업을 마무리했다. 이 연구결과는 1917년도《하버드 대학 천문대 연보》에 184쪽짜리 논문으로 실렸다. 이 논문은 망원경 13대로 촬영한 299개 사진 건판 데이터를 결합한 성실한 연구를 거쳐 탄생한 걸작이었다. 모든 별의 등급을 주의 깊게 확인하고 다른 건판의 등급과 대조해 재차 검토해야 했다. 이보다 훨씬 못한 업적에도 박사학위가 수여되므로 이는 헨리에타가 큰 자부심을 느낄 만한 작업이었다.

할로 섀플리Harlow Shapley라는 또 다른 천문학자는 세페이드 변광성의 근본 원인을 알아내고자 했다. 그는 세페이드 변광성을 이용해 우리은하의 크기를 밝혀낼 수 있다고 생각했으므로 마운트 윌슨 천문대에서 일하는 동안 세페이드 변광성을 더 확실하게 이해하는 데 주력했다. 1910년대 중반, 구상성단에 있는 세페이드에 관한 그의 연구로 태양은 우리은하의 중심부에 있는 게 아니며, 은하의 크기가 수천 광년이나 된다는 사실이 밝혀졌다. 이 기간에 섀플리는 헨리에타와 정기적으로 연락하면서 마젤란운을 연구하며 얻은 세페이드에 관한 최신 데이터를 보내달라고 요청했다.

삼촌 이래즈머스가 1916년 죽자, 헨리에타는 케임브리지에 있는 하숙집으로 이사해서 혼자 살았다. 1919년 어머니가 케임브리지로 이사를 오자 두 사람은 하버드 대학 천문대에서 몇 블록 떨어진 린네안가와 매사추세츠가 모퉁이에 있는 아파트에서 같이 살았다. 여전히 변광성에 대한 연구가 근무 시간 대부분을 차지했지만,

한편으로는 새로운 프로젝트에 대한 조언을 구했다. 그해 2월 피커링이 사망하자 헨리에타는 섀플리의 충고에 의지하는 일이 많아졌다. 1920년에는 그에게 편지를 써서 자기가 다음에 무엇을 해야 할지 물었다. 당연한 일이지만, 그는 헨리에타가 '기존에 연구한 가장 희미한 별보다 더 희미한' SMC의 몇몇 변광성을 연구해 그 주기를 구하는 작업을 해준다면 '구상성단의 거리와 은하계의 크기와 관련해 현재 진행 중인 논의에서 아주 중요한 역할을 하게 될 것'이라고 했다. 섀플리는 피커링이 죽기 전에도 헨리에타에게 이 작업을 시키라고 몇 달 동안 그를 졸랐다.

섀플리는 또 헨리에타가 대마젤란운의 변광성에도 동일한 주기-광도 법칙이 적용되는지 살펴봐주기를 바랐다. 어떤 부분에서는 섀플리가 헨리에타에게 충고해주기도 했지만, 그는 헨리에타를 연구 동료처럼 대했다. 하지만 불과 몇 달 만에 그는 헨리에타의 상사가 되었다. 피커링 교수가 죽은 뒤 천문학계는 누가 이 분야에서 인기 있는 직책 중 하나인 하버드 대학교 천문대의 새로운 책임자가 될지 조바심을 치며 지켜보았다. 다들 선호하던 후보가 자리를 거절하자 하버드 측은 섀플리가 막중한 책임을 맡기에는 너무 성급하고 미숙하다는 우려를 무시한 채 1년의 유예 기간을 두고 이 젊은 천문학자를 시험해보는 데 동의했다. 1921년 봄, 서른다섯 살의 섀플리는 피커링이 떠난 자리를 이어받기 위해 케임브리지로 왔다. 이때 헨리에타는 몇 년 전 피커링이 시작한 방대한 카탈로그 작업을 하기 위해 별의 밝기를 알아내는 일을 하는 항성광도측정팀의 팀장이었다. 헨리 드레이퍼 카탈로그는 결국 9권까지 완성되어 22만 5,000개가 넘는 별의 위치와 등급, 분류를 제공했다.

여성 계산원이 하버드 대학교 천문대에서 일한 수십 년 동안, 하버드에서 그들의 지위는 아주 느린 속도로 향상되었다. 하지만 피커링이 애니 점프 캐넌에게 교직을 맡기려고 한 시도는 성공하지 못했다. 여자들은 '섬세한 일은 잘한다'며 무시하는 듯한 칭찬을 받았다. 피커링과 다른 사람들이 여자들이 섬세한 일을 잘하는 이유는 그들 정신이 '너무 단순해서 다른 일을 떠올리면서 산만해지지 않기 때문'이라고 말했다는 기록이 있다! 여성들은 유용했지만 틀에 박힌 일만 하도록 허락했기 때문에 헨리에타가 상급 천문학 연구에 기여한 건 이례적인 일이었다. 생각과 창의력이 필요한 깊이 있는 문제는 전부 남자들 몫이었다. 바사 칼리지를 졸업한 안토니아 모리Antonia Maury는 친구에게 "나는 늘 미적분을 배우고 싶었는데, 피커링 교수는 그것을 바라지 않았다"고 불평했다. 섀플리 역시 계산 작업이 얼마나 어려운지 판단할 때 '여자 시간(여자 한 명이 1시간 동안 할 수 있는 작업량-옮긴이)'으로 따지고, 규모가 정말 큰 작업은 '킬로 여자 시간'으로 따지는 사람이었다.

헨리에타가 천문대의 새 책임자가 된 섀플리 휘하에서 무엇을 바랐든 간에 그 밑에서 일하는 시간은 길지 않았다. 1921년 말 헨리에타는 또다시 병에 걸렸는데 이번에는 암이었다. 애니는 12월 6일 일기에 "악성 위 질환으로 죽어가는 불쌍한 헨리에타 리비트를 보러 갔다. 너무 마르고 달라진 모습이었다. 정말 정말 슬프다"라고 적었다. 그로부터 일주일도 안 된 12월 12일, 헨리에타는 쉰세 살의 나이로 세상을 떠났고 리비트 가문의 묘역이 있는 케임브리지 묘지에 묻혔다. 헨리에타는 죽기 며칠 전 유언장을 썼다. 헨리에타가 남긴 재산(깔개, 탁자, 침대틀 같은 잡동사니로 구성된)의 총 가치는

314.91달러였다.

헨리에타의 장례식이 끝나고 4개월 뒤 애니는 페루로 향하는 증기선을 타고 있었다. 안데스산맥을 둘러보고 아레키파에 있는 원격관측소를 방문할 예정이었다. 어느 날 저녁 일기에 이렇게 썼다. "대마젤란운이 너무나도 밝다. 그걸 보면 항상 불쌍한 헨리에타가 생각난다. 헨리에타는 '성운'을 정말 사랑했다." 하버드 대학 천문대의 동료인 솔론 베일리Solon Bailey도 다음과 같은 부고를 쓰면서 헨리에타를 애틋하게 기억했다.

> 리비트 양은 청교도 조상의 엄격한 규율을 약간 완화된 방식으로 이어받았다. 리비트 양은 삶을 진지하게 받아들였다. 의무감과 정의감, 성실성이 매우 강했고 가벼운 유흥에는 관심이 없는 듯했다. 가까운 가족에게 헌신적이었고, 친구 관계에서는 이타적으로 남을 배려했으며, 자신의 원칙에 흔들림이 없었고, 종교와 교회에 매우 성실하고 진지했다. 다른 사람들의 가치 있고 사랑스러운 부분을 모두 인정할 줄 아는 훌륭한 자질을 지녔고, 마음은 밝은 빛으로 가득 차서 세상 모든 것을 아름답고 의미심장한 것으로 받아들였다.

과학에 진지하게 전심전력을 다한 헨리에타의 태도는 동료들의 찬사를 받았다. 1922년 5월, 국제천문연맹이 로마에서 첫 총회를 열었을 때 헨리에타가 회원으로 있던 항성광도측정 위원회는 헨리에타의 '천문학에 대한 위대한 봉사'에 박수를 보냈다. "헨리에타는 어려운 연구 분야의 선구자로 눈에 띄는 성공을 거두었다. 헨리에타가 마지막 연구인 이 작업(북극성 계열)을 끝내지 못해 참으로 유감스럽다."

1990년의 허블 우주 망원경 발사는 헨리에타가 발견한 주기-광도 법칙이 얼마나 중요한 것인지 가장 적절하게 증언한다. 이제 이 강력한 망원경 덕분에, 너무 멀어서 지상 망원경으로는 볼 수 없는 처녀자리 성단 은하처럼 아주 멀리 있는 세페이드 변광성을 관찰하게 되었다. 그리고 우주의 팽창 속도를 측정하는 것도 가능해졌다.

우주는 가장 작은 원자부터 가장 큰 은하까지 세상에 존재하는 모든 것을 포괄한다. 약 137억 년 전 빅뱅으로 형성된 이래 우주는 계속 팽창해왔고 그 범위는 무한할 수도 있다. 과학자들이 팽창하는 우주에 대해 말할 때, 그것은 우주가 탄생 이래 계속 성장해왔음을 의미한다. 우리가 알고 있는 우주의 부분은 관측 가능한 우주라고 하는데, 빛이 우리에게 도달할 수 있는 시간 범위 안에 있는 지구의 주변 지역이다.

우주가 건포도빵 반죽 같다고 상상해보자. 빵 반죽이 부풀어오르고 팽창해서 건포도 사이의 거리가 멀어져도 이는 여전히 반죽 속에 박혀 있다. 우주의 경우, 그 빛이 지구에 닿을 수 없을 정도로 너무 빠르게 멀어지는 바람에 우리가 더는 볼 수 없는 건포도, 즉 별이 있을지도 모른다. 우리는 우주가 팽창하고 있다는 것은 알지만, 그 속도가 얼마나 빠른지 또 팽창의 원동력이 무엇인지는 여전히 수수께끼다. 하지만 헨리에타의 주기-광도 법칙과 허블 우주 망원경 덕에 새로운 측정이 가능해졌다.

2001년에 이 연구결과가 발표되었다. 우주는 1메가파섹(약 300만 광년)당 1초에 72킬로미터의 속도로 팽창한다고 하는데, 천문학에 기여한 헨리에타의 노력이 없었다면 이런 측정은 불가능했을 것이다. 이제 우주의 운명을 이해하기 위해 멀리 떨어진 은하계의 초신성(폭발성 별)과 암흑 에너지라는 힘에 대해 새로운 연구가 진행되고 있다. 극히 일부만 이해할 수 있는 이 세계 밖에서는 헨리에타의 이름을 거의 들을 수 없지만, 헨리에타의 발견은 우주의 진정한 규모와 그 기원에 대한 우리 이해를 헤아릴 수 없을 정도로 향상시켰다.

7장

리타 레비몬탈치니 (1909-2012)

리타 레비몬탈치니는 전쟁 중에 비밀 실험실에서 신경 성장 인자NGF의 존재를 밝혀냈다. 이는 최초로 발견된 성장 인자로 신경계의 성장과 발달에 관한 중요한 통찰을 제공했다. 폭군 같은 아버지의 영향력과 전시 이탈리아의 열악한 환경을 딛고 일어선 리타는 의학과 신경생물학 분야에서 경력을 쌓았다. 당시는 효율적인 단백질 배열이나 재조합 DNA 기술이 개발되기 전이었기 때문에 NGF의 분리, 식별, 특성 파악을 위한 힘겨운 작업이 거의 25년간 계속되었다.

리타는 NGF를 발견하고 그 특성을 알아낸 공로로 노벨상을 받았고, 다른 여러 가지 성장 인자를 찾아낼 수 있도록 길을 열었으며, 발생학 분야에 혁명을 일으켰다. 리타의 연구는 어떻게 일련의 화학적 소통으로 하나의 세포에서 복잡한 유기체가 성장·발전할 수 있는지 해명하는 데 도움을 주었고, 통증 조절과 알츠하이머병, 암을 이해하는 데 기여했다.

과학계에 발을 들여놓은 시기는 남들보다 늦었지만, 리타는 억누를 수 없는 성공 욕구를 지녔고 또 상당히 오래 살았다. 백세 살까지 장수한 리타는 자신의 매력과 우아하고 깔끔한 외모를 세상을 변화시키고자 하는 강렬한 욕망과 결합했다.

Rita

Levi-Montalcini

리타 레비몬탈치니Rita Levi-Montalcini, 1909~2012는 1909년 4월 22일 이탈리아 북부 토리노에서 태어났다. 스위스 국경에서 멀지 않은 이 공업도시는 피에몬테(산기슭이라는 뜻) 지방 수도로 이탈리아에서 가장 큰 강인 포강과 나란히 자리 잡고 있다. 이곳은 이탈리아의 다른 역사적 도시들과 어깨를 견주는 문화 중심지이기도 해서 아이가 자라기에 아주 좋은 환경이었다.

리타의 아버지 아다모 레비Adamo Levi는 전기기술자이자 큰 성공을 거둔 공장 소유자로, 가족에게 안락한 생활을 제공했다. 하지만 그는 성격이 강하고 남들 위에 군림하는 스타일이라서 리타는 아버지를 두려워했다. 《불완전함을 찬양하며》라는 자서전을 보면, 리타는 아버지의 수염에 긁힐까 봐 무서워서 어떻게든 뽀뽀를 피하려 했다고 한다.

그의 콧수염은 뻣뻣한 성격과 리타와 형제자매를 공포에 떨게 했던 폭발적인 분노와 잘 어울렸다. 리타가 항상 아버지를 좋아한 것은 아니지만 그래도 존경심은 있었다. 리타는 어릴 때는 소심하고 내성적이었지만, 자라는 동안 아버지에게 물려받은 강철 같은 결단력과 강인함이 서서히 드러났다. 이들 부녀는 여러 부분에서 비슷한 점이 많았는데, 리타는 훗날 자기가 아버지의 "집념, 에너지, 재간, 일에 대한 헌신"을 빼닮았다고 말했다.

레비는 유대인이었지만 유대교 교리를 엄격하게 지키지는 않았다. 레비는 아이들이 자유사상가로 자라도록 격려했다. 리타 부모에게는 가톨릭교도 친구들이 많았고, 세속적인 피에몬테주에 사는 이탈리아인이 관대하고 마음이 따뜻하다는 것도 알았다. 이런 자유로운 태도는 유대인을 게토에 몰아넣고 가혹하게 대했던 러시아 같은 나라와 극명하게 대조된다. 레비는 리타에게 1905년 오데사에서 벌어진 집단 학살에 대해 이야기해주었고, 리타는 종종 가족에게 일어날지도 모르는 일에 대한 악몽을 꾸곤 했다.

리타의 어머니 아델Adele도 딸에게 심오한 영향을 미쳐서 성인이 된 리타는 어머니의 처녀 시절 성이 포함된 레비몬탈치니로 이름을 바꾸어 자기와 성이 같은 토리노 출신 지식인 레비와 구분을 두었다. 남편보다 아홉 살 어렸던 아델은 이탈리아의 전통적 아내 겸 어머니로 성장했다. 레비가 집안의 지배권을 틀어쥐고 있었기 때문에 온화한 성품인 아델은 그의 결정에 의문을 제기한 적이 한 번도 없었다. 어머니를 아주 좋아했던 리타는 이 점이 마음에 들지 않았지만, 자기 역시 평범한 주부가 되어 가정생활에 얽매이게 될까 봐 두려워했다. 빅토리아 시대적인 집안 운영 방식에 의구심을 품긴 했지만, 그래도 리타는 어린 시절이 "사랑과 서로에 대한 헌신으로 가득 차 있었다"고 설명했다.

이 집에는 아이가 네 명 있었다. 안나와 지노는 리타보다 나이가 각각 다섯 살과 일곱 살 많았다. 이런 나이 차이 때문에 그들과 아주 가까운 사이는 아니었지만 그래도 리타는 언니오빠를 존경했다. 지노는 건축가가 되기 위한 교육을 받았는데, 재능이 뛰어나서 전후 이탈리아에서 저명한 건축가 중 한 명이 되었다. 안나는 작가가 되겠다는 꿈이 있었지만, 결국 아내와 어머니라는 전통적 역할에 완전히 전념하게 되었다.

리타는 사랑하는 쌍둥이 자매 파올라와 가장 가까웠으며 파올라를 '자신의 일부'라고 표현했다. 두 소녀 모두 키가 작았지만 리타가 160센티미터로 더 컸다. 둘은 일란성 쌍둥이가 아니었다. 파올라는 아버지의 이목구비와 짙은 색 피부와 머리카락을 물려받았고, 리타는 크고 맑은 회녹색 눈에 피부가 하얀 어머니와 외할머니를 닮았다. 둘은 관심사도 달랐다. 파올라는 재능 있는 화가가 된 반면 리타는 학문에 더 관심이 많았다.

리타는 수줍음을 많이 탔지만 그래도 학교생활은 대체로 즐거웠다. 하지만 1920년대 이탈리아에서는 여자아이들이 아내와 어머니 이외의 존재가 되는 것을 독려하지 않았다. 여자 고등학교에서는 과학과 수학을 가르치지 않았고 남자아이들만 대학 진학이나 직업 선택에 대비할 것으로 예상했다. 리타는 그 나이 때부터 장차 과학계에서 일할 생각을 했던 건 아니지만, 제약이 심한 여학생 교육계와 이탈리아 사회의 기대를 넘어서는 삶을 살고 싶다는 생각을 계속했다. 리타는 나중에 이렇게 회상했다. "우리 가족의 경우, 어머니처럼 결혼했다가는 아무것도 이룰 수 없다는 것을 알았다……. 나는 어린이나 아기에게 별 관심이 없었고, 아내나 어머니 역할을 받아들일 생각도 전혀 없었다."

다른 나라들처럼 이탈리아도 제1차 세계대전이 끝난 뒤 경제난에 시달렸고, 리타가 열한 살이던 1920년에는 노동자들의 파업과 폭력 시위가 종종 벌어졌다. 독재적인 우파 정권이 들어설 분위기가 무르익었고, 1920년대 초 선전과 무력을 결합한 파시스트당이 정권을 잡았다. 1922년 총리 자리에 오른 베니토 무솔리니Benito Mussolini는 1925년부터 독재자로 군림하다가 1943년에야 겨우 타도되었다.

1929년, 리타의 표현처럼 계속 '어둠 속에서 표류하던' 가족은 비극적인 사건을 겪었다. 몇 년 동안 레비 가족과 함께 살면서 아이들에게 제2의 어머니 같은 역할을 했던 지오바나 브루타타Giovanna Bruttata가 위암으로 세상을 떠난 것이다. 이 사건으로 당시 스무 살이던 리타의 학구적 야심이 지향점을 찾았다. 의사가 되는 교육을 받겠다고 한 것이다.

첫 번째 장애물은 아버지를 설득하는 것이었다. 레비의 여동생들은 문학과 수학 박사학위를 받았지만, 레비는 동생들이 결혼생활을 불행하게 한 것이 고등교육 탓이라고 생각했다. 하지만 아델이 설득해준 덕에 레비는 걱정과 불안감을 억누르고 결국 승낙했다. 리타는 대학 입학시험을 보기 위해 맹렬히 벼락치기 공부를 했다. 8개월 동안 그 지역에 사는 대학교수 두 명에게 언어, 수학, 과학을 배웠고 동시에 철학, 문학, 역사를 혼자 공부했다. 리타는 1930년 가을 토리노 대학에서 의학을 공부할 자격을 얻었는데, 그 해에 입학시험을 치른 방문 교육 학생들 가운데 가장 높은 점수를 받았다.

리타는 약 3백 명이 모인 학급에 일곱 명뿐인 여학생 가운데 한 명이었다. 몇 년 동안 지적 박탈감을 겪은 리타는 이제야 비로소 원하는 대로 공부할 수 있게 되었으므로, "나는 연구에만 시간을 쏟고 싶었다……. 다른 학생들과 감정적 접촉은 전혀 원하지 않았고 오직 지적 접촉만 하고 싶었다"고 분명히 말했다.

리타가 가장 좋아한 과목은 해부학으로, 르네상스적 분위기가 나는 의과대학의 원형 강의실에서 시신을 해부하는 모습에 매료되었다. 담당 교수 주세페 레비Giuseppe Levi는 친척은 아니지만, 곰 같은 외모와 강한 성격이 리타 아버지를 연상시켰다. 레비 교수는 현미경으로 세포, 특히 신경세포(뉴런)를 연구하는 일에 전념했는데, 리타는 조직학에 대한 그의 열정에 마음이 끌렸다. 교수는 화를 잘 내기로 유명했지만, 과학적 영향력은 대단했다. 리타와 그의 평생 친구인 살바도르 루리아Salvador Luria, 레나토 둘베코Renato Dulbecco 등 노벨상 수상자 세 명이 레비 교수 실험실에서 연구 경력을 쌓았다. 레나토는 레비 교수가 자신들에게 심어준 '연구에 대한 올바른 태도'가 성공의 근간이었다고 인정했다. 교수는 건설적인 비판을 해주었고, 일이 계획대로 진행되지 않을 때는 심한 말로 비난을 퍼붓기도 했지만 결과가 흥미로울 때는 매우 활기차고 흥분된 모습을 보였다.

리타는 의대 시절부터 신경계와 그 발달방식에 관심을 가졌다. 중심의 세포체와 세포들을 서로 연결하는 섬유조직이 있는 신경세포는 신경계의 기능성 세포로 전기 임펄스, 즉 '메시지'를 전달한다. 이 신경세포는 뇌에 방대한 신경망을 만들고 척수를 통해 몸 전체

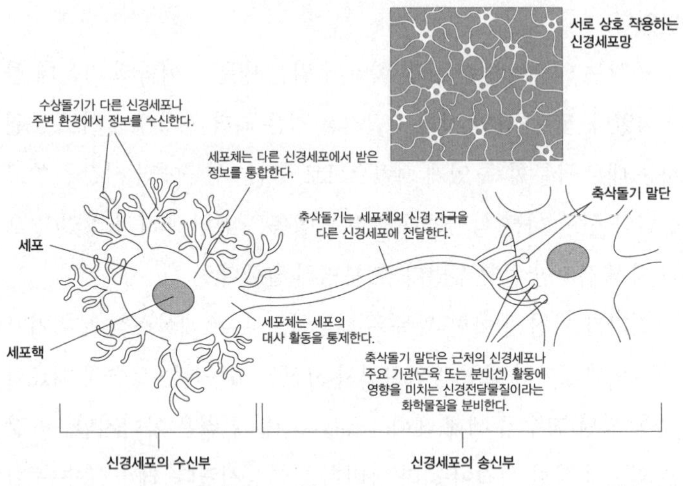

신경세포의 구조: 전기 및 화학 신호로 몸 전체의 정보를 수신, 처리, 전송하는 특수한 양방향 흥분성 신경세포

의 말초신경계와 연결된다. 신경세포의 전문화된 구조는 현미경으로만 볼 수 있다. 신경세포가 발달하는 과정과 기능을 이해하는 것은 뇌 신경세포가 손상되어 발생하는 알츠하이머병이나 파킨슨병 같은 질병 치료를 위해서도 매우 중요하다. 이런 질병의 증상은 심각한 기억력 손실부터 신체 조정 능력 감퇴, 떨림, 근육 경직까지 다양하다.

리타는 의대 2학년이던 1932년 레비 교수의 인턴이 되었다. 리타는 진일보한 조직학을 연구하기 위해 신경조직을 매우 얇게 잘라서 은으로 만든 염료로 물들여야 했다(1873년에 이탈리아 과학자 카밀로 골지Camillo Golgi가 발명한 방법). 이는 쉬운 일이 아니지만 리타는 힘든 과제에 잘 대처했고, 훗날 성공에 결정적 요소로 작용한 이 민감한 기술에 매우 능숙해졌다.

레비 교수는 서로 다른 배에서 태어난 생쥐들의 경우, 척추 양쪽에 있는 감각기관 신경절(서로 연결된 신경세포 군집)의 뉴런 수가 같은지 아니면 다른지 알아내는 데 관심이 있었다. 리타는 수없이 많은 현미경 슬라이드를 준비했고 수천 개 세포를 셌다. 워낙 기계처럼 반복되는 작업이다 보니 리타는 계산이 정확한지 혹은 비슷하게라도 들어맞는지 확신할 수 없었고, 나중에 그 일은 "과학이라기보다 예술에 가까웠다"고 평했다. 비록 이 프로젝트를 계속 진행하는 데 필요한 기술과 장비를 구할 수는 없었지만, 레비의 연구는 시대를 앞서나가는 작업이었다. 여기서 '신경계의 특정 부분에 있는 신경세포 수는 고정적인가 아니면 환경적 영향에 따라 변하는가?'라는 중요한 의문이 해결되지 않은 채 남았는데, 나중에 리타가 그 의문에 답할 것이다.

리타가 스물세 살이던 의대 2학년 때, 아버지가 뇌졸중과 심장마비를 잇달아 겪으면서 위중한 상태에 빠졌다. 그리고 1932년 8월 초 예순다섯의 나이로 세상을 떠났다. 리타는 아버지와 늘 원만한 관계를 유지했던 건 아니지만 그의 죽음은 가족들에게 엄청난 타격이 되었고 리타도 가족과 함께 아버지를 애도했다.

그 이듬해인 1933년, 나치당이 독일 정권을 장악하면서 반유대주의 정책을 처음부터 강하게 밀고 나갔다. 이탈리아에 반유대주의 징후가 나타나기 시작한 것도 이 무렵부터다. 환자도 치료하고 레비의 실험실에서 다양한 프로젝트도 진행하는 등 열심히 일하던 리타는 임박한 위험 앞에서도 거의 영향을 받지 않았다. 진행하던 프로젝트 중에서 신경세포를 둘러싼 결합조직(몸의 다른 조직을 지탱하고 묶어주는 조직)의 유형에 관한 프로젝트가 박사학위 논문 주제가 되었다. 스물일곱 살이던 1936년 박사학위를 받은 리타는 평생 신경세포 발달에 더욱 관심을 갖게 되었다.

무솔리니 정권의 탄압이 더욱 가혹해진 1930년대 후반, 리타는 파비오 비신티니Fabio Visintini와 함께 병아리의 배아 발달을 연구했다. 병아리 배아는 출생 전 신경계 발달을 연구하는 데 인기 있는 방법이다. 달걀은 구하기 쉽고 배아 상태일 때 병아리 신경계는 조류나 포유류 성체보다 연구하기 편하면서도 매우 유용한 정보를 제공한다.

신경세포끼리 전기 자극을 전달한다는 사실은 20세기 초 알려졌는데, 1925년 영국의 생리학자 에드거 에이드리언Edgar Adrian이 처음으로 이 과정을 전기적인 방식으로 기록했다. 비신티니는 최근 개발된 소형 전극을 이용해 병아리 배아에 있는 신경세포의 전기적 활동을 연구했고, 리타가 은으로 염색한 조직으로 세포가 발전하고 분화되면서 벌어지는 물리적 변화를 밝혀냈다. 두 사람은 수정 1일차부터 20일차까지 병아리의 척수와 신경계가 하루하루 발달하는 모습을 관찰해 전체 그림을 완성했다.

1938년 7월 14일 이탈리아에서 '인종 선언'이 발표되면서 반유대주의 선동을 무시하기가 점점 힘들어졌지만, 오랫동안 반파시즘을 고수해온 토리노 대학교는 유대인 직원들을 계속 지지했다. 의대 시절부터 친구였던 한 의사는 자기와 결혼하면 반유대주의 정서를 피할 수 있을 것이라며 리타에게 결혼하자고 청하기도 했다. 하지만 리타는 누구하고도 결혼할 생각이 없다며 청혼을 거절했다. 그리고 사실상 그런 결합은 불가능하다는 것이 곧 밝혀졌다. 1938년 11월 17일, 아리아인과 다른 인종 간의 결혼을 금지하는

'인종 보호법'이 제정된 것이다. 리타에게 더욱 충격적인 일은 유대인이 모든 교직과 다른 여러 직업에 종사하는 게 금지된 것이었다. 리타를 비롯해 이탈리아에 사는 유대인 5만 명이 대부분 갑자기 실직 상태가 되었다.

리타는 벨기에 브뤼셀에 있는 신경학 연구소에서 일자리를 얻었지만, 6개월 뒤 이탈리아가 독일 편에 서서 제2차 세계대전에 참전했기 때문에 이 일자리도 곧 잃었다. 조국 이탈리아와 늙어가는 어머니에게서 계속 떨어져 있는 게 마음에 걸린 리타는 전쟁이 곧 끝나기를 바라며 가족이 있는 집으로 돌아왔다. 이 시기는 여러모로 답답했다. 리타는 비밀리에 환자를 치료했지만 비유대인 동료들의 호의에 의존해 처방전을 써주는 것도 점점 어렵고 위험해졌다. 몇 달 후 리타는 의사 일을 그만둬야 했고 독서와 친구들을 만나는 것 외에는 소일거리도 없이 무료한 나날을 보냈다.

리타가 서른한 살이 된 1940년 가을, 무심코 나눈 대화가 새로운 시작으로 이어졌다. 최근 미국에서 돌아온 레비 교수의 제자 로돌포 암프리노Rodolfo Amprino는 리타가 아무런 연구도 하지 않는다는 것을 알고 실망했고, 그가 보인 반응이 리타 마음에 불을 붙였다. 병아리 배아의 신경계 발달 메커니즘에 관한 논문을 읽고 영감을 받은 리타는 집에 연구실을 차렸다. 독일인이 유럽 전역을 활보하는 동안, 리타의 침실은 본인 말처럼 '로빈슨 크루소풍의 개인 실험실'이 되었다. 리타는 이곳에서 미성숙 세포의 발달에 영향을 미치는 분자인 최초의 성장 인자 발견의 토대가 되는 실험을 했다.

침실은 물론 이상적인 실험실 환경은 아니지만, 리타는 건축가인 동생 지노의 도움 덕분에 필요한 장비를 조립하는 기발한 방법을 찾아냈다. 집에서 만든 인큐베이터(온도 조절 장치가 있는 상자)에서 달걀을 배양했다. 바느질할 때 쓰는 보통 바늘을 좋은 숫돌에 갈아서 날카롭게 만든 것이 작은 배아에 사용하는 수술 도구가 되었다. 동네 시계 기술자에게 부탁해 작은 겸자를 얻었으며 안과 의사는 눈 수술할 때 주로 사용하는 현미경을 제공했다. 리타는 전시의 혼돈에서 벗어난 자기 방에서 "지금 수술 중이니까 방해하면 안 된다"는 말로 불청객을 모두 물리친 어머니의 비호를 받으며 미세수술 기술과 조직학 지식을 최대한 활용하기 시작했다.

리타는 미국으로 도망친 독일 태생 유대인 빅토르 함부르거Viktor Hamburger의 연구에서 영감을 받았다. 그는 발달 신경생물학(신경계의 생물학)의 창시자로, 아직은 규모가 작지만 점점 지평을 넓혀가는 이 분야에서 병아리 배아를 표준 연구 대상으로 삼은 사람이다. 함부르거는 1927년 신경계가 발달하는 방식을 조사하기 위한 장기 계획을 세웠다.

그는 여러 가지 신경세포 중에서도 특히 척수에 세포체가 있고 배아의 사지 부분까지 섬유질이 뻗어나가는 운동 신경세포에 관심이 있었다. 이 신경세포가 활성화되면 근육이 수축되고 사지가 움직인다. 함부르거는 1934년 3일 된 배아의 발달 중인 날개를 신경이 도달하기 전에 잘라내면, 그 날개를 움직였을 신경세포가 포함된 척수 신경절이 정상보다 훨씬 작아진다는 것을 발견했다. 반대로 여분의 사지를 배아에 이식하면 척수 운동 신경세포 수가 늘어나는 결과를 낳았다. 그는 이런 결과가 생기는 건 날개에 존재하는 신호 인자나 유도 인자 때문이라고 생각했다.

6년 뒤, 리타는 침실에 숨겨놓은 작은 실험실에서 이 실험을 반복하며 자기도 같은 결론에 도달하는지 보려고 했다. 이번에는 흥미롭게도 역할이 역전되어 리타는 종종 레비 교수의 도움을 받았다. 레비의 거대한 체구와 서툰 손놀림 때문에 물건이 자주 파손된 걸 생각하면 그의 도움이 반갑기도 하고 반갑지 않기도 했지만, 리타는 그의 충고를 기꺼이 받아들였다.

리타는 3일 된 배아에서 팔다리싹limb bud을 제거한 다음 17일 동안 6시간마다 한 번씩 배아 몇 개를 해부했다. 이 배아를 얇게 잘라 현미경 슬라이드를 만들어 은으로 물들이면 근처 신경절에서 나온 신경세포가 성장하는 모습을 볼 수 있다. 리타는 신경세포가 절단된 날개의 남은 부분을 향해 계속 자라다가 그 부분에 닿으면 죽는다는 사실을 발견하고 매료되었다. 날개싹에 있는 알 수 없는 인자가 척수 신경절에서 성장하는 신경세포를 끌어당겨 성장을 촉진하지만, 생존이나 더 이상 발달은 이루지 못하는 것처럼 보였다. 이 정체불명의 인자가 없으면 신경세포는 그대로 죽었다.

함부르거는 팔다리싹에는 미숙한 신경세포가 운동 신경세포로 분화하도록 지시하는 물질이 포함되어 있다는 가설을 세웠는데, 이는 '형성체'라고 하는 범주에 속하는 유도작용(신경 성장의 계기)이다. 리타는 이 자료를 다르게 해석해서 팔다리싹에 있는 물질이 신생 신경세포의 생존을 촉진한 것으로 보았다.

리타와 함부르거의 실험 결과 해석은 미묘하게 달랐지만, 리타는 직감적으로 자기가 옳다고 확신했다. 이건 중요한 영양 인자가 존재한다는 첫 번째 조짐이지만, 한편 신경세포의 죽음은 정상적인 발달의 일부라는 새로운 개념으로 연결되었다. 리타는 자신이 그렇게 원시적인 장비를 가지고 실험에 성공한 건 순전히 기적이었다는 사실을 깨달았고, 나중에는 다른 사람들처럼 주변에서 격렬한 전쟁이 벌어지는 동안 그토록 연구에만 열중할 수 있었던 자신의 능력에 놀라움을 금치 못했다. 리타는 '그 답은 주변을 제대로 인식할 경우 자멸할 수도 있는 상황에서 벌어지는 일들을 무시하려는 인간의 절망적이고 반쯤은 무의식적인 욕망 때문'이라고 생각했다.

리타의 연구결과는 벨기에에서 간행되는 《생물학 아카이브Archives de Biologie》라는 저널에 기고한 짧은 논문으로 처음 발표되었는데, 이탈리아에는 유대인의 연구 내용을 실어주는 저널이 없었기 때문이다. 그 직후인 1942년, 산업도시인 토리노가 영국 폭격기의 주요 표적이 되면서 리타의 침실에 마련된 평화로운 세계도 산산조각 났다. 가족은 지하실로 몸을 피했고 리타도 소중한 현미경과 슬라이드를 움켜쥐고 그들과 합류했다. 피할 수 없는 파괴에 직면한 리타와 가족은 아스티라는 시골 마을로 탈출했고, 리타는 그곳에서 연구를 계속했다.

그곳에 마련한 실험실은 전보다 비좁았다. 리타의 '실험실'은 거실 한구석에 있는 작은 테이블 하나가 다였는데, 잦은 정전과 달걀 부족 때문에 일이 제대로 진행되지 않았다. 언제나 수완이 좋은 리타는 그 지역 농장을 돌아다니며 '아기들'을 위해 달걀을 좀 달라고 부탁하면서 수탉과 교배해서 얻은 수정란이 '더 영양이 풍부하다'고 설명했다. 오빠 지노는 질색했지만, 리타는 연구에 필요한 배아를 추출하고 남은 달걀로 오믈렛을 만들어 가족의 전시 식단에 부족한 영양을 보충했다.

주변 상황이 이렇게 힘들었지만 리타는 전혀 흔들리지 않았고, 나중에는 "그 시골에서 지내는 동안 신경계 분석이 더 확실하게 진행되었으니, 계속 대학 실험실에 있는 것보다 훨씬 나았다"고 말하기도 했다. 리타는 병아리 배아에서 발달 중인 귀 신경을 연구하는 새로운 프로젝트에 매료되었다. 그래서 신경 섬유가 배아의 척추 근처에 있는 세포 덩어리를 떠나 병아리 몸속에 있는 목적지까지 똑같은 경로를 따라 이동하는 과정을 자세히 관찰했다. 리타는 그 모습을 어미를 따라가는 새끼 오리들에 비유했다. 이건 일부 세포가 죽었을 때 예측 가능한 과정으로 건강한 배아의 발달에서 극히 정상적인 부분이다. 리타는 이 모습을 보며 주변 시골에서 보았던 삶과 죽음의 순환을 떠올렸다.

비교적 호젓한 이탈리아의 시골 마을로 피난 간 리타와 가족은 전쟁의 영향을 별로 받지 않았지만, 무솔리니는 전쟁에서 고전을 면치 못했다. 1941년 4월 연합군이 이탈리아 군대를 동아프리카에서 몰아냈고, 1943년 7월에는 이탈리아를 침공했다. 권좌에서 물러난 무솔리니는 적법한 절차에 따라 체포되었지만, 그 소식을 듣고 좋아한 레비 가문의 기쁨은 오래가지 않았다. 1943년 9월, 독일군은 위신이 땅에 떨어진 이탈리아군 상황은 아랑곳하지 않고 이탈리아로 진격했다. 리타가 자서전에 쓴 것처럼, "며칠 혹은 몇 시간만 꾸물거려도 목숨을 잃을 수 있다"는 사실이 갑자기 명확해졌다. 레비 가족은 리타와 파올라가 만든 가짜 신분증을 이용해 기차를 타고 피렌체로 가면서 강제수용소로 끌려가는 것을 간신히 피했다. 그리고 거의 2년 동안, 그들은 가톨릭교도 같은 가명으로 살면서 언제 발각될지 모른다는 끊임없는 두려움에 떨었다.

리타는 시골 마을에서 도망칠 때 소중한 가정 실험실과 그 안의 모든 내용물을 버리고 떠날 수밖에 없었다. 리타와 파올라는 더 많은 가짜 신분증을 만들거나 애타는 심정으로 런던에서 진행하는 뉴스 방송에 귀를 기울이며 시간을 보냈다. 1944년 봄 피렌체에 도착한 주세페 레비를 반기면서 잠시 한숨 돌린 리타는 그 후 몇 달 동안 레비를 거들어 조직학 교과서를 수정했다.

1944년 8월 3일, 비상사태가 선포되고 도시의 전기와 수도가 끊겼다. 이탈리아인이 독일 점령군에 맞서 싸우는 동안 리타와 가족은 아파트에서 목격한 파괴 장면에 겁을 먹었지만 리타는 한편으로 '짜릿한 자유의 공기'를 느꼈다. 1944년 9월 2일, 영국군이 플로렌스를 장악했고 리타는 그 즉시 새로운 목표를 발견했다. 그때부터 1945년 5월까지 몇 달 동안, 리타는 난민수용소에서 의사로 일했다. 리타가 자서전에 썼듯이 이건 "의사로서 해본 가장 강렬하고 가장 고단한 마지막 경험"이었다. 수용소에서는 죽음, 특히 추위와 배고픔으로 허약해진 상태로 도착한 어린아이들의 죽음이 만연했고 항생제를 구할 수 없어 장티푸스 같은 전염병으로 사망하는 이들이 많았다.

리타는 이 냉엄하고 근심 걱정 가득한 시간을 이겨내고 이탈리아에 찾아온 새로운 시대를 맞이했다. 1945년 4월 25일, 연합군과 그 열렬한 지지자들은 독일군을 마지막 한 명까지 이탈리아에서 몰아냈다. 레비 가족과 주세페 레비는 토리노로 돌아와 예전처럼 정상적인 생활로 돌아가려고 애썼다. 당연한 일이지만, 리타는 그곳에 다시 자리 잡고 적응하기가 힘들었다. 그러던 중 1946년 7월 함부르거가 보낸 편지를 받고는 즉시 기운을 차렸다. 함부르거는 리타가 임시변통으로 만든 자기 집 실험실에서 자기 실험을 그대로 따라 한 뒤 쓴 논문을 읽었는데, 이때 그는 세인트루이스에 있는 워싱턴 대학교에서 일하고 있었다.

리타는 그렇게 저명한 과학자가 함께 일해보자고 초대해준 것이 큰 영광이라는 사실을 알고 있었다. 서른일곱 살이던 리타는 원래 워싱턴 대학교를 한 학기 동안만 방문할 예정이었다. 아버지가 여자들을 가르치는 것에 반대한데다가 이탈리아 사회의 남성 우월주의적 성격과 반유대주의, 거기에 제2차 세계대전까지 더해지는 바람에 리타의 과학 경력은 매우 느리게 시작되었다. 리타는 한 학기로 예정했던 이 방문이 30년 가까이 연장될 것이라는 사실을 알지 못했다. 리타는 나중에 워싱턴 대학교에서 보낸 시간이 "인생에서 가장 행복하고 생산적인 시절"이었다고 회상했다.

리타는 개척자들의 도시로 명성을 떨친 세인트루이스에서 인생의 새로운 장을 시작하리라는 전망에 들떠 있었다. 1853년 설립된 워싱턴 대학교의 담쟁이덩굴로 덮인 벽돌 건물과 평화로운 분위기는 리타의 마음을 진정시키는 효과를 발휘했다. 리타는 새로운 환경을 탐험하는 것을 즐겼지만, 세인트루이스에서 보낸 첫 2년 동안은 결코 쉽지 않았다. 영어 실력이 형편없었고 또 처음에는 격식에 얽매이지 않는 미국 대학 분위기에 혼란을 느꼈다. 하지만 곧 함부르거에게 마음이 끌렸고, 다른 사람들처럼 리타도 그가 품위 있는 태도에 친절하고 관대한 사람이라는 사실을 알게 되었다. 과학 연구에 대한 그의 점진적 접근 방식이 리타의 대담한 이탈리아 스타일을 보완해주었고, 두 사람은 이내 친밀한 동료 사이가 되었다.

함부르거는 자기가 관심 있는 배아학 연구와 리타가 주로 집중하는 신경생물학 연구를 결합할 가능성에 흥미를 느꼈다. 독일 과학자 힐데 만골트Hilde Mangold와 한스 슈페만Hans Spemann은 함부르거가 진로를 정하는 데 도움이 되었다. 이 두 사람은 1924년 양서류의 초기(낭배기) 배아의 한 부분이 배아의 다른 부분의 형성을 지시하는 '형성체' 역할을 한다는 것을 증명했다. 이것은 한 집단이 다른 집단의 발생 운명에 영향을 미치는 두 세포 집단 간의 상호작용인 '유도induction'라는 개념을 처음으로 입증한 것이다.

함부르거와 리타 둘 다 복잡한 신경세포망이 어떻게 말초조직의 신경을 발달시키는지, 즉 신경이 척수에서 사지로 뻗어나가는 방식에 관심이 있었다. '형성체' 발견 당시 슈페만의 제자였던 함부르거는 '유도'가 자신과 리타의 병아리 날개 실험에서 나타난 신경 성장의 원인일지도 모른다고 생각했다.

리타는 1940년대 후반 워싱턴 대학에서 자신과 함부르거의 실험 일부를 반복할 기회를 얻었다. 두 사람은 병아리 배아에서 사지를 떼어내거나 이식한 뒤 그것이 신경 성장에 미치는 극적인 효과를 지켜보았다. 실험 결과를 본 함부르거는 리타의 결과 해석이 옳을지도 모른다고 납득하게 되었다. 즉, 사지의 어떤 인자가 미성숙 신경세포가 운동 신경세포로 분화하도록 유도하는 게 아니라 신생 신경세포의 생존을 촉진한다는 것이다. 리타의 기술과 헌신적인 태도에 감명받은 함부르거는 1947년 리타의 단기 계약을 연장하고 연구원 자리를 제안했다.

그해 가을, 리타의 조직학 기술이 뛰어난 관찰력과 결합되어 더 많은 성과를 낳았다. 리타는 뇌와 척수 신경세포가 형성되기 시작하는 발생 3일차와 7일차 사이의 병아리 배아로 만든 슬라이드를 연구했다. 리타는 척수의 특정 부위에 빠른 변화가 일어나는 것을 알아차렸는데, 때로는 몇 시간 사이에도 변화가 생기곤 했다. 리타는 마치 '전장을 휩쓰는 대군'처럼 신경세포들이 길게 줄지어 한곳에서 다른 곳으로 이동하는 모습을 관찰했다. 이런 이동은 마치 철새들이 자기 내부의 '프로그램'에 반응해 움직이듯이 거의 직관적인 움직임처럼 보였다. 고도로 발달한 리타의 직관력이 그런 실험 성공과 해석에 중요한 역할을 했는데, 그 자신도 이런 사실을 잘 알고 있었다. "나는 특별히 똑똑한 건 아니다. 지능은 평균 수준 정도다. 하지만 머릿속에 계속 어떤 직관이 떠오르는데, 그게 옳다는 것을 알고 있다. 그건 잠재의식의 특별한 선물이다."

리타는 슬라이드의 다른 부분에서 전장에서 죽은 '시체'와 비슷한 죽어가는 세포들을 보았는데, 이 세포들은 나중에 면역계의 청소세포인 대식세포가 '먹어치운다.' 역동적이고 끊임없이 변하는 이 시스템은 리타가 1942년 봄 아스티에서 처음 목격한 성장과 세포 이동, 죽음의 주기를 부각시켰다. 리타는 수많은 신경세포가 정상적인 발달 과정에서 죽으며, 배아의 사지를 절단하면 훨씬 많은 신경세포가 죽게 된다는 직접적 증거를 발견했다. 발달 중인 신경세포의 생명은 사지에서 나오는 어떤 신호에 달려 있다. 그 신호가 없으면 신경세포는 죽는다.

1950년 1월, 리타의 연구는 비약적으로 발전했다. 함부르거의 제자였던 엘머 뵈커Elmer Bueker의 도움을 받아 암에 걸린 생쥐의 종양을 3일 된 병아리 배아에 이식하면 배아의 감각 신경절에서 종양 세포 쪽으로 신경 성장이 촉진된다는 것을 입증했다. 이런 신경 성장을 본 리타는 '돌이 깔린 바닥 위로 끊임없이 흐르는 시냇물'을 연상했다. 다른 생쥐의 종양도 비슷한 효과를 냈는데, 리타는 신경이 너무나도 활발하게 성장하는 모습에 자기가 환각을 보고 있다고 생각할 정도였다.

이때 리타는 결정적인 관찰을 했다. 배아의 정맥 안에는 신경 섬유가 존재하지만 동맥에는 신경 섬유가 없었다. 정맥은 종양에서 배아로 물질을 운반하지만 동맥은 그 반대다. 종양은 분명히 신경 성장을 자극하는 유동성 물질을 생산했다. 리타는 자신의 실험 결과를 확인하고 확대하기 위해 독창적인 새 방법을 고안했다. 종양 세포를 배아 표면에 직접 붙이는 대신, 배아를 보호하는 외막에 종양을 이식한 것이다. 이렇게 변형된 실험으로 종양과 배아가 직접 접촉하는 건 막았지만, 종양 세포 내에 포함된 활성 물질은 반투과성 막을 통과해 배아에 전달될 수 있었다.

기쁘게도 리타는 전에 보았던 것과 똑같은 결과를 관찰했다. 종양 세포에서 생성되는 확산성 화학물질 때문에 신경 성장이 엄청난 자극을 받은 것이다. 1951년 1월 둘베코에게 연락하자 그는 이 발견이 '센세이셔널하다'고 말했고, 뉴욕 과학 아카데미에서 리타의 강연을 들은 저명한 발생학자 폴 바이스Paul Weiss는 이것이 그해의 가장 흥미로운 발견이라고 했다.

리타는 세인트루이스에서 함부르거의 연구실에서 이용할 수 없는 새롭고 간편하고 더 빠른 기술을 배우기 위해 브라질로 갈 때까지 멈추지 않고 연구했다. 이 신기술은 리타의 연구를 상당히 진전시킬 것이었다. 록펠러재단에서 받은 보조금으로 무장한 리타는 1952년 9월 리우데자네이루로 날아갔다. 이때 리타는 두 가지 중요한 무기를 챙겨 갔는데, 바로 자기가 실험하고 싶은 종양을 앓고 있는 생쥐 한 쌍을 손가방에 숨겨서 가져간 것이다. 그 후 몇 달 동안 리타는 매우 생산적인 연구를 진행했고, 함부르거와 정기적으로 주고받은 편지에서 자신이 발견한 것을 자세히 설명했다. 리타는 날마다 신경 성장을 촉진하는 물질을 규명해야 하는 도전에 직면했고, 함부르거는 '실제 연구를 진행하는 방식과 중간중간 겪는 기복, 절망과 승리를 멋지게' 묘사한 편지에 감동했다.

유기체 외부 환경에서 신경세포를 배양하는 것은 20년 뒤에나 가능한 일이었고 1950년대에는 세포 배양도 일반적으로 활용되지 않았지만 리타는 이것이 최선의 방법이라는 것을 깨달았다. 체외 세포 배양은 신경세포의 성장, 발달과 특성에 영향을 미치는 요인을 통제하고 조사할 수 있는 이상적인 환경을 제공했다. 1930년대에 리타와 함께 일했던 동료 헤르타 메이어Hertha Mayer가 브라질 리우데자네이루에 있는 생물물리학 연구소의 조직 배양 실험실 책임자로 있었다. 리타는 그곳에서 사용하는 새로운 기술을 배우고 싶어 했다.

처음에 리타는 조직 배양 시스템에서 자신의 실험 결과를 재현하기가 어렵다는 것을 알았지만, 이 모형에 어느 정도 적응하자 종양 세포 파편이 신경 성장이 시작되도록 자극할 수 있다는 것을 분명히 보여주었다. 정상적인 생쥐 조직도 신경 섬유를 자라게 했지만, 성장하는 정도가 달랐다. 리타는 원래 빠르게 자라고 억제되지 않는 종양 세포만 이런 성장 촉진 물질을 생산할 수 있다고 생각했다. 하지만 이제는 그게 모든 생쥐 조직의 일반적 속성인지 궁금해졌다.

브라질에서 머무는 일정이 끝나가자 리타는 리우데자네이루에서 마지막 한 달을 관광객처럼 보냈다. 리타가 쉬면서 긴장을 풀 수 있는 흔치 않은 기회였다. 그 유명한 리우 카니발은 놓쳤지만 카니

발 사전 행사에 참여한 일이 마음속에 깊은 인상을 남겼다. 리타는 규정하기 힘든 분자를 리우의 붐비는 거리에서 본 신비한 복면의 인물처럼 여기기 시작했다. 리타는 자서전에 "그것이 자기 정체를 드러낸 건 리우데자네이루에서였다……. 폭발적이고 생동감 넘치게 삶의 에너지가 발현되는 리우 카니발의 밝은 분위기에 자극을 받은 것처럼 연극적이고 웅장하게 자신을 드러냈다"고 썼다.

브라질에서 쌓은 경험에 고무된 리타는 신경 성장을 책임지는 인자를 분리해서 확인할 준비가 되어 있었는데, 몇 달 안에 끝날 거라고 생각했던 이 프로젝트가 실제로는 6년이나 걸렸다. 1953년, 세인트루이스 워싱턴 대학의 함부르거 연구실로 돌아온 마흔네 살의 리타는 스탠리 코헨Stanley Cohen이 그 실험실에 합류했다는 사실을 알고는 기뻐했다. 브루클린 출신인 스탠리는 현실적이고 겸손하면서 내성적인 성격으로, 공들인 디너파티를 열기로 유명하고 여러 개 언어에 능통하며 화가인 쌍둥이 자매처럼 예술에 매료된 이탈리아인 리타와는 극명하게 대조되는 인물이었다. 리타는 직장생활을 한 이후 두 번째로 상호 보완적이고 긴밀한 협력관계를 맺게 되었다는 것을 알았다. 생화학자인 스탠리는 신경계에 대해 아는 게 없었고, 리타 또한 생화학 전문가가 아니었다.

그들은 과학에 대한 접근 방식도 상당히 달랐다. 스탠리는 일관성 있고 모든 걸 포괄하는 꼼꼼한 접근 방식을 선호한 반면, 리타는 꾸준히 자신의 유명한 직관을 따랐고, 그 덕분에 눈부신 성과를 올리는 경우가 종종 있었다. 스탠리는 리타의 '성공을 위한 엄청난 추진력'에 감탄했고, 두 사람은 서로 단점을 잘 보완했다. 스탠리가 "리타, 당신과 나는 따로따로 있어도 괜찮은 사람들이지만, 함께 있으면 아주 훌륭한 파트너가 되지요"라고 말한 적도 있다.

스탠리도 리타처럼 학부 시절부터 세포의 배아 발달에 매료되었고, 생물학 연구에 방사성 물질을 사용하는 방법을 배우기 위해 1952년 워싱턴 대학으로 왔다. 그는 리타가 발견한 물질의 화학적 성질을 알아내는 일에 돌입했다. 1954년, 리타와 스탠리는 이 물질에 신경 성장 인자NGF라는 이름을 붙였다.

리타는 스탠리가 배아에서 자란 수십 개 종양에서 NGF를 추출해 실험할 수 있도록 대형 샘플을 만드는 일에 착수했다. 수년간 노력한 끝에 스탠리는 이 자료를 이용해 NGF가 단백질이라는 것을 밝혀냈다. 그리고 그들은 뱀독에서 종양 세포보다 1,000배 더 농축된 고농축 NGF원을 발견했다. 이는 그들이 추후에 진행한 생화학 분석을 크게 촉진했고, 또 생쥐 조직 대부분이 일부 NGF를 다양한 수준으로 생산한다는 것도 발견했다.

1956~1959년까지 3년 동안 스탠리는 NGF의 분자량(분자를 구성하는 모든 원자의 원자량의 합, 측정 단위는 돌턴dalton)이 2만 돌턴이라는 것을 알아냈고, 리타는 NGF가 체내에 미치는 생물학적 영향에 집중했다. 예를 들어, 리타는 3주 동안 매일 NGF 주사를 맞으면 갓 태어난 생쥐와 쥐의 신경절 크기가 열 배 증가하고 신경이 주변 기관과 조직으로 뻗어나가는 일도 늘어난다는 것을 보여주었다.

무엇보다 중요한 건, NGF를 차단하는 방법으로 그 효과가 명확하다는 것을 증명했다는 점이다. 생물학적 시스템에서는 항체를 통해 이를 처리할 수 있다. 항체는 이물질(보통 박테리아나 바이러스 같은 미생물)의 침입에 대응해 면역계가 일상적으로 생산하는 물질로, 구체적이고 표적이 확실한 면역 반응을 일으킨다. 리타가 체외에

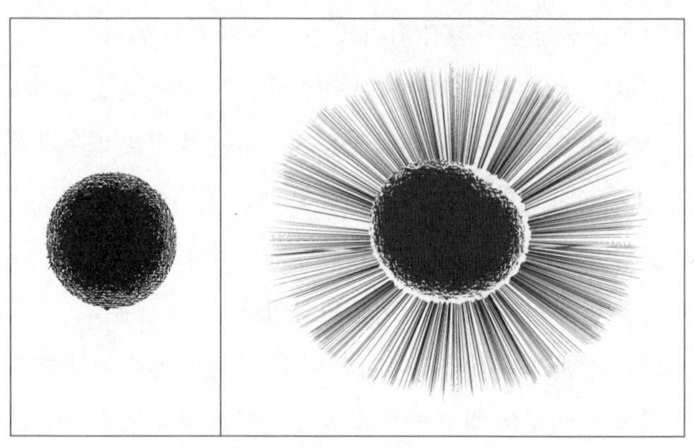

NGF가 없을 때(왼쪽)와 있을 때(오른쪽) 병아리 배아의 신경 성장
R. 레비몬탈치니&칼리사노Calissano, 〈신경 성장 인자〉, 《사이언티픽 아메리칸Scientific American》 1979년 제240권, 68~77쪽.

서 항혈청(생쥐 NGF에 대한 항체가 포함된)을 사용하자 조직 배양 시스템에서 신경 섬유 띠가 자라지 않았다.

체내에서는 그 효과가 한층 더 두드러졌다. 한 달 동안 매일 항혈청을 투여하자, 갓 태어난 생쥐와 쥐의 척수 주변에 있던 신경절이 거의 다 사라졌다. 하지만 이 설치류들의 나머지 신경계는 정상적으로 발달했고 건강해 보였다. 두 사람이 이 발견을 한 날 방문한 함부르거는 1959년 6월 11일은 '신경 발생학 분야에서 길이 기억에 남을 날'이라고 말했다. NGF는 신경 성장을 자극할 뿐만 아니라, 특정한 유형의 신경은 생존과 발달을 위해 NGF에 의존한다. 이 중요한 연구결과는 리타가 쉰한 살이 된 1960년《국립과학원 회보Proceedings of the National Academy of Sciences》에 발표되었다.

6년 동안 생산적인 연구를 마친 뒤인 1958년 말, 함부르거가 생화학자 스탠리에게 동물학 강사 자리 외에 다른 영구적인 일자리를 제공할 수 없었기 때문에 스탠리는 테네시주에 있는 밴더빌트 대학에 직장을 구했다. 오늘날에는 과학계에서 학제간 활동이 활발하므로 동물학과에서도 얼마든지 생화학자를 고용할 수 있지만 1950년대에는 이런 관행이 흔치 않았다. 이 일은 리타에게도 큰 충격을 주어, 리타는 그 소식을 들었을 때 마치 '장례식장의 종소리'를 들은 기분이었다고 나중에 말했다. 하지만 리타는 1958년 정교수로 임용되었고, 1959년에는 이탈리아 출신 생화학자 피에트로 앙겔레티Pietro Angeletti가 합류해서 리타의 연구는 계속되었다.

워싱턴 대학에서 일한 지 15년이 다 되어갈 무렵, 쉰두 살이 된 리타는 1년 중 몇 달은 이탈리아에서 지내야겠다고 결심하고 앙겔레티에게 자기가 없는 동안 워싱턴 실험실 운영을 맡아달라고 부탁했다. 레비 가족은 꾸준히 편지를 주고받았고 리타는 여름마다 한 달씩 이탈리아를 방문했지만, 어머니도 이제 나이가 꽤 들었기 때문에 가족을 더 자주 보고 싶어 했다. 이중 국적을 가진 리타는 자유롭게 두 나라에 거주할 수 있었으므로, 로마에 있을 때는 쌍둥이 자매인 파올라의 아파트에 살면서 두 나라에서 일하기로 했다.

1960년대에는 이탈리아 정부가 과학을 별로 지원하지 않았지만, 리타는 점점 높아지는 명성 덕분에 국립보건원에서 연구할 공간과 장비를 구하고 국립연구기금에서 연구 자금을 일부 지원받을 수 있었다. 리타와 함께 일하기를 갈망하는 젊은 과학자가 많았기 때문에 월급이 보잘것없었는데도 직원을 모집하는 데 전혀 어려움이 없었다. 1961년 리타는 이탈리아로 돌아온 앙겔레티와 함께 로마의 종합보건원에 새로운 신경생물학 센터를 설립했다.

다시 이탈리아 생활에 적응하기까지는 시간이 좀 걸렸다. 워싱턴 대학에 처음 갔을 때 그곳의 격의 없는 분위기에 익숙해지기 힘들었던 것처럼, 이제는 상황이 반대가 되어 유럽 학생들과 교수의 형식적 관계에 충격을 받았다. 리타는 자기 개성에 맞게 이 시련에 대처했다. 대학에 다니던 젊은 시절에는 '수녀처럼' 소박한 옷차림을 했지만, 50대가 되어 다시 이탈리아 사회에 발을 들이게 된 리타는 아름다운 드레스와 그에 어울리게 맞춤 제작한 실크나 양단 재킷을 입고 우아하게 모습을 드러냈다. 리타는 키가 작았지만 근사한 옷이 실험용 가운에 가려져 있을 때도 유행에 맞게 꾸민 머리와 그에 잘 어울리는 장신구, 그리고 위엄 있는 용모 덕분에 제자 한 명이 '실험용 가운을 입은 이탈리아 여왕'이라는 별명을 지어주었을 정도였다.

이때부터 리타의 불안정한 시기가 시작되었다. 리타는 이탈리아의 가족과 미국의 친구들 모두에게 똑같이 전념하기가 어렵다는 것을 알았다. 1963년에는 어머니가 돌아가셨고, 그 2년 뒤에는 멘토이자 오랜 친구인 주세페 레비를 잃었다. 1969년, 리타는 로마에 새로 생긴 세포생물학 연구소 책임자로 임명되었다. 하지만 연구가 충분한 관심을 끌지 못한다는 것을 스스로도 느낄 정도였기 때문에 임명 과정이 순조롭게 진행된 것은 아니었다.

NGF는 완전히 새로운 생물학적 현상인 까닭에 신경학자들은 그 존재를 받아들이기 어려워했다. 리타가 자신의 연구에 대한 소유욕이 강하다는 평을 들었기 때문에 그런 생각이 옳으냐를 놓고 논쟁이 약간 벌어졌다. 리타는 자기 관점을 항상 강하고 솔직하게 주장했다. 리타의 단호한 성격은 과학 분야에서 진보하는 데는 틀림없이 도움이 되었지만, 항상 다른 이들의 사랑을 받은 것은 아니다. 리타는 첫사랑에게 등을 돌리고 바퀴벌레의 신경계통을 연구하는 데 몇 년을 보낼 정도의 사람이라고만 말하면 충분할 것이다.

1972년 리타는 원래 하던 연구로 돌아갔고, 미국과 이탈리아에 있는 실험실은 NGF를 이해하는 일에 그 어느 때보다 집중하게 되었다. 앙겔레티와 화학자 빈센조 보키니Vincenzo Bocchini는 모든 단백질의 20여 개 구성 요소인 특정한 아미노산 서열을 확인할 수 있을 만큼 순수한 NGF 샘플을 만드는 데 성공했다. NGF는 각각 118개 아미노산으로 이루어진 동일한 아미노산 사슬 2개로 구성되어 있다.

NGF와 다른 분자, 특히 수용체와 상호작용도 관심을 끌었다. 성장 인자, 호르몬, 면역 조절 분자 같은 신호 전달 분자는 수용체라고 하는 단백질 분자를 이용해서 세포에 달라붙어야 한다. 모든 신호 전달 분자에는 자체 수용체가 있는데, NGF의 첫 번째 수용체는 1970년대 초에 밝혀졌고 두 번째 수용체는 그로부터 20년 후 발견되었다.

1960년대 중반에 스탠리 코헨은 다른 형태의 성장 인자인 표피 성장 인자EGF를 발견했는데, 이는 피부 외층이나 표피가 정상보다 빨리 자라게 했다. 스탠리는 그 후 NGF나 EGF 같은 성장 인자가 수용체와 결합하면, 성장 인자를 감싸고 있는 수용체의 쌍분자가 세포 내부로 흡수된다는 것을 증명했다. 여기서 성장 인자는 해당 세포 유형의 성장 인자가 하는 정확한 기능이 무엇이냐에 따라 성장이나 분화 혹은 사망을 유발하는 작용을 개시한다.

비록 NGF의 행동 메커니즘을 알아내는 데 몇 년이 걸렸지만, 1974년 리타는 자기가 제안한 원래 메커니즘이 옳았다는 것을 알고 기뻐했다. 신경 성장 인자는 신경세포가 초기 배아 단계에서 죽는 것을 방지한다. NGF가 없으면 이 세포들은 절반 가까이 죽게 된다. 발달 중인 배아 조직은 NGF의 농도 기울기를 따라 분포된다(신경 공급). 예를 들어, 리타가 초기에 실험하면서 해부한 배아의 사지는 척수 근처의 신경절에 비해 고농도 NGF를 분비한다. NGF는 교감신경(신체의 '투쟁-도주' 반응을 야기하는 신경)이나 감각신경 섬유의 말단에 흡수되었다가 이 섬유들을 따라 세포체로 다시 운반되어 사지나 다른 조직을 향해 뻗어 나가는 신경의 성장을 촉진한다.

처음에는 신경 성장 인자가 신경계 발달에 미치는 영향 때문에 신경 생물학자들이 여기에 관심을 가졌다. 1980년대에는 NGF에 대한 연구 단체들의 관심이 급증하여, 그 10년 동안에만도 1,000건이 훨씬 넘는 논문에 NGF의 상호작용과 영향이 언급되었다. 이제 NGF가 호르몬 생산에 영향을 미치고 면역계를 조절하는 등 동물이 살아가는 내내 광범위하게 작용한다는 사실이 명백해졌다.

리타는 NGF와 그것이 면역체계에 미치는 영향을 연구하던 중 신경과 면역체계가 상호작용을 할 수 있는 메커니즘에 대한 첫 번째 힌트를 얻게 되었다. 또 암을 유발하는 일부 유전자(종양 유전자)가 성장 인자 유전자의 돌연변이라는 사실도 밝혀졌는데, 이 때문에 암세포가 마구잡이로 성장하는 것이다. 이런 중요한 연구결과와 다른 많은 연구 덕분에 NGF와 다른 성장 인자들이 더욱 주목받게 되었다.

1983년 NGF의 유전자 서열이 발견되자 NGF 작용의 본질적이고 보편적인 특성이 더욱 부각되었다. 이 유전자는 보존성이 매우 높은데, 이는 여기 부호화되어 있는 단백질이 척추동물에게 중요한 기능을 한다는 뜻이다. 또 NGF 유전자는 다른 부분보다 손상되거나 삭제되기 쉬운 1번 염색체의 단완short arm에 있는데, 이 발견 또한 NGF가 질병에서 하는 역할을 암시한다.

1977년 예순여덟 살의 나이로 공식 은퇴한 리타는 '일하는 것을 멈추면 그때가 곧 세상을 하직할 때다'라면서 워싱턴 대학에서 비공식적인 자리를 맡아 연구를 계속했다. 리타가 NGF를 발견한 이후 몸 전체에 있는 세포의 성장, 분화, 생존, 염증, 조직 수복을 활성화하는 수많은 성장 인자가 발견되었다. 현재 그 수는 100개가 훌쩍 넘으며 10개 이상 그룹으로 분류되어 있다. 그중 상당수가 연구 중이거나 치료용으로 사용되고 있다. 예를 들어, 스탠리 코헨이 발견한 표피 성장 인자EGF는 현재 화상 환자 치료와 각막 이식에 일상적으로 사용된다.

세상 사람들에게 성장 인자의 존재와 힘을 알린 리타와 스탠리는 1986년 10월 13일 평생의 노고를 인정받았다. 리타 레비몬탈치니와 스탠리 코헨은 각각 NGF와 EGF라는 '성장 인자를 발견한' 공로로 그해의 노벨 생리의학상 수상자로 선정되었다. 일흔일곱 살의 리타는 노벨 생리의학상을 받은 네 번째 여성이자 과학 분야 노벨상을 수상한 최초의 이탈리아 여성이었다. 노벨상 위원회의 말처럼, 리타의 NGF 발견은 '어떻게 숙련된 관찰자가 명백한 혼돈 속에서 개념을 창조할 수 있는지 보여주는 매혹적인 사례'다.

노벨상은 리타가 받은 수많은 상 중 하나에 불과하다. 1987년에는 미국 정부가 수여하는 최고의 과학상인 미국과학훈장을 받았고, 또 이탈리아 교황청 과학원 역사상 최초의 여성 회원이기도 했다.

리타가 점점 높아지는 자신의 명성을 거리낌 없이 활용해서 이탈리아 과학의 대의명분을 홍보했기 때문에, 이탈리아인은 심지어 교황 요한 바오로 2세도 리타 레비몬탈치니와 나란히 등장해야 곧바로 알아볼 수 있을 거라는 농담을 할 정도였다.

리타의 연구 방법과 작업 환경이 가끔 정통적인 틀에서 벗어나긴 했지만 어쨌든 결과를 얻었고 이를 기반으로 작성한 논문 양도 엄청났다. 200편이 넘는 과학 논문뿐만 아니라 1988년에 출간된 자서전《불완전함을 찬양하며》와 1997년에 출간된 과학 논문집《신경 성장 인자 이야기The Saga of the Nerve Growth Factor》를 비롯해 책도 여러 권 썼는데, 자서전과 논문집은 둘 다 영어로 번역되었다.

리타의 자서전에 대한 평가는 엇갈렸다. 어떤 이들은 리타가 과학 연구가 진행되는 방식과 관련해 동화 속 이야기 같은 견해를 제시했고 동료 과학자들의 기여를 충분히 인정하지 않는다고 말하기도 했다. 리타 본인을 비롯한 많은 이는 리타를 성장 인자의 어머니로 여겼고, 모든 어머니가 그렇듯이 리타도 자기 '자식'에 대한 맹렬한 소유욕을 드러내면서 보호하려고 했다. 리타는 과학계가 성장 인자의 잠재적 중요성을 인식하기까지 그토록 오랜 시간이 걸린 것에 짜증을 냈다. 스탠리는 그보다 낙관적인 태도를 보이며 "그 덕분에 사람들이 당신을 귀찮게 하지 않고 또 세상과 경쟁하지 않아도 된다는 장점이 있다. 물론 당신의 연구 내용이 진짜라는 것을 사람들에게 납득시켜야 한다는 단점도 있지만 말이다"라고 말했다.

리타는 자신의 롤러코스터 같은 삶과 성격(본인이 마리 퀴리와 마리아 칼라스Maria Callas를 합친 것 같은 삶을 살았다고 말한 적도 있다)을 현실적으로 받아들였고 자서전 제목을《불완전함을 찬양하며》라고 지을 때도 이런 점들을 고려했다. 이는 삶의 완벽함과 일의 완벽함은 양립할 수 없다고 생각한 아일랜드 시인 윌리엄 버틀러 예이츠William Butler Yeats의 말을 인용한 것이다. 하지만 리타의 생각은 좀 달랐다. "그렇게 불완전한 방법으로 수행한 일들이 내게 무한한 기쁨의 원천이 된 것을 보고 완벽함보다는 불완전함이 (···) 인간의 본성에 더 부합한다고 믿게 되었다."

리타는 나이가 들면서 젊은이, 특히 사회에 진출한 여성들이 겪는 어려움을 강하게 인식하게 되었고 여전히 넘치는 에너지를 자선사업에 쏟았다. 1992년 여든세 살이 된 리타와 쌍둥이 여동생 파올라는 아버지를 기리기 위해 리타가 평생 모은 돈으로 자선 재단을 설립했다. 리타는 교육 기회를 얻지 못하는 많은 아프리카 소녀가 겪는 차별과 1930년대와 1940년대에 이탈리아의 파시즘 정권하에서 유대인이자 여성으로서 자기가 겪은 경험이 얼마나 비슷한지 깨닫고 충격을 받았다. 리타는 여성들도 힘을 가져야 한다고 강하게 느꼈고, "수세기 동안의 휴지기를 거쳐, 이제 젊은 여성들도 자기 손으로 직접 만든 미래를 기대할 수 있게 되었다"고 말했다. 이 자선단체는 여학생 수백 명에게 학업을 마칠 수 있도록 자금을 지원했는데 그중에는 의대생도 많이 포함되어 있었다. 이 단체의 웹사이트에서는 소녀들이 잠재력을 최대한 발휘할 수 있도록 필요한 도구를 제공하는 일의 중요성과 그것이 '사회 전체의 경제, 사회, 문화 발전'에 미치는 영향을 강조한다.

리타는 또 다른 방법으로 여성들을 도왔다. 1995년에는 사회학자 엘레오노라 바르비에리 마시니Eleonora Barbieri Masini를 비롯한 여러 사람과 함께 WINWomen's International Network, Emergency and Solidarity

이라는 여성 단체를 설립했다. 이 단체에서는 빈곤, 매춘, 마약 남용, 종교적 갈등, 이주, 기타 현재 진행 중인 모든 사안의 영향을 받는 여성들에게 지원을 제공하는 조직들에 대한 안내서를 발행한다.

리타는 과학 연구를 할 때와 마찬가지로 문제에 정면으로 맞서는 것을 두려워하지 않았고, 그로써 심한 논쟁이 벌어져도 신경 쓰지 않았다. 한 번은 리타가 누군가에게 소리를 지르자, 전 비서이자 친구인 마사 푸어만Martha Fuermann은 이렇게 말했다. "리타는 화를 내도 오래가지 않는다. 원한을 품지도 않는다. 리타에게 중요한 두 가지는 자기 일과 쌍둥이 자매인데, 대부분 그런 순서로 되어 있다."

90대가 되자 시력이 나빠져서 직접 연구를 할 수는 없었지만, 여전히 과학계와 다른 다양한 분야의 일에 열심이었다. 이탈리아의 종신 상원의원인 리타는 90대 후반까지 회의에 참석해서 가장 나이 많은 참석자가 되었다. 리타는 오랫동안 이탈리아 과학계에 종사하면서 많은 공헌을 했기 때문에, 최근의 세금 계획이 과학에 미치는 영향에 대해 정책 연설을 해달라는 요청도 자주 받았다.

과학계, 특히 성장 인자에 대한 기여는 2012년 리타가 사망하기 훨씬 전부터 명확하게 알려져 있었다. NGF는 신경계 기능, 단백질, 수용체, 암 생물학의 주요 측면을 해독하는 데 도움이 되는 '로제타스톤'으로 불린다. 첫 번째 성장 인자가 확인되자, NGF는 인슐린처럼 혈액으로 전달되는 물질 외에 가까운 거리에 있는 세포들 사이에 또 다른 의사소통 수단이 있음을 시사하면서 새로운 개념을 도입했다. 성장 인자, 그리고 그것이 신체의 여러 기관 사이에서 상호작용이 가능케 한 것은 신경계의 작용 방식에 대한 과학자들의 관점을 변화시켰다. 신경계는 신체를 감시하고 통제하는 기관일 뿐만 아니라 신체에 의해 통제되기도 하는 것이다.

NGF가 발견된 후 수십 년간 연구한 결과 NGF가 신경계와 내분비계(호르몬), 면역계를 연결하는 핵심 연결고리라는 사실이 밝혀졌다. 이 시스템들이 연결되어 있다는 건 20세기 초부터 이야기가 나왔지만, 리타는 여기에 NGF가 관련되어 있다는 사실을 최초로 알렸다.

예를 들어, 스트레스를 받는 상황에서 교감신경에 의해 나타나는 신체 반응인 '투쟁-도주' 반응도 NGF가 조절한다. 신경계에서 시작되는 이 반응은 내분비계(호르몬계)와 면역계까지 퍼져 나간다. 리타는 1980년대 말에 싸우는 생쥐들을 연구하면서 NGF와 스트레스 사이의 연관성을 처음으로 증명했다. NGF 수치가 침샘뿐만 아니라 혈류와 시상하부에서도 증가한 것이다. 뇌의 시상하부는 혈압과 심박수를 조절하는 신경에 신호를 보내고 뇌하수체 호르몬이 분출되도록 자극하여 결국 스트레스 호르몬이 분비되고 면역계에 후속 효과를 미친다. 뇌하수체의 세포, 뇌, 면역체계의 핵심인 비만세포는 모두 NGF 수용체를 가지고 있다.

평생학습도 NGF와 관련이 있다. 지난 20년 사이에 과학자들은 나이가 든 뒤에도 뇌가 가소성을 약간 유지한다는 것을 알게 되었다. 이전의 생각과 달리, 지금은 머리 부상 때문에 뇌가 손상된 뒤에도 새로운 뇌세포 연결이 이루어질 수 있다는 사실이 알려져 있다. 1989년 리타와 다른 과학자들이 NGF가 성체 설치류의 뇌 신경세포 말단에서 새로운 섬유질이 자라도록 자극한다는 사실을 증명했을 때부터 이런 점을 의심해왔다.

이런 결과는 2001년 신경과 의사 하워드 페데로프Howard Federoff

의 연구 그룹으로부터 더 많은 지지를 받게 되었다. 생쥐의 해마(기억, 특히 장기 기억이나 공간 인식과 관련된 뇌 영역)에 있는 뇌 신경세포의 유전자를 변형해서 NGF를 더 많이 생산하게 했다. 이 쥐들은 일반 대조군에 비해 학습에 관여하는 뇌의 여러 영역을 연결하는 신경세포 수가 훨씬 많았으며 복잡한 미로에서 길을 찾는 등 새로운 과제를 훨씬 빨리 익혔다.

2002년 리타는 로마에 유럽 두뇌 연구소를 설립했다. 신경계의 발달부터 그것이 건강 및 질병과 관련해서 하는 역할 등을 연구하기 위해서였다. 알츠하이머병, 파킨슨병, 헌팅턴병 같은 신경 퇴행성 질환의 새로운 치료법을 찾는 데에 특히 역점을 두었다. 신경 성장 인자는 뉴로트로핀neurotrophin이라는 인자군에 속하는데, 이런 병에 걸렸을 때 신경계 퇴화를 늦추는 데 도움이 될 수 있다. NGF는 말초신경계뿐만 아니라 뇌에서도 활발하게 작용한다. 이 세 가지 질병은 모두 NGF를 분비하거나 이에 반응하는 것으로 알려진 신경세포에 영향을 미친다.

2015년 마크 투진스키Mark Tuszynski와 그의 동료들은 알츠하이머 환자들에게 실험적인 유전자 치료를 시행한 획기적인 연구결과를 10년간 추적 관찰한 뒤 그 내용을《미국의사협회 신경학회지》에 발표했다. 이 환자들 뇌의 특정 부위에 NGF 유전자를 주입하자 주사 부위 주변의 죽어가던 세포들이 살아났고 이 신경세포들의 성장이 촉진되었다. 일부 환자들의 경우 이 치료를 받고 10년이 지난 뒤에도 효과가 뚜렷하게 나타났다. 이는 안전성을 시험하기 위해 소규모로 진행된 1차 임상시험일 뿐이지만, 효능을 시험하는 2차 임상에서 나온 예비 결과를 보면 실험에 참가한 환자들의 정신 기능 저하 속도가 더 느려졌다고 한다.

연구에서 NGF의 생물학적 특성이 밝혀지면서 암세포의 성장을 조절하는 NGF의 역할이 주목을 받았다. 수용체를 통한 NGF 신호가 다양한 암세포의 죽음과 생존에 변화를 야기하는 것으로 드러나 암 치료를 위한 표적으로 많은 관심을 끌고 있다. 예컨대 유방암을 치료하기 위한 동물 실험에서 NGF 항체가 종양 성장을 감소시키는 데 성공한 것을 보면, NGF 과발현이 원인인 유방암 치료에 항-NGF 항체 요법이 유용할 수도 있다. 그리고 생체 외 실험으로 항-NGF 항체는 두 개의 전립선암 세포주의 세포 이동을 최대 40퍼센트까지 줄이는 것으로 나타나 암의 전이를 제한할 가능성도 보여주었다.

1990년대 초 리타의 연구팀은 NGF가 염증 부위의 신경 종말을 압박과 열에 더 민감하게 만드는 등 염증과 관련된 통증에도 관여한다는 것을 보여주었다. 이 발견은 진통제 연구의 새 장을 열었다. 예를 들어, 제3상 임상시험 단계에 다다른 타네주맙® Tanezumab®(NGF에 대한 단일클론 항체)이라는 약물은 무릎 골관절염으로 인한 만성 통증 환자의 통증 지각을 차단하는 데 매우 효과적이라는 것이 증명되었다. 일부 임상 참가자들의 관절 손상이 증가하는 바람에 2010년 6월 임상시험이 조기 중단되기는 했지만, 이런 부작용의 원인은 통증 감소로 인한 과도한 관절 사용이었을 가능성이 높다.

이렇게 잠재적인 새 치료법이 많아짐에 따라 극복해야 하는 과제들도 있다. 당연한 일이지만, 이렇게 광범위하게 작용하는 강력한 분자에는 부작용이 흔하며 약리적인 활성 투여량을 유지하는 것도 힘들 수 있다. NGF의 생리, 특히 치료제로 사용하는 것과 관련한 의문이 여전히 많이 남아 있다. 예를 들어, 과학자들은 도로시 호지킨(5장 참조)이 개척한 X선 결정학 기법을 사용해 자연적으로 발생하거나 치료제 형태로 가공된 NGF가 수용체와 상호작용할 때 생기는 3D 구조를 연구할 수 있다.

2009년, 백 살이 된 리타는 NGF 연구와 관련된 의제를 상정했다. 리타는 NGF의 치료 잠재력에 관한 연구 외에도, 생식과 출산에서 NGF가 하는 잠재적 역할에 대한 연구도 제안했다. 언제나 그랬듯이 리타의 과학적 직관력은 정확하다는 것이 다시금 증명되었다. 3년 뒤인 2012년 다양한 포유류의 정액에서 배란을 유도하는 것으로 밝혀진 물질에 관한 논문이 발표되었는데, 그 물질이 바로 NGF였다.

백 살이 넘은 리타는 장수 비결을 공유했다. 리타는 정상치보다 10퍼센트 적은 칼로리를 섭취하고 하루에 한 끼만 먹어서 신진대사를 높게 유지하는 것이 장수와 어느 정도 관련이 있다고 생각했다. "저녁에 수프 한 그릇이나 오렌지 한 개 정도는 먹을 수도 있지만 그게 다다." 리타는 이렇게 말했다. "나는 음식이나 잠에는 전혀 관심이 없다." 일을 하고 뇌를 활발하게 유지하는 것이 가장 중요한 안건이었다. 2009년에는 한 인터뷰에서 "백 살인 지금, 그동안의 경험 덕분에 스무 살 때보다 더 뛰어난 정신을 가지고 있다"고 말했다. 매일 새벽 5시에 일어난 리타는 오전에는 전부 여성들로만 구성된 실험실 연구원들을 감독하고 오후에는 자기가 설립한 아프리카 재단에서 시간을 보내면서 이 지식을 주변에 전했다.

리타는 가족들보다 오래 살았다. 오빠 지노는 1974년 일흔두 살로 죽었고, 쌍둥이 파올라는 아흔한 살이던 2000년 사망했으며, 언니 안나도 그 후 얼마 지나지 않아 세상을 떴다. 리타 레비몬탈치니의 긴 일생은 2012년 12월 30일 백세 살의 나이로 로마의 집에서 막을 내렸다. 장례식은 이탈리아 상원에서 거행되었고 시신은 다음 날 토리노에서 화장되었다. 리타의 유골은 토리노의 히브리 기념 묘지에 있는 가족 무덤에 안치되어 있다.

리타가 사망한 그해에 리타 이름이 실린 마지막 논문이 발표되었으니, 리타와 NGF의 관계는 죽을 때까지 이어진 셈이다. 미국 《국립 과학원 회보PNAS》에 실린 이 논문에는 〈신경 성장 인자가 병아리의 배아 발달 초기 단계에서 축 회전을 조절한다〉라는 제목이 붙어 있다. 최초의 성장 인자인 NGF가 발견된 지 60년이 넘었지만 과학자들은 여전히 이 중요한 분자와 관련해 새로운 사실들을 알아내고 있으며, 리타가 1930년대에 파시스트 치하 이탈리아의 비밀 실험실에서 이용했던 것과 동일한 모델 시스템을 이용하는 경우도 많다.

8장

리제 마이트너 (1878-1968)

20세기 초에는 여성들이 과학계에서 일하는 게 거의 불가능했지만, 그중 두 명은 원자 구조를 파악하는 최전선에서 활약했다. 첫 번째 인물은 사람들이 많이 아는 몇 안 되는 여성 과학자 중 한 명으로, 방사능 연구를 개척한 폴란드 출신 과학자 마리 퀴리(3장 참조)다. 그리고 다른 한 명은 알베르트 아인슈타인이 한때 독일의 마리 퀴리라고 불렀던 오스트리아 출신의 자그마한 여성 리제 마이트너다.

독일에서 활동한 뛰어난 핵과학자 중 한 명인 리제는 뒤늦게 히틀러 정권에서 달아났다. 리제는 망명 중 우라늄 원자의 핵이 둘로 쪼개지면서 엄청난 양의 에너지를 방출할 수 있다는 놀라운 발견을 했고, 이는 즉시 핵물리학에 혁명을 일으켜 원자폭탄 개발로 이어졌다. 제2차 세계대전이 끝난 후 리제는 '원자폭탄의 어머니'로 인정받았지만, 폭탄 제조에 참여하려 하지 않았고 실제로 참여하지도 않았다. 리제의 진정한 과학적 기여는 그 후 오랫동안 제대로 알려지지 않았다. 1944년도 노벨 화학상은 핵분열을 발견한 리제의 공로를 간과한 채 공동 연구자 오토 한에게만 단독 수여되었다.

Lise

Meitner

리제 마이트너Lise Meitner, 1878~1968는 1878년 11월 7일 오스트리아-헝가리 제국의 수도 빈에서 태어났다. 지성을 중시하는 유대인 가정의 여덟 아이(딸 다섯에 아들 셋) 중 셋째였다. 원래 이름은 엘리제였지만 나중에 본인이 리제로 줄였다. 아버지 필립 마이트너Philipp Meitner는 빈 최초의 유대인 변호사 중 한 명으로, 반유대주의적 분위기에도 불구하고 사회적으로나 정치적으로나 활발한 활동을 벌였다.

리제는 유대인이 많이 사는 빈의 레오폴트슈타트 지역에서 자랐다. 하지만 이 집 아이들은 거의 불가지론적 분위기에서 자랐는데, 1908년 리제의 자매 두 명이 가톨릭 신자로 개종했고 리제도 개신교도가 되었다. 리제는 나중에 나치가 유대인 대량 학살을 자행할 때 기독교 세례를 받은 사람도 학살 대상에서 제외하지 않았다는 사실을 깨달은 수많은 유대인 중 한 명이었다.

필립은 자유 사상가였으며 이들 집은 변호사, 작가, 체스 선수, 지식인, 정치인 등 온갖 사람이 모여드는 중심지였다. 아이들도 늦게까지 자지 않고 어른들의 의견을 듣는 게 허락되었다. 리제는 훗날 "형제자매들과 나는 보기 드물게 선량한 부모님의 보호 아래 정신을 자극하는 활기찬 분위기에서 자랐다"고 회상했다.

어머니 헤드윅 마이트너Hedvig Meitner는 모성이 강한 사람이었다. 재능 있는 피아니스트인 헤드윅은 마이트너가 아이들에게 음악을 가르쳤으며, "나와 네 아버지 말을 듣되, 생각은 스스로 해야 해!"라면서 독립심을 길러주었다. 아이들에게 과학 공부를 하라고 권장하기도 했는데, 리제는 여덟 살 때부터 확실한 성향을 드러냈다. 리제는 공책에 얇은 기름막이 어떻게 빛을 반사하는지 기록했다. 이런 교양 있는 양육 환경 덕분에 리제는 평생 음악과 물리학에 열정을 품게 되었다.

타고난 회의론자인 리제는 주변 세계를 관찰하고 도전하면서 종종 이성과 비판적 사고를 무기 삼아 미신에 대항하기도 했다. 어릴 때 리제 할머니가 안식일에 바느질을 하면 하늘이 무너지니까 절대로 하지 말라고 주의를 주었다. 리제는 시험 삼아 바늘 끄트머리를 자수틀에 꽂고 흘끗 위쪽을 올려다보았다. 청천벽력이 떨어지지 않자 바늘땀을 한 땀 더 뜨고는 할머니 말이 틀렸다며 흡족해했다.

배움에 대한 열정이 강했던 리제는 취침 시간이 지난 뒤에도 부모님에게 들키지 않고 공부를 하려고 여덟 살 무렵부터 베개 밑에 수학책을 숨기고 침실 문 아래쪽 틈새를 막아 불빛이 새어나가지 않게 했다. 부모는 모든 자녀가 고등교육을 받도록 격려했지만, 딸들로서는 그리 쉽지 않은 도전이었다. 당시 오스트리아 사회에서는 여자들이 가정을 효율적으로 꾸려나갈 수 있을 정도로만 배우기를 바랐기 때문이다. 이 나라에서는 여성 교육을 엄격하게 제한했기 때문에 실망스럽게도 빈에서 받은 리제의 학교 교육은 열네 살 때 끝났다.

1867년 오스트리아에서 남자들은 출신 배경에 상관없이 누구나 대학에 들어갈 수 있었지만 여자들은 대학 입학이 불가능했다. 몇몇 여성이 교수에게 강의를 들을 수 있게 해달라고 부탁했지만, 그들이 할 수 있는 일은 강의실에 앉아 있는 것뿐이고 공식적으로 학생 자격을 얻거나 학위를 받을 수는 없었다. 리제는 10대 때부터 물리학자가 되기를 꿈꿨지만 이는 여러 면에서 비현실적인 목표였다. 물리학자들이 일하는 업계에는 일자리가 매우 적었고, 물리학은 몇몇 측정 결과를 확인하는 것 외에는 물질계에 대해 새로 배울 게 별로 없다는 이유로 죽은 학문 취급을 받았다!

리제는 1892년부터 1901년까지를 '잃어버린 세월'이라고 불렀지만, 1901년에 교육 규제가 풀리자 스물두 살에 고등학교 졸업장을 받았다. 8년 동안 배워야 하는 논리학, 문학, 그리스어, 라틴어, 식물학, 동물학, 물리학, 수학 공부를 20개월 만에 끝낸 것이다. 리제가 휴식을 취할 때마다 형제자매들은 "리제, 넌 시험에서 떨어질 거야. 공부도 안 하고 방을 막 걸어 다니다니 말이야"라며 놀려댔다. 당시 찍은 사진을 보면 눈 밑에 다크서클이 진하게 드리워진 창백한 젊은 여자가 보인다. 리제는 어릴 때부터 수학에 재능을 보였지만, 19세기 유럽 여성들에게는 적성과 기회 사이에 상관관계가 거의 없었다. 나중에 리제는 이렇게 말했다. "돌이켜 생각해보면 (…) 내가 젊었을 때는 평범한 어린 소녀들의 삶에 지금으로선 상상도 할 수 없는 문제들이 얼마나 많이 도사리고 있었는지 정말 놀라울 정도다. 이런 문제 중에서도 가장 힘든 건 정상적인 지적 훈련을 받을 가능성이 없다는 것이었다."

리제는 부모님의 지지를 받아 다른 학생 열세 명과 함께 대학 입학시험을 치렀다. 그중 리제와 다른 세 명만 합격했고, 리제는 스물세 살이 다 된 1901년 10월 빈 대학에서 공부를 시작했다. 마이트너가의 자녀 여덟 명은 남녀 상관없이 모두 자신의 열정을 추구하면서 상급 학위를 받기 위해 공부하라는 격려를 받았다. 리제의 막내 여동생 프리다는 물리학 박사학위를 취득한 뒤 대학교수가 되었고 언니는 콘서트 피아니스트가 되었다. 남자 형제 중 한 명인 월터는 화학 박사학위를 받았고 또 다른 형제인 프리츠는 엔지니어가 되었다.

리제는 여성으로는 처음으로 빈 대학 물리학과에 입학했다. 여학생은 일반적으로 적응을 잘 못한다고들 생각했는데 지나치게 수줍음을 많이 타는 리제의 성격도 문제였다. 리제는 시간이 나면 종종 혼자 콘서트를 보러 갔다. 빈 국립 오페라극장에서 가장 저렴한 티켓을 산 리제는 스스로 '음악의 천국'이라고 부르던 꼭대기 자리에 앉아 머릿속으로 직접 악보를 그리면서 음악을 따라갔다.

대학에는 리제에게 영감을 주는 강사들이 많았다. 이 대학을 방사능 연구의 초기 중심지로 만든 프랑크 엑스너Frank Exner 교수는 물리학 개념을 매우 명확하고 균형감 있게 설명했기 때문에 모든 학과 학생이 강의를 들으러 왔다. 2학년이 된 리타는 마음이 맞는 몇몇 여학생과 함께 이론 물리학자 루트비히 볼츠만Ludwig Boltzmann의 수업을 들었다. 그는 운동론kinetic theory(모든 물질의 미세 입자가 끊임없이 움직인다는 이론)과 원자의 움직임에 대한 통계학적 분석으로 유명한 '원자론자'였다. 카리스마 넘치는 볼츠만을 스승으로 삼은 리제는 곧 물리학이 천직이라는 것을 깨달았다.

볼츠만 교수는 직접 볼 수 없는 현상이 존재한다고 주장했는데, 이는 당시의 지배적인 사상과 배치되는 관점이었다. 과학이 산업이나 전쟁의 시녀 취급을 받던 시대에 리제와 볼츠만, 아인슈타인, 막스 플랑크Max Planck 같은 과학자들은 과학 연구를 이상주의적 추구라고 여겼다. 이들 이론 물리학자들은 철저한 실험으로 자신의 이론을 정당화하거나 오류를 증명함으로써 가시적인 영역 너머까지 지식을 발전시켰다. 볼츠만 교수는 20세기 초에도 여전히 논란이 되고 있던 원자의 존재를 강력하게 옹호한 이들 중 한 명이었다. 훗날 리제의 조카인 물리학자 오토 프리슈Otto Frisch는, "볼츠만은 리제에게 물리학은 궁극의 진리를 찾기 위한 투쟁이라는 신념을 심어주었고, 리제는 그 신념을 끝까지 잃지 않았다"고 말했다.

1905년 여름, 리제는 일반 학과 과정을 모두 마치고 박사학위를 취득하기 위한 연구를 시작했다. 당시 오스트리아와 독일 대학에서는 몇 달 안에 박사학위 연구를 끝낼 수 있었는데, 리제도 마찬가지였다. 리제는 시시하다고 여기는 일에는 시간을 전혀 쓰지 않고 인생을 진지하게 여기면서 주로 일에만 집중했다. 리제는 결혼도 하지 않았고 아이도 낳지 않았는데, 개인 기록에서 유추해보면 진지하게 사귄 사람도 없었던 듯하다. 하지만 리제는 충실한 삶을 살았고, 헌신적인 친구였으며, '함께 마법 같은 음악을 즐길 수 있는 훌륭하고 사랑스러운 이들을' 주위에 두었다.

1906년 2월, 리제는 최우등으로 물리학 박사학위를 받았다. 고체의 열전도를 주제로 한 논문은 빈 물리학 연구소에서 발표되었다. 그해 말, 리제는 방사능이라는 주제에 매력을 느끼고 연구 경력의 핵심이 될 그 길에 첫발을 내디뎠다. 하지만 첫걸음을 떼기는 쉽지 않았다. 지금껏 빈 대학에서 물리학 박사학위를 받은 여성은 리제까지 두 명뿐이었고, 오스트리아 여성 과학자들의 앞날은 어두웠다. 리제는 마리 퀴리에게 편지를 보내기도 했지만 마리가 지금은 남는 자리가 없다고 정중하게 답했기 때문에 단념하고 아버지의 예비 계획에 따라 학교 교사가 되었다.

리제는 낮에는 학교에서 학생들을 가르쳤지만, 연구를 계속하기 위해 저녁이면 대학의 물리학과를 찾아가곤 했다. 1896년 베크렐과 퀴리 부부가 자연 방사능을 발견하면서 육안으로 직접 볼 수 없는 현상을 연구할 수 있는 길이 열렸다. 현재는 불안정한 방사성 원자핵이 이들이 발견한 세 가지 방사선 중 하나를 방출하면서 안정화를 꾀한다는 사실이 알려져 있는데, 이 세 가지 방사선의 이름은 그리스 알파벳의 첫 세 글자 이름을 따서 지었다. 알파선은 투과도가 낮은 헬륨 핵이고, 베타선(방사성 원소가 방출하는 전자)은 투과도가 중간 수준이며, 감마선은 아원자 입자라기보다는 에너지양과 투과성이 높은 광선이다.

리제는 볼츠만 교수의 조수인 슈테판 마이어Stefan Meyer와 함께 알파 입자를 이용한 실험을 계획했는데, 이 실험으로 다양한 원소에 알파 입자를 쬐었을 때 원자 질량이 큰 원소일수록 더 많이 산란된다는 사실이 드러났다. 이 중요한 실험 결과 덕분에 몇 년 뒤 어니스트 러더퍼드Ernest Rutherford가 원자핵을 발견하게 된다.

실험실에서 거둔 성공에 고무된 리제는 자신에게 과학자가 될 자질이 있다고 느꼈다. 리제는 훗날, "그 덕분에 부모님께 베를린에 가서 몇 학기만 지내다 오겠다고 부탁할 용기가 생겼다"고 말했다. 리제가 이런 부탁을 할 무렵에 마침 이론 물리학계 거장인 막스 플랑크와 만날 기회가 있었는데, 그와 만나면서 연구를 더 열심히 해야겠다는 생각이 커졌고 부모님도 딸의 앞길을 축복해주었다. 당시 독일은 세계 과학의 중심지로 여겨졌다. 독일은 대학교와 기술전문대학에 투자를 많이 했고, 나중에 노벨 물리학상을 수상하게 될 아인슈타인, 막스 폰 라우에Max von Laue, 막스 플랑크 등의 고향이었다. 1907년 9월 독일에 도착한 스물여덟 살의 리제는 이곳에서 몇 학기만 지낼 예정이었지만 결국 30년 넘게 머물게 된다.

막스 플랑크는 리제의 친구이자 멘토가 되었고, 종종 리제를 자기 딸처럼 대하기도 했다. 독일의 대학들이 여전히 여자에게 굳게 문을 걸어 잠갔기 때문에 리제는 플랑크의 강의를 듣기 위해 특별 허가를 받아야만 했다. 리제는 플랑크 교수가 강의실에 들어올 수 있게 허락해준 유일한 여학생이었는데, 자신도 그게 영광스러운 일이라는 것을 잘 알고 있었다.

리제는 베를린에 도착한 직후 오토 한Otto Hahn을 만났다. 리제는 체구가 작고 마르고 수줍음이 많았지만 곧 자신과 동갑내기인 오토를 친구이자 공동 연구자로 여기게 되었다. 건장하고 키가 큰 오토는 격식을 차리지 않는 매력적인 태도를 보였으며, 외향적인 성격이 숫기 없는 리제를 보완했다. 리제는 "내가 알아야 할 모든 것을 주저 없이 그에게 물어볼 수 있을 것 같은 기분이 들었다"고 말했다. 비록 나중에는 그들 우정의 한계까지 시험당하게 되지만, 그들은 타고난 호기심과 과학에 대한 사랑을 공유했고 평생 교류를 유지했다.

오토 한은 우라늄 같은 방사성 원소를 다루는 화학 전문가였으며, 그들은 함께 노력해서 방사능 분야에서 이름을 떨치게 되었다. 이 두 과학자는 서로 기술을 보완하면서 30년 동안 협업을 이어갔다. 물리학자인 리제는 개념에 따라 생각하는 뛰어난 수학자이기도 해서 자기 아이디어를 테스트할 매우 독창적인 실험을 고안하곤 했다. 화학자인 오토 한은 꼼꼼한 실험 작업에 탁월한 능력을 발휘했다.

하지만 베를린에 있는 에밀 피셔Emil Fischer의 화학연구소에서 오토와 함께 일하기까지 과정은 참으로 험난했다. 처음에 이 연구소에서는 여자들 출입을 허용하지 않았는데, 이는 책임자인 피셔가 여자들의 머리카락에 불이 붙을 위험이 있다고 확신했기 때문이다. 결국 리제는 지하실에 있는 방을 쓰게 되었지만, 오토 한과 이야기하려고 위층에 올라가는 것도 금지되었고 화장실을 쓰려면 길 아래쪽에 있는 호텔까지 가야 했다. 하지만 리제는 놀라운 투지와 날카로운 통찰력 덕분에 곧 평판이 높아졌고 동료들은 물론 리제가 복도를 걸어갈 때마다 대놓고 무시하던 남자들도 리제를 존경하게 되었다.

그 후 몇 년 동안, 리제와 오토 한은 베타 방사선(세 가지 종류의 방사성 붕괴 중 하나, 마리 퀴리도 연구한 주제)을 연구했고 1908년과 1909년에는 논문도 여러 편 발표해서 베타 붕괴 시 방출되는 입자인 전자의 에너지 준위를 설명했다. 이 기간은 방사능에 대한 이해도를 높이고 업무 관계도 발전시킨 생산적인 시간이었다. 리제는 오토가 마음이 통하는 동료라는 것을 알게 되었고, 특히 자기처럼 음악을 좋아한다는 사실을 깨달았다. "그는 악기를 연주하지는 않았지만 음악적 재능이 매우 풍부한 사람으로, 뛰어난 음악적 귀와 곡조를 잘 기억하는 비상한 기억력을 지녔다……. 우리는 종종 브람스의 이중창을 같이 불렀는데, 특히 일이 잘 풀릴 때면 노래를 부르곤 했다"고 리제는 말했다. 하지만 이건 공적인 우정일 뿐 두 사람은 오랫동안 함께 식사를 한 적도 없다. 놀랍게도 리제는 보수도 받지 않으면서 오토 한과 일했지만, 실험실에서 일만 했기 때문에 자신을 부양해줄 남편을 찾을 가능성도 없었다. 그 대신 아버지가 계속 보내주는 용돈이 리제의 유일한 수입원이었다.

1912년, 베를린에 카이저 빌헬름 화학연구소가 설립되자 오토 한과 리제는 그곳에 자리를 얻었다. 베를린에 도착한 지 5년 만에 리제는 막스 플랑크 밑에서 일하는 프로이센 최초의 여성 연구원이 되었다. 리제는 매우 감격했다. "그 덕분에 플랑크처럼 훌륭한 인물, 저명한 과학자 밑에서 일할 기회를 얻었을 뿐만 아니라, 과학계에서 경력을 쌓을 수 있는 입구가 생겼다. 대부분 과학자들이 볼 때 그건 과학 활동을 위한 열쇠이며, 현재 학계에서 활동하는 여성들에 대한 수많은 편견을 극복하는 데도 큰 도움이 되었다." 또한 이 직책 덕분에 리제는 서른네 살에 처음으로 월급을 받게 되었다.

제1차 세계대전이 일어나자 대부분 독일 과학자처럼 오토 한도 군에 징집되었다. 리제는 물리학 분야의 경력 때문에 X선 장비를 다루는 간호사로 일하게 되었다. 때로는 스무 시간씩 계속 일한 뒤에야 겨우 교대하는 힘든 나날을 보내면서 눈앞에서 벌어지는 전쟁의 참상을 목격했다. 그건 갑작스레 직면하게 된 불편한 현실이었다. 1915년 10월, 리제는 오토 한에게 보낸 편지에 이렇게 썼다. "당신은 내가 어떻게 지내는지 상상도 못할 거예요. 세상에는 물리학이 존재하고 난 물리학계에서 일했죠. 그리고 앞으로도 계속 일할 거고요. 마치 영향을 받지 않는 곳에서는 이런 일이 일어난 적도 없고 앞으로도 다시는 일어나지 않을 것처럼 말이에요." 하지만 전쟁이 끝나자 리제와 오토 한은 두 개의 방사성 원소 악티늄actinium(원자 번호 89번)과 우라늄(원자 번호 92번) 사이의 연결 고리로 추정되는 것에 대한 연구를 재개했다. 1918년 이들은 연구결과를 발표하면서 프로탁티늄protactinium(원자 번호 91)이라고 명명한 새 원소를 발견했음을 알렸다. 이들의 실험은 프로탁티늄이 방사성 붕괴를 일으키면서 악티늄이 생긴다는 사실을 입증했다.

거의 마흔 살이 다 된 리제는 이 공로를 인정받아 카이저 빌헬름 연구소의 새로운 물리학과장으로 임명되었다. 1922년 8월 7일, 리제는 하빌리타치온habilitation 강의를 했다. 하빌리타치온이란 많은 유럽 국가에서 교수직을 얻기 위해 필요한 자격증을 말한다. 강의 제목은 '우주적 작용에서 방사성 붕괴의 중요성'이었지만, 한 신문 기자는 이를 '화장하는 과정'에 대한 논의라고 잘못 보도했다.

1926년, 마흔일곱 살이 된 리제는 이제 과거의 수줍음 많던 젊은 여성의 모습에서 벗어나 조카 오토 프리슈가 '키가 작고, 비밀스럽고, 권위적이다'라고 표현할 만큼 자기주장이 강한 교수가 되었다. 1926년부터 1938년까지가 리제 인생에서 가장 생산적이고 행복한 시기였다. 리제는 물리학에 심취해 있었기 때문에 젊은 시절의 불안감도 연구로 날려버리고 열정을 계속 추구할 수 있었다. 리제는 오토 한과는 별도로 핵물리학이라는 새로운 분야에 진출해 개척자 역할을 하면서 1921년부터 1934년 사이에 논문을 56편 발표했다.

20세기 초에는 원자핵에 대한 물리학자들의 이해가 비약적으로 발전했다. 원자는 모든 화학 원소의 기본 단위다. 1911년 어니스트 러더퍼드는 금박을 통해 음전하를 띤 전자(1987년에 조셉 톰슨Joseph Thomson이 발견)를 발사하는 실험을 했다. 대부분 전자는 금박을 곧장 통과했지만 몇 개는 방향을 바꾸거나 경로를 이탈했다. 러더퍼드는 이런 결과를 보고 금 원자(그리고 다른 원소의 원자들도)의 질량 대부분이 전자에 둘러싸인 중심핵에 집중되어 있다는 것을 확인했다. 닐스 보어와 그 이후 다른 사람들은 가벼운 전자구름이 복잡하고 불규칙한 궤도를 그리면서 원자핵 주위를 돈다는 사실을 증명하여 이 원자 모형을 한층 완벽하게 다듬었다.

러더퍼드는 1917년 원자핵에서 양전하를 띤 입자를 발견했고 1920년에는 여기에 양성자proton라는 이름을 붙였다. 1920년대에 물리학자들은 원자핵 속에 있는 양성자 수로 그게 어떤 원소이고 주기율표 어디쯤에 위치하는지 알아낼 수 있다는 사실을 깨닫기 시작했다(100쪽 참조). 첫 번째 원소인 수소의 원자 번호는 1번(원자핵에 양성자 1개 존재)이고 그다음 원소인 헬륨은 2번(양성자 2개), 이런 식으로 이어진다.

1930년대 초에는 리제의 연구 대상이 확대되어 우주 광선(외계에서 온 원자핵)부터 방사능의 본질에 이르기까지 수많은 복잡한 물리학 분야를 포함하게 되었다. 리제는 이제 독일에서 아주 중요한 핵과학자 중 한 명이 되었다. 리제에게는 이런 모든 문제에 손을 댈 수 있는 장비와 자원, 직원이 있었으며 새로운 현상을 조사하는 일에 재빨리 개입하기도 했다.

리제는 실험실이 깨끗할수록 더 신뢰할 수 있는 결과가 나온다는 것을 일찍부터 알았기 때문에 실험실을 아주 깔끔하게 관리했다. 전화기와 문손잡이 옆에 화장지를 걸어둬서 항상 깨끗이 닦도록 했고 악수는 자제했다. 방사성 원소로 오염되지 않은 작업 공간을 유지하려는 이런 노력 덕분에 리제와 오토 한은 퀴리 부부와는 다르게 방사성 물질로 인한 부작용을 겪지 않았고, 둘 다 건강하게 오래 살았다.

마리 퀴리가 방사성 원소 연구를 시작하기 전까지 과학자들은 원자는 쪼개지거나 변화할 수 없다고 믿었다. 한 원소에 속한 원자가 다른 원자로 바뀔 수 없다는 이야기다. 하지만 방사성 원소가 발견되면서 원자도 변할 수 있고, 방사성 원자는 그 과정에서 에너지를 방출한다는 사실이 밝혀졌다. 1898년 방사능과 라듐이 발견되면서 현대 물리학의 문이 열렸다.

1931년 리제는 한 리뷰 논문에서 무거운 방사성 중원소가 가벼운 경원소로 붕괴되는 방식과 경원소를 충돌시켜서 더 무거운 원소를 만들 수 있는지 논했다. 리제와 동료들 모두 여기서 발생하는 제3의 과정, 즉 가벼운 핵을 만들기 위해 중핵을 분열시킬 경우 엄청난 양의 에너지가 방출된다는 사실은 미처 예견하지 못했다. 당시 원자를 이해하는 부분에서는 큰 진전이 있었지만, 원자력의 잠재적 중요성을 실제로 고려하지는 않았다. 아인슈타인은 "원자가 지닌 에너지를 방출시키려는 노력은 성과가 없다"고 말했고, 러더퍼드는 "원자의 변형에서 에너지원을 기대하는 사람은 허튼 꿈을 꾸는 것이다"라고 했다.

1932년 영국의 물리학자 제임스 채드윅James Chadwick은 원자핵의 중성입자인 중성자neutron를 발견했다. 중성자가 발견됨에 따라 수많은 실험이 진행되었는데, 첫째는 중성자의 존재를 확인하는 실험, 둘째는 그것이 양성자와 전자의 결합이 아니라 실제 소립자라는 사실을 입증하는 실험, 셋째는 중성자가 물질과 어떻게 상호작용하는지 조사하기 위한 실험이었다.

과학자들은 곧 중성자를 이용해 원자핵을 조사할 수 있다는 사실을 깨달았다. 이 중성 입자를 중핵과 충돌시키면 우라늄(당시 주기율표에서 가장 무거운 원소)보다 무거운 원소를 만들 수 있을까? 영국의 러더퍼드, 프랑스의 이렌느 퀴리(마리 퀴리의 딸), 이탈리아의 엔리코 페르미Enrico Fermi, 베를린의 오토 한/리제 마이트너팀 사이에 과학적 경쟁이 시작되었다. 과학적 진실을 추구하려는 열의가 그들의 연구를 이끌었고, 그 연구가 어디로 이어질지 아무도 의심하지 않았다.

그리고 모든 것이 바뀌었다. 1933년 1월, 국가 사회당 즉 나치당 지도자 아돌프 히틀러Adolf Hitler가 독일의 국가원수인 제국 수상으로 임명되었다. 그는 민주국가였던 독일을 재빨리 독재국가로 바꿔버렸다. 1933년 4월, 나치는 권력과 영향력을 행사할 수 있는 자리에 있는 유대인을 모두 쫓아냈다. 리제의 조카 오토 프리슈나 다른 저명인사들처럼 교수직에 있는 사람들도 마찬가지였다. 유대계 혈통을 부인하기를 거부한 리제도 위태로운 상황에 처했지만, 그래도 5년 동안 간신히 교수 자리를 유지할 수 있었다. 주변의 많은 동료도 점점 심해지는 나치 정권의 횡포에 맞서 싸우는 데 별 도움이 되지 않았다. 결국 1946년 리제는 1933년 이후 독일에 계속 머물기로 한 것은 "실용적인 관점에서뿐만 아니라 도덕적으로도 매우 잘못된 결정"이었음을 인정했다. "불행히도 독일을 떠난 이후에야 그 사실이 명백해졌다."

리제는 이제 카이저 빌헬름연구소 소장이 된 오토 한과 계속 함께 일했다. 1934년 1월, 이렌느 퀴리와 그 남편 프레데릭 졸리오는 경원소에 알파 입자를 충돌시키면 방사성 동위원소가 생성된다는 사실을 발견했다. 어떤 원소에 속한 원자는 전부 같은 수의 양성자와 전자를 가지고 있다. 하지만 중성자 수는 다를 수 있다. 동일한 원소의 원자 중에서 중성자 수가 다른 것을 그 원소의 동위원소라고 한다. 이 동위원소 중 일부는 방사성을 띤다.

알파 입자가 핵반응을 유도할 수 있다는 건 분명했지만, 이탈리아의 페르미는 중성자가 더 효과적일 수 있다고 생각했다. 중성자에는 전하가 없으므로 양전하를 띤 핵의 강한 척력을 극복해야 하는 알파 입자보다 과녁 핵에 침투할 가능성이 훨씬 높을 것이다.

페르미와 그의 팀은 가장 가벼운 원소인 수소부터 시작해, 다양한 원소에 중성자를 충돌시키고 그 결과를 지켜보았다. 유도 방사능의 존재를 가장 먼저 입증한 것은 불소(원자번호 9번)였고 곧 다른 원소들도 그 뒤를 따랐다. 페르미는 1934년 5월까지 주기율표에 등록된 원소들을 마지막 원소인 우라늄까지 전부 테스트했다.

그런데 곤혹스러운 결과가 몇 개 있었다. 우라늄에 중성자를 충돌시키자 우라늄이 자연적으로 붕괴될 때 관찰된 것과 화학적 성질이 다른 부산물이 몇 가지 생성된 것이다. 원자번호 92번인 우라늄은 자연방사능이지만 반감기가 거의 4억 5,000만 년 가까이 된다.

원자번호 86인 라돈radon까지 거슬러 내려가 봐도 이 부산물들은 주기율표에서 우라늄과 가까운 위치에 있는 어떤 원소와도 닮지 않았기 때문에 페르미는 그들이 우라늄보다 무거운 원소가 존재한다는 첫 번째 증거인 초우라늄 원소를 만들었다고 가정했다. 물리학자들은 자연계에 존재하지 않는 새로운 원소를 만들려고 경쟁했다. 그들은 중성자가 우라늄 핵 속으로 들어갈 수 있다면 원자가 전자를 방출하고 중성자는 양성자가 되어 원자번호가 93 이상인 새 원소가 생겨날 것이라는 이론을 제시했다.

리제는 이런 글을 남겼다. "이 실험들은 너무나도 매혹적이어서 그게 눈에 띄자마자 (…) 오토 한에게 이 문제를 해결하기 위해 몇 년간 중단했던 공동 연구를 다시 시작하자고 이야기했다. 페르미 연구에 엄청난 관심이 생겼는데, 그와 동시에 물리학 지식만 가지고는 이 분야에서 앞서나갈 수 없는 게 분명했다. 제대로 된 결과를 얻으려면 오토 한처럼 뛰어난 화학자의 도움이 필요했다."

리제는 오토 한 그리고 화학자 프리츠 슈트라스만Fritz Strassmann과 함께 우라늄이나 다른 원소들을 중성자와 충돌시키고 거기서 발생하는 붕괴 산물을 확인하기 시작했다. 오토 한은 세심한 화학 분석을 진행했고 물리학자인 리제는 그와 관련된 핵 변화 과정을 설명하려고 했다.

대부분 과학자는 중성자를 커다란 핵과 충돌시키면 핵 속의 중성자나 양성자 수가 약간 바뀌는 정도의 변화만 생길 것이라고 생각했다. 하지만 1934년 9월 독일 화학자 이다 노다크Ida Noddack는 페르미가 우라늄이 실제로 가벼운 원소로 붕괴될 가능성을 배제하지 않았다고 지적했다. 그러나 이다가 더는 설명하지 않았기 때문에 리제가 관심을 갖기 전까지 그 연구는 사람들에게 잊혔다.

연구가 중요한 기로에 다다르고 리제가 자기 인생에서 가장 매력적인 연구 프로젝트에 몰두해 있을 무렵, 더는 독일의 정치 상황을 무시할 수 없다는 사실을 깨달았다. 1938년 3월 12일 히틀러가 오스트리아를 합병하자 베를린에 사는 유대계 오스트리아인은 단순히 이례적인 존재 정도가 아니라 아주 위태로운 존재가 되었다. 오스트리아 합병으로 사실상 오스트리아가 독일의 일부가 되자 리제가 오스트리아 시민으로서 누리던 보호막이 사라졌다.

30년 동안 리제의 가장 가까운 동료였던 오토 한도 주변 압력에 굴복해 리제에게 연구소를 그만두라고 말했다. 리제는 일기장에 “그는 사실상 날 내쫓은 것이다”라고 비통한 심정을 기록했다. 어떻게든 자기 자신과 연구소를 지키고 싶었던 오토 한은 리제를 ‘희생시킬’ 준비가 되어 있었다.

직장을 잃은 리제는 독일 최고위층이 자기가 나라를 떠나는 것도 가로막고 있다는 것을 알게 되었다. 나치는 리제 같은 ‘유대인’이 떠나는 것을 원치 않았다. 그들을 감금해두고 본보기로 삼으려고 했다. 코펜하겐에 있는 닐스 보어 같은 과학자는 리제에게 그쪽에 와서 강의해달라고 부탁하는 편지를 보냈다. 리제가 독일을 떠날 정당한 사유를 만들어 망명을 신청할 수 있게 하려는 은밀한 시도였다. 하지만 리제는 계속 독일에서 참고 견뎠다. 리제에게는 연구가 인생의 전부였기 때문에 최대한 오랫동안 자기 지위를 유지하려고 애썼다. 하지만 리제가 위험하다는 사실이 분명해지자 친구와 동료들은 서둘러 리제를 탈출시켜야 한다는 것을 깨달았다.

동생 롤라가 있는 미국으로 가는 것도 한 방법이었지만, 리제는 미국은 너무 멀고 낯선 땅이라고 생각했다. 오스트리아가 독일에 합병된 이후, 오스트리아 사람인 리제는 여권을 사용할 수 없게 되었다. 이런 상황에서는 네덜란드나 스웨덴이 리제를 더 관대하게 받아줄 것 같았고, 덴마크에 있는 보어 연구소는 상당히 탁월하다는 평판을 받는 곳이라 마음이 끌리기도 했다. 1938년 6월 28일, 코펜하겐에 사는 닐스 보어의 친한 동료인 에베 라스무센Ebbe Rasmussen이 좋은 소식을 들고 베를린에 왔다. X선 분광학에 관한 업적으로 1924년에 노벨 물리학상을 받은 만네 시그반Manne Siegbahn이 스톡홀름에 새로 설립한 연구소에서 리제에게 맞는 자리를 찾았다는 것이었다.

7월 12일, 리제는 일찍 출근해서 일을 시작했다. 리제는 나중에 일기에 이렇게 적었다. "다른 사람들의 의심을 사지 않기 위해, 독일에서 보내는 내 인생의 마지막 날을 연구소에서 밤 8시까지 젊은 동료가 발표할 논문을 수정하면서 보냈다. 그러고 나니 작은 여행가방 두 개에 필요한 물건들을 꾸릴 시간이 정확히 1시간 반밖에 남지 않았다."

리제의 여행 동반자 겸 구조자는 네덜란드로 과학자들이 독일을 탈출하도록 돕던 디르크 코스테르Dirk Coster라는 동료였다. 리제는 지갑에 10마르크만 넣은 채 영원히 독일을 떠났지만, 출발 전 오토 한이 필요하면 국경 경비원들에게 뇌물로 주라며 어머니에게서 물려받은 다이아몬드 반지를 주었다. 결국 뇌물을 주지 않고도 탈출에 성공했기 때문에 그 반지는 나중에 조카의 아내인 울라 프리슈가 자랑스럽게 끼게 되었다.

리제는 네덜란드 당국에서 입국 허가를 받았지만, 더는 통용되지 않는 오스트리아 여권만 소지했기 때문에 경비원들이 여행 서류를 확인하기 위해 열차에 탑승하자 잔뜩 긴장할 수밖에 없었다. 리제는 나중에 회상하기를, "정말 겁이 나서 심장이 거의 멎을 뻔했다. 당시 나치가 유대인을 함부로 대해도 된다고 선포했다는 것을 알고 있었다. 사냥이 시작된 것이다. 10분 동안 자리에 앉아 기다렸는데, 그 10분이 마치 몇 시간은 되는 듯한 기분이었다. 이윽고 나치 관리 한 명이 돌아와 아무 말 없이 여권을 돌려주었다"고 말했다.

몇 분 후 리제는 무사히 네덜란드 국경을 넘었고 베를린에 있던 오토 한은 나중에 아기가 도착했다는 수수께끼 같은 메시지를 받았다. 그 소식은 열렬한 나치당원인 화학자 커트 헤스Kurt Hess가 리제가 도망치려 한다는 정보를 당국에 알린 시점에 맞춰 아슬아슬하게 전달되었다.

리제는 네덜란드에서 스웨덴으로 건너갔고, 1938년 여름부터 만네 시그반의 노벨 물리학 연구소에서 일을 시작했다. 거의 예순이 다 된 나이에 모든 걸 처음부터 다시 시작해야 하는 것은 리제가 바라던 동화 같은 결말이 아니었다. 시그반은 과학계에서 활동하는 여성들에게 편견이 있었기 때문에 리제를 환영하지 않았다. 리제는 실험할 공간은 제공받았지만 장비나 기술 지원은 받지 못했고 심지어 열쇠조차 주지 않았다. 하지만 리제는 오토 한과 계속 편지를 주고받으면서 공동 연구와 관련해 그에게 충고를 해주었다. 그렇게 하여 리제의 독일 탈출이 히틀러 정권에 큰 피해를 주었다는 사실이 곧 분명하게 드러났다.

오토 한과 슈트라스만은 리제가 베를린에서 달아나기 전 함께 진행했던 중성자 충돌 실험의 부산물을 계속 화학적으로 분석했지만, 리제의 전문 지식이 없는 탓에 자기들이 본 걸 해석하는 데 어려움을 겪었다. 1938년 11월, 리제와 오토 한은 코펜하겐에서 비밀리에 만나 몇 가지 난해한 결과를 논의했다.

우라늄 원자(원자번호 92)의 핵에 중성자 한 개를 충돌시킨 결과, 붕괴 산물 중 바륨(원자번호 56) 동위원소처럼 보이는 게 발견되었다. 그들은 느린 속도로 움직이는 작은 중성자가 원자처럼 강력한 것을 불안정하게 만들고 산산조각 낼 수도 있다는 사실을 알고 놀랐다. 원자번호를 줄이거나 화학적 거동을 바꾸는 일은 마치 다윗이 새총으로 골리앗을 무너뜨리는 것처럼 신화 속에서나 가능한 일 같았다.

방사능 변환은 한번에 조금씩만 진행되는 것으로 생각했다. 방사성 붕괴가 발생하면 하나의 원소가 질량이 매우 비슷한 다른 원소로 바뀐다. 하지만 바륨의 질량은 우라늄의 절반밖에 되지 않는다. 무슨 일이 벌어지고 있는 것일까? 물리학자 리제의 조언이 없었다면, 베를린의 두 화학자는 올바른 방향으로 사고를 전개하지 못했을 것이다. 그들은 원자번호(양성자 수)를 고려하는 게 아니라 원자질량, 즉 핵 안에 있는 단백질과 중성자의 총수에 초점을 맞추었다.

오토 한은 스톡홀름에 있는 리제에게 편지를 썼다. "아마 당신이라면 환상적인 설명을 제시할 수 있을 겁니다. 우리는 이게 사실상 바륨으로 분해될 수 없다는 것을 알기 때문에 다른 가능성을 생각해보려고 합니다." 리제도 결과를 믿을 수 없었기 때문에 오토 한에게 실험을 다시 한번 해보라고 부탁했다. 나중에 슈트라스만이 말했듯이, "다행히 베를린에 있는 우리는 리제 마이트너의 의견과 판단을 매우 중시했기 때문에 즉시 필요한 대조 실험을 진행했다."

1938년 말, 리제의 조카 오토 프리슈가 리제를 만나러 왔다. 그도 독일에서 추방당해 코펜하겐의 닐스 보어 연구소에서 물리학자로 일하고 있었다. 리제와 프리슈는 크리스마스 연휴 동안 산책을 하면서 많은 정보를 나눴다. 프리슈는 스키를 타고 리제는 걸어서 따라갔는데, 나중에 조카가 회고한 바에 따르면 리제는 걸음이 매우 빨랐다고 한다. 두 사람은 나무 등걸에 걸터앉아 한숨 돌리면서 오토 한의 특이한 실험 결과를 곰곰이 생각해보았다. 그러다가 종이를 꺼내 계산을 시작했고, 리제는 실험에서 벌어진 현상을 정확하게 수학적으로 계산해냈다.

리제는 예전에 러시아 물리학자 조지 가모프George Gamow가 제안하고 닐스 보어가 지지한 모델에 따라 핵을 물방울로 간주하자고 말했다. 계속 흔들리는 불안정한 물방울처럼 우라늄 핵도 중성자 충격 같은 사소한 자극에도 분열될 준비가 되어 있다. 프리슈는 이 충격이 어떻게 물방울을 길어지게 하는지 도표를 그려서 설명했다. 그러다가 중간 부분이 가늘어지면서 결국 두 부분으로 나뉜다. 이는 세포가 둘로 갈라지는 생물학의 이분열binary fission 과정과 비슷하기 때문에, 원자가 쪼개지는 것도 핵분열fission이라고 부르게 되었다.

리제는 지배적인 지식 앞에서 오토 한이 깨닫지 못한 사실, 즉 우라늄 핵이 실제로 반으로 쪼개진다는 것을 깨달았다. 여분의 중성자 때문에 과부하가 걸리면 작은 방울(핵)이 둘로 쪼개지면서 엄청난 핵에너지가 방출될 것이라는 전망이 대두되었다. 그뿐만 아니라 여기서 생성된 두 원자가 서로 다른 원소들이라는 것은 그 자체로 대단한 문제였다. 핵은 몇 개의 다른 쌍으로 쪼개질 수 있는데, 바륨(양성자 56개)과 크립톤(양성자 36개) 또는 양성자 수가 합쳐서 총 92개인 다른 한 쌍의 중간 크기 원자로 쪼개질 수 있다. 이 문

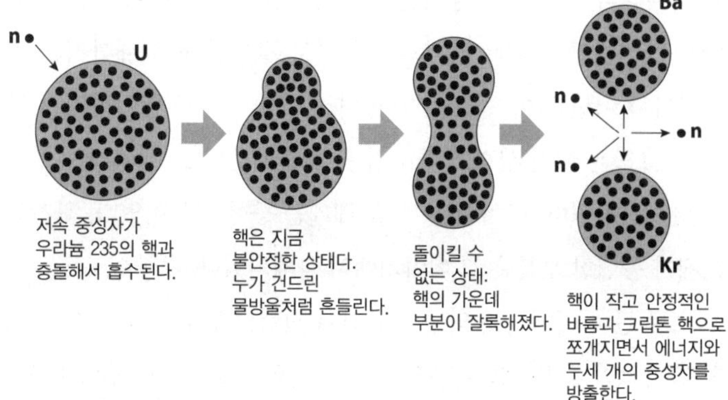

우라늄 원자의 분열

제를 연구한 여러 팀이 얻은 다양한 실험 결과도 이로써 설명할 수 있다.

핵분열 결과로 생기는 파편은 원래 원자와 같은 원소가 아니므로 이건 핵변환이 아니다. 우라늄 핵이 쪼개지면 바륨과 크립톤이 생기고 중성자도 몇 개 방출된다. 핵이 두 개로 분리될 때는 상호 전기 척력 때문에 분열되면서 200MeV(메가전자볼트)에 달하는 매우 많은 에너지를 얻게 된다. 그런데 그 에너지는 어디서 나온 것일까?

다행히 리제가 핵분열 결과로 생긴 핵의 질량을 계산하는 방법을 기억했기 때문에 핵분열로 생성된 파편 두 개의 총질량이 우라늄핵의 질량보다 작다는 사실을 깨달았다. 아인슈타인의 유명한 방정식 $E=mc^2$를 대입하면 이 사라진 질량은 에너지로 전환된다. 프리슈의 결론대로 "그러니까 이것이 에너지의 근원인 것이다. 모든 계산이 다 들어맞았다!"

경험적 결과는 오토 한이 얻었지만 거기서 의미를 찾아낸 사람은 리제였다. 핵분열의 증거를 제시하려면 오토 한과 프리츠의 화학적 발견뿐만 아니라 리제의 통찰력도 필요했다. 이때까지는 원자핵에서 이런 일이 일어날 수 있다는 것을 아무도 알아차리지 못했다. 그들은 이런 생각조차 하지 못했기 때문에 그 결과가 너무나도 당혹스러웠다. 마치 어둠 속을 헤매는 듯한 기분이었다. 하지만 리제가 공헌한 부분은 그 이야기에서 삭제되었다.

오토 한과 리제의 논의는 비밀리에 진행되었다. 오토 한은 리제의 획기적인 통찰력을 이용해 실험을 진행하고 그 결과를 1939년 1월에 발표했다. 그는 '비非아리아인'과 접촉했다는 사실을 인정할 수 없었기 때문에 리제 이름을 제외하고 화학 작용에만 집중했다. 리제와 오토 프리슈는 발표 전에 실험을 반복해서 분열된 우라늄 원자의 조각 두 개를 모두 발견했다. 그들은 1939년 2월《네이처》에 논문 두 편을 게재하면서 핵분열이라는 용어를 처음 사용했고 이 현상의 이면에 존재하는 물리학 법칙을 설명했다.

오토 한의 행동은 나치 당국을 화나게 하지 않으려는 것일 수도 있지만, 개인적인 질투가 더 크게 작용했을 가능성도 있다. 어쨌든 리제는 그의 부당한 행동에 심한 배신감을 느꼈다. 리제는 남동생 월터에게 보낸 편지에서 이렇게 썼다. "나는 자신감을 잃었어……. 오토 한은 방금 우리의 공동 연구를 바탕으로 아주 멋진 결과를 공개했어……. 오토를 생각하면 그런 결과가 나온 게 기쁘지만, 여기 사람들은 다들 내가 그 일에 아무런 기여도 하지 않았다고 생각할 테니 개인적으로나 과학적으로나 너무 실망스러워." 리제가 예상하지 못했던 것은 전쟁이 끝나고 한참 지난 뒤에도 오토 한이 이 일에서 계속 자신을 배제할 것이라는 사실이었다. 그의 배신은 리제가 사망할 무렵이 되어서야 겨우 암묵적으로 인정되었다.

핵분열 발견 당시 리제는 여전히 외국에서 이방인으로 살고 있었다. 남성 중심적인 직종에서 아웃사이더 취급을 받으며 비좁은 방에서 겨우 입에 풀칠이나 하며 살던 리제는 베를린에서 30년간 쌓은 업적이 오토 한 때문에 기록에서 삭제된 사실에 크나큰 충격을 받고 비탄에 잠겼다. 리제는 그 후에도 스웨덴에서 20년을 더 살았지만, 독일과 유럽 물리학의 중심부에 있던 자신의 정당한 자리에서 추방당한 이후 다시는 물리학계에서 예전과 같은 자리를 되찾지 못했다.

영국과 미국의 과학자들도 핵분열 발견 소식을 관심 있게 받아들였지만, 당시에는 이걸 무기로 활용할 가능성을 거의 고려하지 않았기 때문에 이와 관련된 새로운 실험 결과들을 계속 공개적으로 알렸다. 1939~1940년 겨울, 헝가리 물리학자 세 명이 독일에서 적극적으로 핵무기를 개발하고 있다는 사실을 알아차렸다. 그들은 미국 대통령 프랭클린 루스벨트Franklin D. Roosevelt에게 편지를 보내 독일보다 먼저 원자폭탄 제조 프로그램을 시작해야 한다고 제안했다. 그리고 이 편지에 한층 무게가 실리도록 하려고 아인슈타인을 설득해 편지에 서명하게 했다. 아무리 루스벨트라도 아인슈타인이 서명한 편지를 무시할 수는 없었기 때문에 이 호소를 계기로 1942년 맨해튼 프로젝트Manhattan Project가 시작되었다. 1940년 말 즈음에는 핵분열이 일급비밀로 취급되었고, 미국 과학 저널에서도 핵분열 연구와 관련된 모든 언급이 사라졌다.

전쟁이 격화되는 동안에도 리제는 스웨덴의 만네 시그반 연구소에서 혼자 비참한 기분으로 연구를 계속했다. 리제는 독일과 오스트리아에 있는 친구들의 안녕을 지나치게 걱정한 나머지 건강까지 악화되어 체중이 41킬로그램 이하로 줄었다. 1942년 리제는 로스 알라모스에서 맨해튼 프로젝트에 참여하게 될 영국 과학자들과 합류하라는 초청을 받았지만 거절했다. 리제는 핵분열을 군사적 용도로 이용한다는 생각에 혐오감을 느끼면서 조카 프리슈에게 "난 폭탄을 만드는 일에는 절대로 관여하지 않겠다!"고 말했다.

핵분열 발견 7년 후인 1945년 8월 6일 일본 히로시마에 투하된 '리틀보이Little boy'라는 폭탄 안에서 핵분열 과정이 촉발되었다. 이 폭발로 도시의 90퍼센트가 파괴되고 8만 명이 즉시 목숨을 잃었으며, 나중에 방사능 노출로 사망한 사람들도 수만 명이 넘는다. 히로시마와 나가사키에 투하된 폭탄 때문에 제2차 세계대전이 종식되었다고 인정받지만, 많은 역사가는 이 폭탄이 냉전에 불을 붙였다고도 주장한다.

리제로서는 정말 실망스러운 일이지만, 그의 통찰력 덕분에 원자핵 시대가 시작되었다. 리제는 원자폭탄 소식을 듣고 큰 충격을 받았으며, 이후 며칠 동안 언론을 피하면서 그들의 명백한 실수를 바로잡으려고 애썼다. 리제는 폭탄의 세부적인 부분에 대해서는 아무 말도 하지 않았는데, 아는 게 없었기 때문이다. 한 기사에서는 리제가 시골 농부 같은 옷차림을 한 현지 여성과 '원자핵 분열을 논의하는' 모습을 그렸다. 리제도 여느 사람들처럼 원자폭탄을 인류의 심각한 전환점으로 여겼다. 리제는 몇 년 후 "사람들이 자기 일을 사랑할 수 있고 근사한 과학적 발견을 이용한 무시무시하고 악의적인 일에 대한 두려움 때문에 항상 고통받지 않아도 되는" 시대의 종말을 애도했다.

리제는 핵에너지 방출을 통제하는 일에 더 관심이 많았다. 핵에너지를 한꺼번에 방출시키면 상상도 할 수 없는 대폭발이 일어난다. 그 에너지를 점진적으로 방출하는 방법을 알아내면 고갈되지 않는 동력원을 얻을 수 있을 것이다. 그래서 리제는 핵반응에 관한 연구를 계속했고 스웨덴 최초의 원자로 건설에 기여했다.

전쟁이 끝난 뒤, 리제는 독일에 남아 히틀러 밑에서 일했던 동료들과 관계를 재조정해야 했다. 리제는 1933년부터 1938년까지 독일에 머물렀던 자신의 도덕적 잘못을 인정했으며, 오토 한에 대해서도 몹시 비판적이었다. 리제는 그에게 이런 편지를 쓰기도 했다. "당신은 모두 나치 독일을 위해 일했습니다. 그리고 소극적인 저항만 했죠. 물론 양심의 가책을 덜려고 가끔 박해받는 사람을 도와주기도 했지만, 무고한 사람 수백만 명이 아무 항의도 못한 채 살해당하는 것을 보고만 있었어요……."

확실히 오토 한은 자신의 위치를 몹시 걱정했고, 자기 이익을 보호하려고 서서히 리제와 관계를 끊으면서 리제의 업적을 인정하지 않았다. 그리고 오토 한의 이런 태도 때문에 리제가 사람들의 집단 기억에서 삭제된 게 틀림없다. 리제는 여러 번 노벨상 후보에 올랐지만 과학계에서 계속 추방당한 상태였기 때문에 결국 노벨상을 받지 못했다. 핵분열이 발견되고 몇 주 후 오토 한은 화학 분야에서만 노벨상을 요청했다. 그는 물리학과 화학을 철저하게 분리했고, 노벨상은 그 구조상 두 분야를 분리해서 각기 다른 위원회가 상을 수여했다. 1990년대 들어서 비로소 노벨상위원회의 심의 내용을 자유롭게 들을 수 있게 되었다. 그들은 당시 조직이 학제간 연구를 평가하기에 부적합했고, 리제가 1944년 수상자 명단에서 누락된 것은 학문적 편향, 정치적 둔감성, 무지와 성급함이 뒤섞여 비롯한 일임을 인정했다.

오토 한이 핵분열 발견이 화학적 발견임을 강조하고 나자 그 일에서 리제를 배제하기가 매우 쉬워졌다. 그는 리제가 한 거의 모든 일의 가치를 억누르고 부정했다. 그건 두려움 때문에 생긴 자기기만이었다.

시간이 흐르면서 리제가 한 역할도 인정받게 되었지만, 아마 항상 리제 마음에 드는 방식으로는 아니었을 것이다. 1946년 리제가 미국을 방문하자, 미국 언론에서는 '지갑에 폭탄을 넣고 독일을 떠난' 사람이라면서 리제를 유명인으로 대접했다. 리제는 6개월간 가족을 만나고 워싱턴에서 교환 교수로 일한 뒤 독일로 돌아갔다. 만네 시그반 연구소를 떠나 미국에 머문 것이 수십 년간 느꼈던 고립감을 조금이나마 떨쳐내는 데 도움이 되었다.

1947년 리제는 빈에서 과학예술상을 받았다. 이는 그 후 리제가 몇 년 동안 받은 수많은 상 중 첫 번째로, 화려한 수상 경력은 1966년 미국 원자력에너지위원회가 핵분열을 발견하기 위해 '개인 및 공동으로 기여'한 리네 마이트너와 오토 한, 프리츠 슈트라스만과 공동 수상한 엔리코 페르미상으로 절정에 이르렀다. 리제는 이 상을 받은 최초의 비미국인이자 최초의 여성이었다. 이는 국제 과학계가 마침내 리제의 핵분열 연구 성과를 인정했다는 증거인 셈이다.

독일로 간 리제는 다른 시대에서 온 귀한 방문객 같은 느낌을 받았지만, 그래도 아인슈타인과 달리 전쟁이 끝난 뒤에도 연구를 계속하는 것이 올바르고 적절한 일이라고 믿었다. 1947년 스웨덴 왕립공과대학에 자리가 생겼다. 마침내 리제는 장비와 조수, 그리고 확실한 봉급이 보장된 자기만의 연구실을 갖게 되었다. 여기서 리제는 1954년 처음 가동한 스웨덴 최초의 원자로를 만들었다. 리제는 1949년 스웨덴 시민권을 취득했고, 1953년 일흔다섯의 나이로 은퇴할 때까지 일도 하고 가족도 방문하기 위해 여기저기로 여행을 다녔다. 리제는 다시는 독일을 자기 집으로 여기지 않았다. 여러 곳에서 꾸준히 상을 받았음에도 전쟁이 끝난 후 몇 년 동안 리제는 핵분열 발견과 아무런 관련이 없다는 것이 일반적인 상식이 되었다. 1950년대 중반 리제가 25년간 일했던 부지에 새로 지은 건물은 오토 한에게만 헌정되었다.

리제는 짤막한 성명서 몇 개를 제외하고는 자기 업적을 선전하려고 하지 않았다. 자서전을 쓰지도 않았고 살아 있는 동안에는 전기 집필도 허락하지 않았다. 경력 초반에 느낀 불안감과 고립감이 깊은 영향을 미쳤지만, 교육과 남들의 인정을 얻으려고 투쟁한 일에 대해서도 자주 말하지 않았다. 리제는 자기가 쓴 과학 관련 글에서 자기 삶의 중요한 사항들을 전달하는 것을 선호했다.

역사학자들은 왜 독일이 제2차 세계대전 때 원자폭탄을 개발하지 않았는지를 놓고 지금도 논쟁을 벌이고 있다. 막스 플랑크 연구소(옛 카이저 빌헬름 연구소) 과학자들이 원자폭탄을 연구했지만, 베를린 같은 주요 도시가 연합군의 폭격을 받았기 때문에 그곳에서 과학 연구를 진행하기가 매우 힘들었고 결국에는 거의 불가능해졌다. 물리학자들이 리제가 연구한 물리학 내용을 완전히 이해하지 못했을 수도 있고, 어쩌면 나치 당국에서 충분한 연구 자금을 얻지 못했을 수도 있다. 독일인들은 자기들이 영국이나 미국의 과학자들보다 아는 게 훨씬 많다고 여겼기 때문에 1945년 8월 히로시마에 원자폭탄이 투하되었다는 소식을 들었을 때 도저히 믿을 수 없었다. 사실 독일의 이론 물리학자 베르너 하이젠베르크Werner Heisenberg는 이 발표가 선전에 불과할 거라고 확신했지만, 독일에서 핵개발 프로그램을 진행하던 이들은 세부적인 내용을 읽어보고는 미국인들이 자기네가 시도해본 적도 없고 가능하다고 생각하지도 못한 규모의 성공을 거두었다는 사실을 깨달았다.

리제는 미국의 맨해튼 프로젝트에 참여하기를 거절했지만, 당황스럽게도 전후 미국에서 '원자폭탄의 유대인 어머니'로 찬양받게 되었다. 나치가 뭐라고 하건 간에 리제는 자신을 유대인이라고 여긴 적이 없었기 때문에 이는 전적으로 틀린 말이었다. 핵무기를 리제와 오토 한의 유산으로 여길 수도 있지만, 오늘날 대부분 무기는 핵분열이 아니라 그보다 더 강력한 핵융합 과정을 이용해 개발한다. 이것이 냉전시대에 개발된 열핵 수소폭탄이다. 오늘날 전 세계의 핵무기를 다 합치면 지구상에 존재하는 모든 생명체를 여러 번 멸종시킬 수 있다.

리제는 물리학자들의 작업에 영감을 주었지만 한편으로는 핵확산 방지와 핵군축 문제에 관심 있는 사람들에게도 영감을 주었다. 리제는 핵무기를 만드는 것은 일탈적인 행동이며 이 기술을 의학과 에너지 생산에 활용하는 것이 더 중요하고 유익하다고 생각했다. 리제의 연구는 기초과학 연구(이 경우 핵물리학 연구)가 사회적·정치적으로 얼마나 엄청난 결과를 가져올 수 있는지 보여주는 대표적 사례다.

리제는 자기가 연구한 과학이 어떤 결과를 가져올지 예측하지 못했고 자기에게 관심이 쏠리는 것도 바라지 않았다. 리제는 국제적인 인정이나 상이 아니라 과학적 진리를 추구하는 데 관심이 많았지만, 그래도 자기 연구와 그 중요성에 대한 인식이 점점 높아지는 것을 당연히 기뻐했다. 1982년 우주에서 무거운 원소 중 하나인 109번 원소가 발견되어 주기율표(100쪽 참조)에 등록되자, 리제의 이름을 따서 마이트너륨Mt이라고 명명했다.

리제는 핵분열 활용을 우려하면서 전쟁 중 과학자들의 태도에 대해 항상 목소리를 낼 수 있는 강인한 성격의 소유자였다. 리제는 자신이 제3제국의 공포를 제대로 깨닫지 못했다는 것을 오래전에 인정했지만, 오토 한이 자기 과실을 인정하기까지는 오랜 세월이 걸렸다. 1958년, 오토 한은 리제의 여든 번째 생일에 편지를 보냈다. "우리 모두 부당한 일이 벌어지고 있다는 것을 알았지만 그걸 직시하고 싶지 않았습니다. 우리는 우리 자신을 속였지요. 1933년에 나는 당장 찢어버렸어야 하는 깃발을 따라갔습니다. 그때 그렇게 하지 않은 것에 대해 이제 책임을 져야만 합니다." 그는 놀라운 재주를 발휘해 자신을 이해시키고 이끌어준 리제에게 감사했다. 그들 사이에 일어난 모든 일에도 불구하고 두 사람은 계속 연락하면서 친밀한 관계를 유지했는데, 이는 남을 용서하는 리제의 놀라운 능력을 입증한다.

1960년 은퇴한 리제는 트리니티 칼리지에서 교수 겸 선임연구원으로 일하던 조카 오토 프리슈와 가까운 곳에서 살려고 영국 케임브리지로 거처를 옮겼다. 리제는 아흔 살 생일을 맞이하기 며칠 전이자 오토 한이 사망하고 몇 달 뒤인 1968년 10월 27일 자다가 평화롭게 숨을 거두었다. 리제는 1964년 세상을 떠난 사랑하는 동생 월터와 가까운 곳에 묻혔다. 햄프셔에 있는 리제의 묘비에는 '결코 인간적인 면모를 잃지 않았던 물리학자'라는, 오토 프리슈가 고른 매우 적절한 묘비명이 새겨져 있다.

9장

엘시 위도슨 (1906-2000)

엘시 위도슨은 20세기 영국의 대표적 영양학자 중 한 명이다. 영양학의 선구자인 엘시는 자신을 비롯해 인간을 대상으로 하는 실험을 즐겼다. 엘시는 로버트 맥캔스와 함께 제2차 세계대전을 위한 배급 식단을 정하고 실행하는 일에 관여했는데, 이는 영국인이 먹어본 가장 건강한 식단으로 인정받았다. 이들은 식품의 영양분을 강화하기 위한 과학 연구를 진행하여 '현대의 빵 창조자'라는 칭호를 얻었다. 로버트와 엘시의 《식품 성분》은 지금도 영양학계의 중요한 연구 자료이며, 증거에 기초한 이들의 영양학 연구 방식은 1930년대부터 영양학적 조언을 이끌어왔다.

엘시의 실용적이고 철저하면서도 따뜻하고 공감 능력이 뛰어난 성품은 60년간 로버트와 이어진 업무 파트너십이 성공하는 데 중요한 역할을 했다. 그들의 연구결과는 식품의 화학적 조성과 인간의 건강을 연결했고, 임신기와 어린 시절의 식습관이 그 아이의 장기적인 건강에 매우 중요하다는 의견을 이끌어냈다. '건강과 질병의 발생적 근원'이라는 새로운 분야가 등장하면서 과학자와 의사들이 다시금 엘시와 로버트의 연구에 관심을 보이고 있다.

Elsie

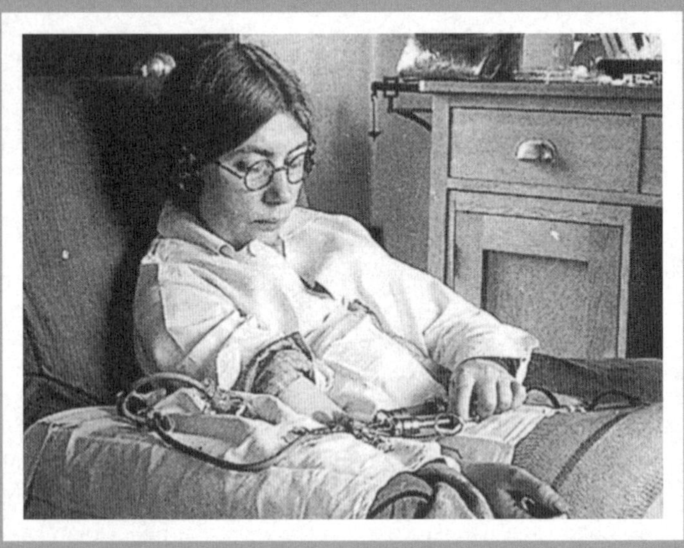

Widdowson

엘시 위도슨Elsie Widdowson, 1906~2000은 1906년 10월 21일 런던 남동부에 사는 토머스 위도슨과 로즈 위도슨 사이에서 태어났다. 아버지 토머스는 식료품점 보조원으로 일했고 세 살 아래인 여동생 에바가 있었다. 부모는 학구적인 편이 아니었지만 두 딸의 학문적 노력을 지지해주었고, 결국 그들은 각자가 선택한 분야에서 최고 전문가가 되었다.

엘시는 매일 자전거를 타고 시드넘 카운티 여학교에 다녔다. 대학 준비 과정을 이수할 때 동물학을 가장 좋아한 엘시는 이 과목을 학부 수준으로 공부하기 시작했다. 엘시가 아주 훌륭하고 감화를 주는 분이라면서 존경하던 화학 선생님이 동물학 대신 화학 공부를 해보라고 설득했다. 전통적으로 이 학교는 학생들에게 런던 대학에 속한 여자대학 중 하나인 베드포드 칼리지에 진학하도록 권장했지만, 엘시는 1년 선배인 여학생 몇 명의 격려를 받아 임페리얼 칼리지에 가기로 결정했다. "백 명쯤 되는 우리 학년 학생들 중 여자는 세 명뿐인 순 남자들만의 세계였다"는 엘시의 말처럼, 그건 흔치 않은 결정이었다.

1924년에는 임페리얼 칼리지에 입학하는 여학생 수가 점점 늘어났기 때문에 총장은 여학생을 위한 수업 여건을 개선하는 절차를 밟았다. 당시 임페리얼 칼리지 여학생 연합의 회원은 주로 교수 아내들이었고, 회장은 학생들이 '여왕벌'이라고 부르던 화학자 마사 휘틀리Martha Whiteley였다. 마사는 여학생 휴게실 환경을 개선하는 데 도움을 주었고, 1930년에는 남학생과 여학생 모두에게 새로운 휴게실을 마련해주었다. 좀더 여성스러운 환경을 조성하기 위해 '분위기에 맞는 꽃병과 작은 조각품 몇 개'를 갖다두었고, 《보그Vogue》나 《시어터 월드Theatre World》, 《새터데이 이브닝 포스트Saturday Evening Post》 등을 적절한 읽을거리라고 여겼다.

2년간 공부한 엘시는 이학사 학위 취득 시험을 치렀지만 화학 학위를 받기까지 1년 더 학교를 다녀야 했는데, 이는 당시에는 흔한 일이었다. 이때쯤 엘시의 여동생도 학문적 진로를 정했다. 에바는 킹스 칼리지 런던에서 수학을 공부할 수 있는 장학금을 받았고, 뒤이어 런던 대학에서 양자역학 석사, 1938년에는 핵물리학 박사 학위를 받았다. 에바는 셰필드 대학에서 물리학 강의를 하다가 갑자기 양자역학을 그만두고 벌 연구 쪽으로 방향을 바꿔 양봉계의 세계적 권위자가 되었다. 에바는 제임스 크레인James Crane과 결혼할 때 벌집을 선물로 받으면서 벌에 관심을 두기 시작했다. 벌집은 설탕이 부족한 전시에 설탕을 보충할 수 있기를 바라는 마음으로 준 것이므로, 에바의 언니 엘시가 나중에 한 연구와 흥미로운 연관

관계가 생긴다.

엘시는 임페리얼 칼리지에서 보낸 마지막 해에 새미 슈라이버Sammy Schryver 교수가 운영하는 작은 생화학 실험실에서 시간을 보내며 다양한 식물성·동물성 물질에서 아미노산(단백질 구성 요소)을 분리했다. 크로마토그래피(용액 안에서 여러 성분이 각기 다른 속도로 이동하는 것에 의존하는 추출 기술)를 일상적으로 사용하기 전에는 비커가 아닌 양동이에 가득한 시재료를 이용해 추출 작업을 대규모로 진행했다.

1928년 학위를 받은 엘시는 일자리를 찾았다. 엘시는 임페리얼 칼리지 식물생리학과 헬렌 포터Helen Porter(결혼 전 성은 아치볼드Archbold)가 사과의 화학과 생리학을 연구해달라고 제의한 것이 계기가 되어 식품과 영양의 세계로 진출했다. 엘시는 2주에 한 번씩 기차를 타고 '영국의 정원'이라고 불리는 켄트주의 과수원에 가서 지정된 사과나무에서 사과를 따왔다. 실험실에 돌아온 엘시는 숙성부터 저장에 이르기까지 수명주기의 다양한 단계에 있는 사과에서 당분(단순 탄수화물)을 분리해 측정하는 방법을 개발했다.

헬렌은 엘시가 연구를 직업으로 삼는 데 중요한 역할을 했다. 엘시의 박사학위 지도교수인 헬렌은 항상 엘시를 돕고 좋은 충고를 해주었으며, 특히 연구 성과를 알리는 일의 중요성을 가르쳤다. 헬렌의 격려를 받은 엘시는 《생화학 저널》에 연구결과를 발표했고, 이후 이 연구를 박사학위 논문의 일부로 이용했다.

1931년 사과 연구를 끝내고 박사학위를 받은 엘시는 식물보다는 동물과 인간을 연구하기로 결심했다. 1년간 런던 미들섹스 병원 코톨드 연구소에서 에드워드 도즈Edward Dodds 교수와 함께 일하며 인체 생화학을 배우고, 신장 신진대사에 관한 중요한 논문을 발표했다. 스물일곱 살이 된 1933년 엘시는 연구직 일자리를 찾았는데, 당시로서는 쉬운 일이 아니었다. 엘시는 "사실 영양사가 되고 싶지는 않았는데 1930년대 초에는 초보자가 연구직 일자리를 구하기가 정말 힘들었다"고 말했다. 영양학을 응용한 식이요법학이 이제 막 과학자와 의학계의 흥미를 끌기 시작하고 있었다. 이 새로운 영역의 가능성을 알아차린 도즈 교수의 지도에 따라 엘시는 런던 킹스 칼리지의 가정사회과학부에 처음 개설된 1년짜리 식이요법학 석사 과정에 등록했다.

이 과정을 시작하기 전에 엘시는 대규모 음식 공급에 대해 배우기 위해 킹스 칼리지 병원 주방에서 일했다. 여기서 엘시는 관절을 구성하는 성분을 자세히 알아내기 위해 고기의 관절 부위를 요리하던 로버트 맥캔스Robert McCance 박사를 처음 만났다. 로버트는 원래 생화학을 전공했고 1929년 의사 자격을 취득했다. 그는 당뇨병 환자 치료에 관심이 있었다. 8년 전 인슐린이 발견되면서 당뇨병 치료 시 인슐린으로 혈당을 조절하려면 과일이나 채소 같은 식품의 탄수화물과 당분 함량에 대한 자세한 지식이 필요하다는 게 분명해졌다.

로버트와 이야기를 나누던 엘시는 둘 다 당에 관심이 있다는 것을 깨달았다. 로버트는 엘시를 자기 연구실로 초대해 이전에 알아낸 사실들을 기록한 내용을 비교해보았다. 이때 엘시는 용기를 내 로버트가 기록한 과일의 탄수화물 수치가 너무 낮다고 지적하면서 과당 중 일부는 산성 가수분해 때문에 파괴된다고 설명했다. 로버트는 엘시의 설명에 불쾌해하기는커녕 깊은 인상을 받아 엘시를 위해 의료연구위원회의 보조금을 받아주고 함께 연구를 계속하면서 과일, 채소, 견과류, 고기, 생선 같은 날음식의 성분과 식품을 조리했을 때 생기는 변화를 자세히 조사했다.

로버트와의 초기 작업과 식이요법학 학위를 받으면서 쌓은 지식이 이 분야에 대한 엘시의 흥미를 자극했다. 이렇게 해서 식품 성분, 무기질 대사, 전시 식단, 빵의 영양 강화, 체성분, 신체 발달에서 식이요법의 중요성 등 폭넓은 영양 관련 주제를 다루면서 60년간 지속된 동반자 관계가 시작되었다.

엘시는 식이요법학 과정의 일환으로 1934년 세인트 바솔로뮤 병원 주방의 규정식 조리실로 파견을 나가 마저리 에이브러햄스Margery Abrahams와 일하게 되었다. 식이요법학이 처음 시작된 미국에서 교육을 받은 마저리는 엘시의 동료 겸 좋은 친구가 되었다. 몇 년 뒤인 1937년, 두 사람은《현대 식이성 치료Modern Dietary Treatment》라는 책을 공동으로 집필했다.

엘시는 원래 바솔로뮤 병원에서 6개월간 일할 예정이었지만 6주 뒤 그만두었다. 하지만 영국 식품 성분에 관한 데이터가 부족하다는 사실을 깨닫는 데는 그 정도로도 충분했다. 미국의 식품 성분표를 이용해 환자식 칼로리를 계산했지만, 이 성분표는 가공하지 않은 식품만 다루었고 탄수화물 함량은 단순히 물과 단백질, 지방을 제거한 뒤 남은 것을 계산한 것이었다. 무엇보다 식품의 당분 함유량을 정확하게 계산해야 하는 당뇨병 환자들에게 부정확한 판독값을 제공한다는 것이 문제였다.

그래서 영국 식품의 성분을 알려주는 실용적인 표를 만들기 위한 길고 세밀한 과정이 시작되었다. 엘시와 로버트는 실험을 하기 위해 샘플이 대량 필요하던 그 시절 기술적 지원도 거의 받지 못한 채 수만 건을 꼼꼼하게 분석했다. 그로부터 6년이 지난 1940년, 1만 5,000개의 값을 정리한 《식품 성분McCance and Widdowson's Composition of Foods》 초판이 발간되었다. 이는 비조리 식품과 조리 식품의 영양 성분을 처음으로 정밀 분석한 책이다. 그 이후 수많은 개정판이 나온 이 책은 지금도 영국에서 인기 있는 식품과 별로 소비되지 않는 식품 전체에 대한 권위 있고 포괄적인 영양소 데이터 역할을 하고 있다.

식품 성분 연구를 진행하는 동안 엘시는 다른 여러 가지 프로젝트에도 관여하게 되었다. 과학으로서 영양학은 아직 초기 단계였기 때문에 알아내야 할 게 아주 많았다. 1934~1937년에는 로버트와 함께 인간의 염분 결핍을 조사했다. 로버트는 당뇨병 환자, 특히 혼수상태에 빠진 환자들은 신진대사에 문제가 많고 소변에 염화물이 부족하다는 사실을 알아차렸다. 염화물은 전해질로 혈액과 전하를 운반하는 다른 체액에 포함되어 있는 무기원소다. 염화물은 음전하를 띠며 칼륨, 나트륨, 중탄산염 같은 다른 전해질과 작용해 체내 수분량, 혈액 산성도pH, 근육 기능, 기타 중요한 과정을 조절한다. 체내의 염화물은 대부분 식용 소금에서 나오며, 소화 과정에서 체내로 흡수되고 과다한 염화물은 소변으로 배출된다.

로버트는 건강한 실험 지원자들을 똑같이 염분이 결핍된 상태로 만들기 시작했다. 참가한 젊은 지원자들을 설득해 2주간 무염식을 하게 하고 매일 2시간씩 열풍 욕조에서 땀을 잔뜩 흘리게 하는 등의 방법을 이용했다. 지원자들이 증류수로 몸을 씻은 뒤 그 물을 분석했고, 줄어든 체중으로 수분 손실 정도를 측정했으며, 신장 기능을 비롯해 다양한 생리학 테스트를 진행했다. 이 염분 결핍 실험 결과는 의사들이 당뇨병이나 심장 질환, 신장 질환이 있는 환자가 수분과 올바른 화학적 균형을 유지하는 게 얼마나 중요한지 이해하는 데 도움이 되었다.

엘시와 로버트는 항상 과학에 대한 열정이 넘쳤기 때문에 자기 자신을 실험 대상으로 삼는 것도 아무렇지 않게 여겼다. 나중에 엘시가 말한 것처럼, "우리는 자신을 대상으로 똑같은 실험을 해보지 않는 이상 어떤 고통이나 고난, 위험이 수반되는 실험에 인간 피험자를 이용해서는 안 된다고 생각했다." 식품 영양소를 분석한 초기 실험은 엘시와 로버트 그리고 우리 몸의 지구력과 타고난 조절 메커니즘에 상당히 심각한 도전을 하는 실험에 자원한 열성적인 지원자들의 의지를 잘 보여준다.

이 실험 중 상당수는 신체가 무기질 흡수와 배설을 처리하는 방식에 중점을 두었다. 로버트는 1930년대 초 킹스 칼리지 병원에서 환자들을 수용할 수 있는 침상을 제공받았는데, 그중 한 환자가 그의 향후 연구에 지속적으로 영향을 미쳤다. 그 환자는 적혈구 수가 비정상적으로 많은 질환인 혈구증가증을 앓고 있었다. 아세틸 페닐히드라진으로 치료하자 이 적혈구들이 분해되면서 철분이 빠져나왔다. 그런데 놀랍게도 철분이 체외로 배설되지 않았다. 로버트와 그의 동료들이 실험을 반복하면서 심지어 자기들 몸에 철분을 주입해도 마찬가지였다. 그들의 실험은 체내의 철분 양이 배설로 조절된다는 통념을 바로잡았다. 철분 수치 조절은 흡수로 이루어졌던 것이다.

철분 대사 실험에 관한 논문을 《란셋Lancet》 저널에 발표한 로버트는 1938년 의료연구위원회의 연구비 지원과 케임브리지 의대 부교수 자리를 제안받았다. 그는 엘시를 함께 데리고 가겠다는 조건으로 그 자리를 받아들였고, 이렇게 해서 그들의 생산적인 동반자 관계가 계속되었다. 케임브리지에서 보낸 첫해에 이들의 가장 파란만장한 자기 실험 사건이 하나 벌어졌는데, 로버트는 나중에 이를 '경미한 사고'라고 칭했다.

그건 자연계에서 발견된 비방사성 원소이자 인체에 아주 적은 양이 존재하는 미량 원소인 은빛 금속 스트론튬strontium과 관련된 사건이었다. 인체의 스트론튬은 거의 99퍼센트가 뼈에 집중되어 있다. 스트론튬은 100년 넘게 약으로 사용되어왔으며, 오늘날에도 골다공증(취약성 골절) 치료에 사용하고 전립선암과 악성 골암을 치료할 때는 방사능 형태로 사용된다. 민감한 치아의 통증을 줄이기 위해 치약에 스트론튬 염화물 6수화물을 첨가하기도 한다.

엘시와 로버트는 스트론튬 같은 미량 원소를 안전하고 효율적인 치료제로 사용할 수 있도록 그것이 인체에서 흡수되거나 배설되는 방식을 알아내는 데 관심이 있었다. 엘시는 스트론튬 배설을 테스트할 실험 방법을 고안했다. 엘시와 로버트가 일주일씩 번갈아 가며 매일 상대방 정맥에 스트론튬을 주사한 다음 소변과 대변의 스트론튬 수치를 측정하는 것이었다. 정확한 투여량을 추정하기가 어려워 되는대로 진행해야 했다. 엘시 팔에 처음 주입한 스트론튬 락테이트가 대소변에서 검출되지 않았기 때문에 그들은 투여량을 두 배로 늘린 뒤 매일 투여하는 일정을 계속했다.

5일째가 되자 준비한 첫 번째 스트론튬이 떨어져 서둘러 다른 스트론튬을 살균해서 써야 했다. 6일째 되는 날, 뚜렷한 부작용이 나타나지 않는다는 잘못된 안도감을 느낀 그들은 혼자서 실험을 하기 시작했다. 그래서 두 사람 모두 심하게 머리가 아프면서 이가 딱딱 맞부딪치기 시작했을 때 그 모습을 목격한 증인은 없었다. 운 좋게도 우연히 찾아온 동료가 펄펄 끓는 열 때문에 괴로워하는 두 사람을 발견했다. 다행히 생명을 위협할 정도는 아니었기에 둘 다 완전히 회복해서 분석에 필요한 샘플까지 수집했다. 알고 보니 두 번째로 준비한 스트론튬에 불순물이 섞여 있었다는 사실이 밝혀졌다. 열을 유발하는 물질인 피로겐이라는 박테리아성 내독소에 오염되었던 것이다.

배설 연구를 하면서 주기율표를 전부 살펴보던 이들은 자기들 실험의 위험성을 알려주는 유익한 교훈을 얻었다. 또 이 실험으로 인체가 스트론튬을 처리하는 속도가 느리고 배설은 대부분 장이 아닌 신장에서 이루어진다는 사실을 알게 되었다. 제2차 세계대전이 끝나고 원자폭탄의 낙진을 우려하던 시절, 해당 관계자들은 엘시와 로버트가 1930년대 후반에 스트론튬 배설을 연구했다는 사실을 알고 놀랐다.

엘시와 로버트는 식품 성분에 대한 지식을 쌓아가는 동안 남자와 여자, 어린이 각각의 에너지 요구량과 영양 섭취량을 계산하는 일에도 관심을 돌렸다. 1930년대까지는 이를 계산할 때 가족 전체에 필요하다고 생각되는 에너지양, 즉 '인적 가치'를 기준으로 삼았다. 하지만 '인적 가치'가 여자와 아이들의 영양 요구량은 과소평가하고 모든 사람의 단백질 요구량은 과대평가했다는 사실이 밝혀졌기 때문에 개개인의 요구량을 따로 파악해야 하는 상황이 되었다.

엘시는 우선 남자 63명과 여자 63명을 대상으로 설문조사를 해서 그 결과를 1936년 발표했고, 그런 다음 한 살에서 열여덟 살 사이 아동청소년 1,000명의 식단에 대한 자세한 정보를 얻었다. 이 조사로 비록 나이와 성별이 같더라도 개인마다 열량과 영양소 섭취량이 매우 다르다는 사실이 드러났다.

1939년 제2차 세계대전이 시작되자 식품 성분과 개인의 에너지 요구량에 대한 지식으로 무장한 엘시와 로버트는 다급하게 필요한 배급 관련 실험 쪽으로 관심을 돌렸다. 도로시 호지킨(5장 참조)처럼 엘시도 처칠의 과학자 중 한 명이었다. 윈스턴 처칠Winston Churchill(1940~1945, 1951~1955 영국 총리)은 전쟁 물자와 국가의 미래를 위해 과학이 얼마나 중요한지 알았기 때문에 영국의 과학 발전을 위해 전념했다. 처칠이 과학에 매료되어 있었다는 거의 알려지지 않은 사실 덕분에 엘시의 전시 식단부터 레이더 발명, 페니실린과 항생제 생산, 최초의 원자폭탄 배후에 있는 일급기밀 연구에 이르기까지 영국이 제2차 세계대전에서 승리할 수 있게 도와준 몇몇 핵심적인 과학적 성과를 얻을 수 있었다.

1939~1940년에는 식량 공급, 영양, 배급 문제가 가장 중요했다. 전쟁이 시작될 무렵에는 영국에서 구할 수 있는 식료품 가운데 국내에서 생산된 양은 전체의 3분의 1도 채 되지 않았지만, 적의 함선이 영국으로 향하는 연합군 상선을 공격해 과일, 설탕, 곡물, 고기 등 필수품이 영국에 도착하지 못하도록 막았다. 영국 정부는 영국에서 생산되는 식품만으로도 국민의 요구와 신체적 필요량을 충족할 수 있는지 알아야 했다. 엘시와 로버트는 다시 한번 인간 기니피그가 되었고, 동료들과 함께 배급 식단을 먹으면서 건강과 체력을 유지하기 위해 필요한 영양소의 최소량과 종류가 무엇인지

알아보기로 했다. 이들이 제안한 배급 식량은 오늘날 기준으로 볼 때 양이 매우 적었고, 당시에도 처음에는 불충분하다는 비판을 많이 받았다. 1인당 배급되는 일주일치 식량에는 지방 113그램, 설탕 142그램, 국내산 과일 170그램, 달걀 1개, 치즈 113그램, 육류와 어류 총 454그램 등이 포함되었다. 통밀 빵과 감자를 비롯한 채소 종류는 배급량에 제한이 없었다.

엘시와 로버트는 주로 빵과 양배추, 감자로 구성된 실험적인 식단을 3개월간 따른 뒤에도 건강하고 튼튼하다고 느꼈기 때문에 자신들의 체력을 시험하기 위해 레이크 디스트릭트로 떠났다. 여기서 그들은 장시간 산책을 하거나 자전거를 타고 지방도로를 달렸다. 어느 날 로버트는 중간에 고도가 2,100미터나 달라지는 산악지대에서 오늘날의 자전거보다 기어가 훨씬 적은 자전거를 타고 58킬로미터를 달렸고, 그 과정에서 4,700칼로리를 소모했다. 그들은 어떤 기록을 깨려고 시도했던 게 아니고 실제로 깨지도 않았지만, 배급 식단을 먹은 그들의 체력과 지구력은 신체적 도전을 하기에 충분하고도 남았다. 그들은 유제품이 극도로 제한된 전시 배급 식량은 한 가지 중요한 부분만 적응을 잘하면 영국 국민들의 식이 요구를 충족하기에 충분하다고 결론지었다.

엘시와 로버트는 배급 식단 실험에서 통밀빵이 칼슘 흡수에 어느 정도 간섭을 한다는 사실을 밝혀냈다. 전시 배급 식량 중에는 우유나 치즈처럼 자연 칼슘이 풍부하게 함유된 음식이 부족했기 때문에 이 점이 특히 중요했다. 그들은 통밀빵에 소장에서 칼슘과 함께 불용성 염류를 형성해 칼슘 흡수를 방해하는 인산 화합물인 피틴산phytic acid이 함유되어 있다는 사실을 밝혀냈다. 그래서 제빵용 밀가루에 회분(탄산칼슘)을 첨가해 칼슘 흡수를 개선하고 다른 칼슘 공급원도 제공했다.

순수 식품 애호가들에게 경의를 표하기 위해 100퍼센트짜리 통밀 밀가루에는 탄산칼슘을 첨가하지 않았다. 제분율이 다른 밀가루를 이용해 다양한 빵을 만들었다. 제분율이 높을수록 밀가루 안에 밀기울과 미생물, 밀 낟알의 단단한 외층이 더 많이 들어 있다. 통밀 밀가루는 제분율이 100퍼센트라서 밀 곡물의 모든 부분이 포함되어 있다. 제분율이 약 70퍼센트인 흰 밀가루에는 엘시와 로버트의 연구결과를 바탕으로 통밀 밀가루를 70~85퍼센트 정도 섞어 영양분을 강화했다. 영국은 전쟁 이후 식생활이 엄청나게 바뀌고 칼슘이 함유된 유제품도 충분했지만, 오늘날에도 이런 상황이 계속되고 있다. 여전히 흰 밀가루(통밀 아님)에 탄산칼슘과 철분, 비타민 B_1, B_3 등을 넣어 영양을 강화하는 것이다. 영국에서는 임신부가 배속에 있는 아기의 척추뼈 갈림증 같은 신경관 결함을 예방할 수 있도록 미국처럼 밀가루에 엽산을 첨가하자는 제안도 나오고 있다.

식품의 영양분 강화는 제2차 세계대전 때 엘시와 로버트가 진행한 중요한 작업 중 하나다. 아일랜드에서는 밀이 부족해 영양소를 강화하지 않은 100퍼센트 통밀 밀가루로 빵을 만들었다. 이것이 구루병 발병률 증가와 관련이 있는데, 구루병은 뼈가 무르고 약해져 때때로 팔다리가 기형적으로 망가지기도 하는 병으로 대개 칼슘, 비타민 D 또는 인산염 부족 때문에 발생한다. 엘시와 로버트는 더블린에 가서 의사와 정치인들에게 영양분 강화 연구에 관해 설명했는데, 그중에는 에이먼 데 발레라Éamon de Valera 수상도 포함되어 있었다. 그 후 덜 정제한 밀가루에 인산칼슘을 첨가하자 구루병 발병률이 서서히 감소했다.

전쟁이 끝나자 유럽 일부 지역에서 영양실조에 따른 문제들이 일어나기 시작했다. 비타민 B와 철분, 회분까지 함유하고 있는 엘시와 로버트의 영양 강화 빵은 많은 관심을 끌었고 엘시는 에드워드 멜란비Edward Mellanby 경을 만나 전후 빵 공급 문제를 의논했다. 의사 겸 약사인 멜란비 경은 일찍부터 구루병의 원인에 관한 연구를 진행해서 1919년 이것이 영양실조 때문에 생기는 병임을 밝혀냈다. 그는 엘시에게 "독일에는 굶주린 아이들이 많을 것이다. 가서 이 모든 일의 진실을 밝혀내라"고 했다. 1946년 봄, 의료연구위원회의 자금 지원을 받은 엘시와 로버트는 독일로 갔다. 엘시는 원래 6개월만 머물 예정이었지만 결국 3년 동안 체류하게 되었다.

1947년 1월, 엘시는 차를 타고 눈 덮인 시골길을 달리면서 연구에 적합한 고아원을 찾았다. 결국 뒤스부르크에서 저체중에 키가 평균보다 작은 다섯 살에서 열네 살 아이들이 살고 있는 고아원을 하나 찾아냈다. 엘시는 동물성 단백질은 하루에 8그램만 포함되고 아이들이 먹는 에너지 섭취량의 75퍼센트를 빵에 의존하는 식단을 신중하게 준비했다. 아이들은 각자 제분율이 100퍼센트(통밀 밀가루)부터 72퍼센트(흰 밀가루) 사이고 비타민 B군과 철분이 함유되거나 함유되지 않은 5가지 밀가루 중 하나로 만든 빵을 받았다. 모든 빵에는 탄산칼슘이 들어 있었다. 18개월 뒤, 모든 아이의 키와 몸무게가 빠르게 늘었고 건강 상태도 크게 좋아졌다. 엘시가 각 그룹에 속한 여자아이를 한 명씩 골라 케임브리지에서 열리는 영국의학협회 연례 회의에 데려갔을 때, 청중은 어떤 소녀가 어떤 빵을 먹었는지 구분할 수 없었다. 측정 가능한 모든 성장과 건강 측면에서 빵

종류에 상관없이 동일한 효과가 나타난 것이다. 그리고 당연한 일이지만, 여자아이들은 이 위대한 모험을 마음에 들어 했다.

로버트와 독일에 있는 동안 엘시는 고아원 여러 곳을 방문해 영양학 연구를 준비했다. 제분율이 다른 빵가루를 써도 별 차이가 나타나지 않았지만, 엘시는 몇 가지 이상 징후를 알아차렸다. 한 고아원의 아이들은 빵과 마가린과 잼을 무제한으로 주는 추가 배급에도 불구하고, 추가 배급을 하지 않는 비슷한 고아원의 아이들만큼 빨리 자라지 못했던 것이다. 엘시가 조사를 위해 고용한 간호사가 나중에 주의 깊게 알아보니, 그 고아원을 운영하는 여자가 아이들에게 불친절하고 몹시 무신경하다는 사실이 밝혀졌다. 그래서 음식을 더 주었는데도 오히려 다른 고아원 아이들보다 잘 먹지 못했던 것이다. 엘시는 나중에 "어린이에 대한 애정 어린 보살핌과 동물을 조심스럽게 다루는 것이 신중하게 계획된 실험의 성공적인 결과에 중요한 영향을 미칠 수 있다"고 썼다.

엘시는 극심한 기아를 겪은 강제수용소 피해자들을 회복시키는 데 필요한 식이요법을 고민한 과학자 중 한 명이었다. 엘시와 로버트가 독일에서 시작한 연구 프로그램은 40년간 지속되면서 영양이 성장기 어린이와 성인에게 미치는 영향을 계속 연구하게 되었다.

1949년 1월, 마흔세 살의 엘시는 독일을 떠나 4년 전 시작한 체성분 연구로 돌아갔다. 엘시는 식품 성분 연구에서 얻은 분석 경험을 바탕으로 다양한 발달 단계의 인체 구성을 살펴보기 시작했다. 케임브리지에 있는 애든브룩스 병원에서 병리학자가 해부한 시체를 사용했으며 돼지, 쥐, 고양이, 기니피그 같은 동물에 대한 비교 연구로 자신의 연구를 뒷받침했다. 한 가지 예로 인간 아기는 태어날 때 체지방 비율이 높아서 체중의 16퍼센트가 지방인 데 비해 대부분 다른 종은 1~2퍼센트 선이다. 물론 예외도 있었다. 엘시는 스코틀랜드 해변에서 갓 태어난 회색 바다표범 시체를 발견하고는 그걸 분석해보려고 케임브리지로 가져왔다. 그 결과 바다표범도 기니피그처럼 체지방이 10퍼센트 정도 된다는 것을 알게 되었다.

엘시와 존 디커슨John Dickerson 같은 동료들은 포유류는 태어날 때의 발달 정도가 종마다 크게 다르며 이것이 그 장기와 조직 성분에도 반영되어 있다는 것을 알아냈다. 엘시와 디커슨의 표현에 따르면, 화학적 분석으로 밝혀진 어떤 표본체의 체성분은 마치 '보행자와 자동차로 가득한 번화가를 찍은 스냅사진' 같다고 했다. 원래 개별적이고 집단적인 활동으로 가득한 역동적인 장면을 정적으로 재현한 것이다. 영양실조에 걸린 동물과 인간은 엘시의 특별한 관심 대상이었고, 이 분야에 대한 수많은 연구결과 뇌, 골격, 근육의 발달을 위해서는 충분한 영양소 공급이 중요하다는 사실이 밝혀졌다.

엘시는 영양 실험을 할 때 농장에서 키운 동물을 자주 사용했다. 로버트는 케임브리지셔에 있는 자기 집에서 돼지를 키웠고 엘시는 15년 넘게 이 돼지들을 연구했다. 그리고 돼지가 일반적으로 성장을 멈추는 세 살까지 영양을 충분히 공급하지 않으면, 그때부터 아무리 먹이를 원하는 만큼 먹여도 어릴 때부터 잘 먹고 자란 한배 새끼들의 성장을 따라잡지 못한다는 것을 증명했다. 하지만 이 돼지들도 크기가 정상인 새끼돼지를 낳을 수 있고 그 새끼는 최대 잠재치까지 성장이 가능하다.

엘시는 1회 분만으로 태어난 새끼 수가 서로 다른 쥐들을 연구할 때도 이와 유사한 결과를 관찰했다. 새끼 수가 적어서 쥐 한 마리당 더 많은 젖을 먹을 수 있는 경우에도, 젖을 떼는 시기에 몸집이 작았던 쥐들은 그 이후 먹이를 무제한으로 공급해도 계속 몸집이 작았다. 한번에 낳는 새끼 수가 많거나 적은 실험쥐 그룹을 이용한 연구는 국제적으로 유명해졌고, 이 조합은 전 세계에서 진행된 다양한 연구에 활용되었다. 한번에 낳는 새끼 수를 조절하면 모유 성분, 활력도, 단백질과 지방 섭취량, 모유에 들어 있는 생리 활성 화합물 섭취, 모성 행동 및 새끼와 상호작용, 학습 행동, 뇌 중량 등에 영향을 미친다.

돼지를 이용한 다른 연구는 처음 접한 음식의 중요성을 보여준다. 갓 태어난 돼지를 어미에게서 떼어내 생후 24시간 동안 물만 주면 소화관 발달에 영향을 받았다. 어미젖을 정상적으로 먹은 돼지는 한배에서 태어났지만 24시간 동안 물만 먹은 다른 돼지보다 소화관이 훨씬 길고 무거웠으며, 소화관의 국소 면역 반응도 더 발달했다. 이는 나중에 엘시가 주장한 것처럼, 출생 직후 처음 먹은 초유에서 항체와 성장 인자를 흡수하는 것과 관련이 있는 것으로 드러났다.

동물 실험 결과를 그대로 인간에게 적용하기는 힘들다. 이질적인 유전적 요인, 식이요법, 성, 신체 활동 등 혼란스러운 영향을 미치는 변수가 무수히 많다. 그러나 엘시와 다른 과학자들의 실험으로 모유와 유아 식단이 성장 중인 아기의 건강과 안녕에 얼마나 중요한지 점점 깨닫게 되었다.

1968년 엘시는 예순둘의 나이로 의료연구위원회 산하 영양연구소의 영아영양 연구과장이 되었다. 그곳에서 엘시는 지방 조직, 즉 체온 조절과 에너지원으로 사용되는 지방이 포함된 지방 세포로 이루어진 느슨한 결합 조직을 분석했다. 엘시가 콘퍼런스에서 유아 급식에 관한 세션 기획에 참여했기 때문에 이런 새로운 업무 영역이 생겨난 것이다.

당시 모유를 먹지 않는 네덜란드 아기들은 소의 유지방을 전부 옥수수기름으로 대체한 분유를 먹었다. 이 분유에 포함된 지방산 중 60퍼센트가 리놀레산(고도 불포화지방산)이었는데, 우유의 유지방에는 리놀레산이 1퍼센트, 모유에는 8퍼센트 함유되어 있다. 엘시는 이런 차이가 체성분에 지대한 영향을 미친다는 것을 발견했다. 네덜란드에서 분유를 먹고 자란 아기들은 체중의 10퍼센트가 리놀레산이었다. 이 아기들 몸속에는 모유를 먹은 아기보다 10배, 영국 소의 우유로 만든 분유를 먹은 아기들보다 40배 이상 많은 리놀레산이 있었다.

이것이 향후 발달에 어떤 영향을 미치는지 아직 확실하게 밝혀지지 않았지만, 엘시는 동물 모델을 이용해 이 연구 내용을 더 조사했다. 엘시는 기니피그를 실험에 이용했는데, 기니피그는 사람과 마찬가지로 태아가 태어나기 전 지방 조직에 지방을 저장하기 때문이다. 새끼가 태어날 때 다양한 기름을 먹인 어미들의 체지방은 인간 실험 결과를 그대로 반영했고 적혈구와 근육, 간, 뇌의 지방산 조성도 비슷했다. 가장 중요한 건 뇌에 있는 수초髓鞘, myelin가 지방산 구성에 미치는 영향이었다.

수초 형성은 태아가 자궁 안에 있을 때 그리고 출생 후 얼마 동안 진행되는데, 이는 중추신경계의 정상적인 발달에 핵심적인 사건 중 하나다. 수초는 한 신경세포에서 다른 신경세포로 정보를 전달하는 전기신호가 빠르고 정확하게 전송되도록 돕는다(242쪽 참조). 또 지방산을 이용해 신경 섬유를 보호하고 격리시킨다. 이 과정에서 다양한 지방산(모유나 분유에서 유래한)이 어떤 역할을 하는지는 여전히 뜨거운 논쟁 대상이지만, 엘시의 실험 결과는 인간이 섭취하는 영양분에 특정한 지질을 사용할 경우 뇌 발달에 영향을 미칠 수도 있으므로 주의 깊게 검사해야 한다는 것을 강조했다.

여든 살을 맞은 1986년, 엘시는 친구이자 동료인 올라브 오프테달Olav Oftedal과 함께 워싱턴 DC로 여행을 가서 몇 주 동안 국립동물원에 있는 영양 연구소에서 일했다. 올라브는 가능한 한 많은 종의 동물에서 모유 성분에 대한 정보를 수집하고 있었다. 1984년 올라브는 바다표범을 연구하기 위해 캐나다 북부 래브라도 앞바다에 있는 총빙pack-ice(바다 위를 떠다니는 얼음이 모여 거대한 덩어리를 이룬 것-옮긴이)으로 탐험을 떠났다. 바다표범의 일종인 코주머니물범의 경우 유지방 함량이 6퍼센트인 모유를 먹고 생후 나흘 만에 체중이 두 배로 늘어서 어미가 새끼 곁을 떠나 바다로 돌아갈 수 있었다. 올라브는 어미가 '동면' 중일 때를 비롯해 연중 다양한 시기에 걸쳐 갓 태어난 바다표범과 젖을 어느 정도 먹은 바다표범(캐나다 바다표범 사냥 규정을 지켜서 사냥한)을 모았다. 그리고 냉동실에 보관해두었던 것을 2년 뒤 분석하기로 했다.

엘시가 모유와 그것이 지방 조직과 동물의 체성분에 미치는 영향에 관심이 많았으므로, 올라브는 엘시가 이 연구에 도움이 될 것임을 알고 있었다. 그들은 바다표범을 해부하고, 몸무게를 재고, 신체 여러 부분을 측정해 분석했다. 나중에 엘시는 "이런 일들과 다시 관련을 맺으면서 내 손, 아니 고무장갑을 더럽히는 것이 더없이 즐거웠다"고 말했다. 지금까지 엘시가 한 모든 연구와 마찬가지로 이 연구에 관한 논문도 몇 편 발표해 바다표범 새끼들이 돌보아주는 어미 없이도 오랫동안 생존할 수 있는 비결인 모유의 풍부한 성분을 공개했다.

엘시는 1988년 마침내 영양학 연구에서 은퇴했지만, 다른 분야에서는 팔십대까지 계속 활발한 활동을 이어갔다. 엘시는 영양학회(1977~1980), 신생아학회(1978~1981), 영국영양재단(1986~1996)의 회장을 지냈을 뿐만 아니라 오랫동안 몇몇 국가 위원회 또는 국제 위원회의 의장직을 맡거나 핵심 역할을 수행했다. 1980년대에는 이 분야 강사로 활약한 공로를 인정받아 두 차례 국제 강사상(1985, 1988)과 뉴질랜드 영양학회상(1989) 등 상을 여러 개 받았다.

엘시는 자기가 얻은 지식과 경험을 전수할 기회가 생기는 것을 좋아했고, 사람들 특히 어린이와 학생들을 만나는 것을 좋아했기 때문에 과학 지식을 이해 가능하고 적절한 방식으로 그들과 공유했다. 한 기숙학교를 방문했을 때는 그곳 학생들의 선배들이 제2차 세계대전 당시에 먹었던 식단(하루 최대 고기 섭취량이 55그램 정도인)을 보여주면서 학생들의 관심을 사로잡았다. 학생들이 관심을 보인 이유는 양이 적었기(당시 배급량과 맞먹는) 때문이 아니라, 그 학교가 철저한 채식주의를 표방하는 학교가 되었기 때문이다.

엘시는 영양학 연구의 선구자였다. 엘시가 지적한 것처럼, "내가 이 일을 시작할 때만 해도 영양학은 교과목으로 존재하지도 않았다. 나는 화학자, 생화학자, 식물생리학자, 의학 연구원, 생리학자였다." 로버트와 엘시가 쓴《식품 성분》이 오래도록 널리 이용되고 이들 이름이 제목에 포함되었다는 것은 곧 이들이 영양학 분야와 불가분의 관계임을 의미한다. 엘시가 연구한 내용은 전 세계 영양학자들이 계속 인용하고 있다. 영양학 관련 문헌을 검색하면 엘시 이름이 포함된 인용문이 나온다. 엘시의 연구는 전시 배급 식단을 구성하고, 전시용 빵을 만들었으며, 임신기와 유아기의 영양 부족이 성인기 건강에 미치는 피해에 관해 연구하는 데 길을 닦았다.

제2차 세계대전 중에는 식량이 부족했지만 배급으로 그럭저럭 몸에 좋은 식단을 만들어 제공했고 그 장기적인 영향은 지금도 계속 나타나고 있다. 전쟁 중 식품은 지속적인 공급 가능성, 낭비 최소화, 영양에 초점을 맞추었다. 유사 이래 영국인이 이때만큼 건강했던 적이 없다. 설탕 섭취량은 줄고 채소는 많이 먹은 배급 시대 식단은 제2형 당뇨병이나 심장병 등 비만과 관련된 질병의 발생률을 줄이는 데 매우 유익한 것으로 알려져 있다. 전시 배급식은 지능에도 영향을 미쳤을 수 있다. 2014년 발표된 한 연구에 따르면, 위생과 의료가 개선된 걸 감안하더라도 1936년에 태어나 전시 배급품을 먹으면서 자란 아이들은 1921년에 태어난 아이들보다 IQ가 평균 15점 이상 높다고 한다.

1940년대 초에는 학교 급식에 대한 최초의 영양 기준, 최초의 식품 라벨 표시법, 의무적인 비타민 A와 D 강화 제도 등이 도입되었다. 엘시와 로버트가 전쟁 중 빵을 통한 칼슘 공급 방법을 연구한 덕에 회분을 첨가해 빵의 영양분을 강화하는 것이 법으로 정해져, 힘든 시기에 국민의 건강에 크게 기여했다. 영국에서는 2013년 환경식품농림부가 협의를 거친 뒤 제빵용 밀가루에 칼슘(철, 나이아신, 티민 등과 함께)을 계속 첨가하고 있는데, 대부분 응답자들은 이 방법이 저렴하고 건강상 이득도 크다고 생각했다.

1940년 영국인의 식단을 모니터링하기 위한 국립식품조사소가 설립되었고, 1947년에는 엘시가 아동 식단에 관한 특별 보고서를 의료연구위원회에 제출했다. 이 보고서를 작성하기 위해 처음으로 전국 조사를 실시했고, 그 후 유사한 조사를 계속 실시해 필요한 정보와 권고사항을 제공하고 있다. 가장 최근에 실시한 유아와 어린이의 식단 및 영양 조사 결과는 2011년 발표되었다. 이 조사는 영국의 일반 가정에 사는 4~18개월 유아와 어린이의 식품 소비 행태, 영양 섭취량, 영양 상태 등에 대한 자세한 정보를 제공했다. 여기서 나온 10가지 정도 권고안 중에는 다음과 같은 제안이 포함되어 있다. 아기는 생후 6개월 동안 모유만 먹여야 하고, 모유를 먹이는 산모는 비타민 D 보충제를 먹어야 하며, 6개월부터는 아기에게 다양한 대체식품을 먹여야 한다.

엘시의 전기작가이자 조기 영양 계획 프로젝트의 일원인 마거릿 애쉬웰Margaret Ashwell은 이렇게 말했다. "엘시는 초기 영양 공급과 그 후 벌어지는 일들에 매우 관심이 많았다……. 아기는 어머니가 임신 중 먹은 음식의 영향을 고스란히 받으며, 어릴 때 먹은 음식이 성인이 된 후 건강에 영향을 미친다는 것을 알고 있었다." 유럽연합의 자금 지원을 받는 조기 영양 계획 프로젝트에는 전 세계 35개 기관의 연구원들이 참여했는데, 이들은 조기 영양 계획과 생활습관 요인이 비만과 관련 질환 발병률에 어떤 영향을 미치는지 연구하기 위해 2012년부터 힘을 합쳤다.

이 야심 찬 프로그램은 어떤 식생활이 장기적인 비만 위험을 증가시키고, 조기 계획에 민감하게 반응하는 기간이 있는가? 특정한 대사물질 혹은 후생유전자(비유전적 환경이 유전자 발현에 영향을 미치는 것) 표지가 관련이 있는가? 그리고 우리의 미생물군 유전체와 상주균, 기타 미생물은 어떤 영향을 미치는가? 등의 의문에 답하기 위해 시작되었다. 연구진은 이 목적을 달성하기 위해 동물 연구, 대규모 동시 모집단에 대한 관찰 연구, 무작위 대조군을 이용한 인간 개입 실험 등을 진행하고 있다. 이 프로젝트의 철두철미함과 규모는 영양 연구와 관련된 엘시의 수많은 선구적 노력을 반영하고 있다. 엘시라면 '조기 영양' 같은 프로젝트가 제공하는 기회를 인정하고, 미래 세대의 건강을 보호하기 위해 임신 중 식이요법과 생활습관을 개선하는 방법을 알아내도록 도와줄 것이다.

엘시는 60년간 로버트와 함께 일하면서 엄청나게 많은 논문을 발표했다. 1931년 발표한 첫 번째 논문은 당분 감소를 알아내는 방법에 관한 것이었고, 여든여섯 살이던 1992년에 발표한 마지막 논문은 출생과 조기 발달 시기의 영유아 생리에 관한 것이었다. 엘시가 쓴 총 논문 수는 600편이 넘는데, 마거릿은 이 중 100편을 엘시의 전기에서 중요하게 부각했다. 마거릿이 고른 논문들은 로버트와 엘시가 함께 연구한 다양한 분야와 그들이 키운 우정을 보여주며, 거기에 얽힌 사연이 있어서 고른 논문도 있었다. 예를 들어, 그중 한 논문은 대서양에서 풍력 9의 돌풍과 맞서 싸우는 미국행 배 안에서 쓴 것이다. 다른 논문들은 1930년대와 1940년대에 작성된 과학 논문의 격의 없는 스타일을 보여줄 뿐만 아니라 곳곳에 성경에서 인용한 구절이 나와 엘시의 기독교 신앙을 드러내기도 한다. 엘시는 최초로 발표된 영양학 연구에 관한 이야기(다니엘서 1장 11~16절)에서 대조군의 필요성을 인정했다고 지적하며 기뻐했다.

엘시가 미친 영향력과 관련된 사례는 많고 다양하다. 영국에서는 1998년 의료연구위원회 산하에 인간영양연구 부서가 신설되어 엘시 위도슨 연구소라고 명명했다. 또 2000년 런던에 설립된 식품 기준청의 도서관 이름도 엘시 이름을 따서 지었다. 엘시 이름을 붙인 연구비 제도도 있다. 런던 임페리얼 칼리지(엘시의 모교)에서 주는 엘시 위도슨 연구비는 여성 학자들이 출산휴가 후 업무에 복귀했을 때 한동안 연구에만 온전히 집중할 수 있도록 1년간 강의 요건을 완화해준다.

엘시는 살면서 수많은 상을 받았다. 1976년 영국 학술원 회원이 되었고 3년 뒤에는 대영제국 지휘관 훈장CBE을 받았다. 생의 마지막 몇 년 동안에는 영국에서 가장 명예로운 과학자가 되었다. 엘시는 여든일곱 살이던 1993년 명예 훈작 작위를 받았다. 영국 여왕이 수여하는 이 작위는 1917년 여왕의 조부인 조지 5세가 제정했는데, 훈장을 받는 사람은 본인의 분야에서 탁월한 업적을 올린 남녀 65명으로 제한되어 있다. 겸손한 엘시는 이렇게 큰 영광을 누리게 된 것에 당혹스러워하면서도 한편으로는 매우 기뻐했다.

엘시의 업적을 논할 때 로버트의 영향이나 그와 협업한 사실을 무시하는 건 불가능하다. 그는 1930년대에 킹스 칼리지 병원 주방에서 엘시와 처음 만난 걸 '중대한 만남'이라고 표현했다. 그들의 경이로울 만큼 성공적인 파트너십은 과학 연구가 성공을 거두려면 다양한 기술과 사고방식이 서로 균형을 이루어야 한다는 사실을 흥미롭게 보여준다. 로버트는 상당히 직설적이고 때로는 까다로운 태도를 보였지만, 엘시는 그의 비판을 기분 나쁘게 받아들이는 사람들을 잘 중재하는 것으로 평판이 높았다. 또 연구에 접근하는 방식도 서로 달랐다. 수단 출신인 동료 하마드 엘네일Hamad Elneil은 이를 "로버트 교수는 프로젝트의 폭을 정하고 엘시는 깊이를 정했다"고

간단명료하게 표현했다. 또 다른 동료인 에릭 글레이저Eric Glazer는 "그 결과 두 사람의 재능이 완벽하게 혼합되어 둘의 기술을 단순히 합치기만 했을 때보다 훨씬 큰 효과가 발휘되었다"는 것을 알았다.

마거릿은 엘시의 '비세속적인 모습'을 기억한다. 엘시는 열정과 추진력, 직관력을 발휘해 과학적 문제의 해결책을 찾아냈는데, 이를 상당히 겸손하고 자기비하적인 태도로 받아들이는 경우가 많았다. 워싱턴에서 열린 한 영양학 콘퍼런스에서 의장이 엘시를 소개하며 한껏 칭찬을 퍼붓자 엘시는 "음, 전부 사실은 아니니까 적당히 에누리해서 들으세요"라고 말했다.

실험에 대한 엘시의 욕구는 영양학 연구뿐만 아니라 삶의 모든 측면으로 확대되었다. 마거릿은 예전에 엘시와 함께 미국에 간 적이 있는데, 엘시가 공항 보안 검색대에서 한 행동 때문에 약간 당황했다. 엘시는 검색대 탐지기를 처음 통과할 때 삐 소리가 났다는 것을 알고는 계속 다시 통과해보겠다며 고집을 부렸다. 왜 그런 행동을 했느냐고 물어보니, 두 번째로 통과할 때 보청기를 뺀 채로 지나가니까 간섭이 상당히 줄어든 것을 보고 기계에서 경보음이 울린 게 머리핀이나 멜빵 때문이 아니라 보청기 때문이었다는 결론을 내릴 수 있었다고 설명했다.

평생 독신으로 산 엘시는 케임브리지셔 배링턴의 캠 부근에 있는 작은 집에 혼자 살면서 채소 재배를 즐기고 큰 사과 과수원을 돌보았다. 마거릿의 설명처럼, 엘시를 찾아오는 많은 방문객은 여기서 얻은 수확물을 대접받으면서 "마치 세상에서 가장 중요한 인물인 양 항상 극진한 환대를 받았다." 엘시의 집에서 불과 20킬로미터 떨어진 곳에 살던 마거릿은 1988년 영국영양재단에서 일하게 되자 기차를 타고 정기적으로 런던을 오갔다.

마거릿이 엘시와 로버트를 한꺼번에 다룬 전기를 쓰고 싶다고 제안하자 엘시는 충격받은 말투로 "우리에 관한 책을 읽고 싶어 할 사람이 세상에 어디 있겠느냐"고 말했다. 하지만 결국 두 사람은 전기 집필에 동의했고, 1993년에《맥캔스 & 위도슨: 60년간 이어진 과학적 동반 관계McCance and Widdowson: A scientific Partnership of 60 Years》가 출간되었다. 그로부터 1년 뒤, 로버트는 집에서 낙상사고를 당해 사망했고 엘시는 그 후 7년을 더 살았다. 엘시는 2000년에 아일랜드에서 휴가를 보내던 중 뇌졸중 발작을 일으켰고, 나중에 케임브리지에 있는 애든브룩스 병원에서 숨을 거두었다.

지극히 예리한 정신과 확고한 상식을 겸비한 엘시의 겸손한 태도는 주위 사람들, 특히 그와 자주 접한 젊은 과학자들을 고무했다. 과학의 길을 걸으려고 노력하는 사람들에게 엘시가 해준 충고는 엘시가 이 분야에서 겪은 시련과 고난, 그리고 오랜 경험에서 우러난 현실적이고 통찰력 있는 조언이었다. "실험 결과가 생리학적으로 타당하지 않다면, 생각하고 또 생각해봐야 한다! 당신이 실수를 저질렀을 수도 있고(그럴 때는 사실대로 자백해야 한다) 무언가 새로운 걸 발견했을 수도 있다. 무엇보다, 예외적인 것을 귀하게 여겨야 한다. 다른 모든 데이터보다 거기서 더 많은 걸 배우게 될 것이다."

엘시가 영양학 분야에서 진행한 광범위한 실험은 이 중요한 과학 분야를 발전시키는 데 도움이 되었고, 일상적인 식단과 관련해 현실적이고 정확한 권고를 할 수 있게 되었다.

아흔네 살까지 산 엘시는 본인의 식생활과 장수에 대한 질문에 이렇게 대답했다. "나는 버터, 달걀, 흰 빵을 먹는다. 어떤 사람들은 이런 음식이 몸에 나쁘다고 생각하지만 내 생각은 다르다. 하지만 과일과 채소도 많이 먹고 물도 많이 마신다. 내가 장수하는 건 대체로 내 유전자 때문이라고 생각한다(엘시의 아버지는 아흔여섯 살, 어머니는 백일곱 살까지 살았다). 어쩌면 어머니가 모유를 먹인 것도 도움이 되었을지 모르고!"

10장

우젠슝 (1912-1997)

중국계 미국인인 우젠슝은 그 세대의 훌륭한 실험 물리학자 중 한 사람이다. 동시대 사람들이 거의 불가능에 가깝다고 생각한 섬세하고 복잡한 실험을 수행한 우젠슝은 1956년 극도로 복잡한 실험을 통해 일반적으로 인정받는 물리학 '법칙'인 패리티 법칙law of parity이 사실상 틀렸음을 증명했다. 그러나 이듬해 이 중요한 발견으로 노벨상이 수여될 때, 그 실험 내용을 설명한 이론가 두 명에게만 노벨상이 돌아갔다. 우젠슝은 아무것도 받지 못했다. 비록 스웨덴 학술원에서 간과하기는 했지만, 장벽을 허물고 다른 여성들이 자기 뒤를 따르도록 한 우젠슝은 20세기의 유명한 여성 물리학자 중 한 명이 되었다.

Chien-

Shiung Wu

우젠숑吳健雄, 1912~1997은 1912년 5월 31일 중국 장쑤성 류허시에서 태어났다. 동쪽 해안에 위치한 장쑤성은 중국의 역사적 수도인 난징이 있는 곳이다. 우젠숑은 중국이 '한 자녀' 정책을 시행하기 전 세 아이 중 둘째로 태어났는데, 다른 두 아이는 아들이었다. 우젠숑은 여러 분야에 관심을 갖도록 독려해주는 아버지와 매우 가까웠고 책과 잡지, 신문으로 둘러싸인 환경에서 자랐다. 우젠숑은 '용감한 영웅'을 뜻하니, 태어날 때부터 위대한 운명을 타고났다고 할 수도 있다. 우젠숑이 태어날 무렵, 중국에서는 여자아이들이 학교에 다니는 것이 막 허용되기 시작했다. 고도로 구조화되고 인습적인 중국 사회에서는 여성들이 정규 교육을 받을 필요가 없다고 여겼다. 여성들이 살면서 하는 주된 역할은 미래의 남편을 뒷받침하는 것이었기 때문이다. 다행히 우젠숑의 아버지 우중이는 그 지역 최초의 여학교인 밍더 학교를 세웠는데, 이는 중국에서 처음 설립된 여학교 가운데 하나였다.

아버지가 세운 학교에서 초급 교육을 받은 우젠슝은 열한 살 때 류허에서 서쪽으로 약 50킬로미터 떨어진 쑤저우라는 큰 도시에 있는 제2여자 사범학교에 다니기 위해 고향을 떠났다. 이곳은 기숙학교였는데 학생들은 교사가 되기 위한 훈련을 받는 이들과 정규 교육을 받는 이들로 나뉘었다. 교사 양성 과정에 들어가는 게 훨씬 어려웠지만, 들어가기만 하면 학비와 기숙사비가 면제되고 졸업한 후에는 일자리를 보장받았다. 우젠슝은 더 경쟁력 있는 교사 양성 과정을 택했고 지원자 약 1만 명 중 9위를 차지했다.

우젠슝은 1929년 최우등 성적으로 학교를 졸업한 뒤, 난징에 있는 국립중앙대학에 입학했다. 우젠슝은 교사가 되기 위한 공부를 계속할 것으로 기대되었는데, 이는 당시 중국에서 교육받은 여성들에게 열려 있는 몇 안 되는 길이었기 때문이다. 하지만 우젠슝이 아버지에게 자기가 정말 하고 싶은 일은 물리학 공부를 하는 것이라고 털어놓자 아버지는 고급 수학책과 물리학책을 몇 권 사왔고, 우젠슝은 여름 동안 이 책들을 집어삼킬 듯이 읽으면서 대학 입시에 대비했다.

대학에 들어간 우젠슝은 처음에는 수학을 집중적으로 공부했지만, 나중에는 자신이 진정으로 사랑하는 물리학 쪽으로 방향을 틀었다. 학부 시절(1930~1934)에는 학생 정치에도 상당히 깊숙이 관여했다. 당시 일본이 이 지역에서 영향력을 행사하려고 하는 바람에 중일 관계가 상당히 긴장되어 있었다. 일본은 1931년 만주 지방을 점령했고 이들의 점령은 제2차 세계대전이 끝날 때까지 계속되었다. 우젠슝은 학생 지도자로 선출되었는데, 이는 대학 내에서 가장 우수한 학생인 우젠슝이 학생 정치에 관여하는 건 당국이 용서해주거나 최소한 눈감아줄 것이라고 생각했기 때문이다.

우젠슝은 학교를 졸업한 뒤 작은 대학에서 학생들을 가르치게 되었지만, 자신의 물리학 지식이 완전해지려면 아직 멀었다고 느꼈다. 우젠슝은 상하이에 있는 중앙연구원의 연구 조수 자리를 얻어 X선 결정학 분야에서 일했다. 우젠슝은 이곳에서 실험 물리학을 배워 장차 이 분야의 세계적인 리더가 되고 싶어 했다. 우젠슝은 연구소 일을 즐겼지만 여전히 정식으로 물리학 교육을 받기를 갈망했다. 하지만 당시 중국에는 여자들이 다닐 수 있는 물리학 대학원 과정이 없었다.

연구원에서 우젠슝을 감독하던 상사는 미국 미시간 대학에서 박사학위를 받고 돌아온 구징웨이 교수였다. 그는 우젠슝에게 자기와 비슷한 길을 따라 미국으로 건너가 박사학위를 받고 그곳에서 전문지식과 경험을 쌓은 뒤 중국으로 돌아오라고 격려했다. 미시간 대학에 지원해 대학원 과정 입학 허가를 받은 우젠슝은 삼촌에게서 재정적 지원을 받아 1936년 8월 친구 동뤄펀과 함께 미국으로 떠났다. 부모님과 삼촌이 SS프레지던트 후버호를 타고 떠나는 우젠슝을 배웅하러 왔는데, 이때 그들을 본 것이 마지막이었다.

배가 샌프란시스코에 도착한 직후 우젠슝은 물리학자 위안자류를 만났다. 그는 중화민국 초대 대통령이자 자신을 중국 황제로 선포하기도 한 위안스카이의 손자였다. 위안은 우젠슝을 데리고 버클리 캘리포니아 대학 물리학과 학과장 레이먼드 버지Raymond Birge를 만나러 갔고, 또 우젠슝에게 대학원 과정 자리를 제공했다. 우젠슝은 서양으로 이주하는 많은 중국인과 달리 절대 '영어' 이름을 쓰지 않았다. 그래서 처음에는 우젠슝 양, 나중에는 우젠슝 부인으로 불렸다. 우젠슝은 평생 자신의 중국 이름과 많은 중국 전통을 고수했고, 서양식 옷도 절대 입지 않았다.

우젠슝은 재빨리 능력을 발휘해 정규 수업과 연구 양쪽 모두에서 빠르게 발전했다. 우젠슝은 표면적으로는 물리학자 어니스트 로렌스Ernest Lawrence의 감독을 받았지만, 일상적인 감독 업무는 1955년 반양자를 발견하고 이 업적으로 1959년도 노벨상을 수상한 이탈리아계 미국인 물리학자 에밀리오 세그레Emilio Segrè에게 넘어갔다. 우젠슝의 박사학위 논문은 두 부분으로 나뉘어 있었다. 첫 번째는 브렘스슈트랄룽bremsstrahlung이라는 현상을 연구한 것인데, 브렘스슈트랄룽은 '제동 복사breaking radiation'를 뜻하는 독일어로 전자가 급격하게 느려질 때 발생하는 엑스레이 방사선을 말한다. 두 번째는 버클리 방사선 연구소에서 지름 37인치와 60인치의 사이클로트론cyclotron(원자의 핵변환이나 동위원소 제조에 사용되는 가속 장치-옮긴이)을 이용해 우라늄을 충돌시켰을 때 발생하는 제논xenon의 방사성 동위원소 생산을 조사하는 것이었다.

우젠슝은 브렘스슈트랄룽을 조사하기 위해 베타 입자를 방출하는 인의 방사성 동위원소 인-32를 사용했다. 베타 입자는 고속의 전자인데 물질을 통과하면서 속도가 급격히 느려질 때 엑스선을 생성할 수 있다. 이건 우젠슝이 1940년대 후반에 세계적인 권위자가 되는 주제인 베타 붕괴를 이용한 첫 번째 연구였다. 우젠슝은 물질 안에서 느려지는 베타 입자에 의해 생성되는 엑스선을 조사했는데 이때 생성된 엑스선의 다양한 에너지를 구별할 수 있는 실험적인 방법을 고안했다. 우젠슝과 세그레는 또 여러 가지 원소의 방사성 사슬을 모두 기록하는 데도 성공했다. 그들은 우젠슝이 연구하던 베타 방출체의 핵분열로 생성된 모든 핵과 방사성 원소가 붕괴하면서 형성된 모든 원소를 식별할 수 있었다.

우젠슝은 1940년 6월 박사 과정을 마쳤다. 로렌스와 세그레가 버클리 경영진에게 우젠슝을 적극 추천했지만, 당시 여성에게 열려 있는 자리가 없었기 때문에 우젠슝은 교수 자리를 얻지 못했다. 그 대신 박사후 과정 연구원으로 방사선 연구소에서 계속 일하게 되었다. 우젠슝은 미국 여기저기를 돌아다니면서 자신의 연구에 대해 이야기했다. 우젠슝은 미국에 오기 전에 영어를 배웠지만, 죽을 때까지 영어를 완전히 습득하지 못했다. 때로는 발음과 문법 때문에 무슨 말을 하는지 제대로 이해할 수 없었다. 우젠슝은 청중의 착오를 피하기 위해 자기가 할 말을 미리 꼼꼼하게 적어놓고 여러 번 반복해서 연습한 다음, 강연 중에는 가급적 이 노트에 적은 내용을 그대로 따라가곤 했다.

우젠슝은 영어는 통달하지 못했지만 실험 분야에서 능력을 발휘하는 데는 전혀 문제가 없었다. 사실 우젠슝은 이미 핵물리학 분야에서 아주 꼼꼼하고 세심한 안목을 지녔다는 평판을 얻고 있었다. 우젠슝은 실험에서 무엇이 중요하고 무엇이 오류를 일으킬 수 있는지 밝혀내고, 다른 과학자들의 실수를 찾아내는 데 능숙해졌다. 1941년 《피지컬 리뷰Physical Review》에 기고한 한 논문에서 '그들의 실험 결과와 이론적 계산이 크게 불일치하는 이유는 [자기] 극면과 벽에서 활성화된 외부 엑스선 중 일부가 계수관 안으로 들어갔기 때문'이라고 지적했다.

개인적으로도 상황은 올바른 방향으로 움직이고 있었다. 위안자류는 공부를 하기 위해 캘리포니아 공과대학으로 자리를 옮겼지만, 둘은 1942년 5월 캘리포니아 공과대학 설립자이자 노벨 물리학상 수상자이기도 한 로버트 밀리컨Robert Millikan 집에서 결혼식을 올렸다. 당시 미국과 일본이 전쟁 중이었고 또 비용 문제도 있어서 우젠슝과 위안자류의 가족 모두 결혼식에 참석하지 못했다. 위안자류는 박사학위를 마치자마자 미국 동부 해안의 프린스턴에 있는 RCA 연구소에서 연구원 자리를 제안받았다. 그곳에서 그는 미국의 전쟁 물자 중 하나인 레이더에 관한 일을 했다.

우젠슝은 매사추세츠주 노샘프턴에 있는 명문 여자대학 스미스 칼리지의 교수로 채용되었다. 우젠슝과 위안자류는 프린스턴과 노샘프턴 중간 지점에 있는 뉴욕에서 매주 만나기로 했다. 하지만 우젠슝은 스미스에서 주로 학생들을 가르치기만 하고 연구를 계속할 기회는 거의 없어서 좌절감을 느꼈다. 우젠슝은 위안자류와 함께 있기 위해 프린스턴 대학의 채용 제안을 받아들이기로 했다. 프린스턴 대학 교수로 채용되기는 했지만, 당시 이 학교는 여학생의 입학조차 허락하지 않았기 때문에 우젠슝으로서는 받아들이기 매우 힘든 상황이었다.

프린스턴에 도착한 우젠슝의 주요 임무는 해군 장교들을 가르치는 것이었다. 장교들을 프린스턴으로 보낸 이유는 공학에 대한 이해도를 높이기 위해서였지만, 공학의 토대는 물리학이기 때문에 물리학 수업을 들어야만 했다. 우젠슝은 나중에 연구로 유명해졌지만 헌신적인 교사이기도 했으며 학생들의 복지에도 신경을 썼다. 훗날 우젠슝은 이렇게 말했다. "그들은 훌륭한 학생이었지만 물리학을 두려워했기 때문에 우선 그 공포에서 벗어나게 해야 했다."

프린스턴 대학에서 몇 달을 지낸 우젠슝은 예전에 버클리 대학에 있던 해럴드 유리Harold Urey, 길버트 루이스Gilbert Lewis와 면접하기 위해 뉴욕의 컬럼비아 대학으로 갔다. 핵물리학계의 대가인 엔리코 페르미는 동료들에게 핵 연쇄반응을 계속 일으킬 때 발생하는 기술적 어려움을 해결하는 가장 쉬운 방법은 우젠슝에게 도움을 청하는 것이라고 충고했다. 그들은 원자폭탄을 만들기 위해 우라늄을 농축하는 방법을 고안하고 있었다. 우라늄은 U-235와 U-238 두 자연 동위원소에서 발생한다. U-238은 안정적이지만 U-235는 방사성을 띤다. 우라늄 폭탄의 경우, 천연 우라늄은 99.284퍼센트가 U-238로 폭탄을 만드는 데 전혀 쓸모가 없기 때문에 U-235의 양을 늘려야 한다. U-235의 양을 늘리는 과정을 농축이라고 하는데, 이를 위해 몇 가지 방법을 시도했다. 컬럼비아 대학은 이 중 한 가지 방법을 조사하는 임무를 맡았다.

이 연구는 맨해튼 프로젝트의 일부였기 때문에 기밀로 분류되었다. 전쟁 연구 부서에서 일하는 유리와 루이스는 우젠슝이 그 일에 적합한지 알아보기 위해 이틀 동안 강도 높은 면접을 진행했다. 두 사람은 우젠슝에게 자신들이 하는 연구의 세부적인 사항을 하나도 알려주지 않으려고 조심했지만, 둘째 날 면접이 끝날 즈음 자기들이 무슨 일을 하는지 짐작이 가느냐고 물었다. 그러자 우젠슝은 미소를 지으며 대답했다. "미안하지만, 당신들이 하는 일을 내게 감추고 싶었다면 칠판을 잘 지웠어야죠."

우젠슝은 그 자리에서 바로 채용되었다. 우젠슝은 1944년 3월부터 대외적으로 컬럼비아 대학의 '대리 합금 물질 연구소'라고 알려진 곳에서 일했다. 맨해튼 프로젝트에 참여하지 않는 사람은 아무도 이 실험실 직원들이 세계 최초의 원자폭탄 제조 프로젝트를 진행하고 있다는 사실을 몰랐다. 우젠슝은 U-238을 핵분열이 가능한 U-235로 전환하여 우라늄 농축을 도와달라는 요청을 받았다. 우젠슝은 '기체 확산'이라는 프로세스를 이용해 폭탄을 만드는데 꼭 필요한 U-235의 지극히 순수한 샘플을 얻을 수 있었다. 우젠슝이 컬럼비아 대학에서 중요한 역할을 한 성공적인 연구결과가 없었다면, 미국은 원자폭탄을 개발하거나 사용할 수 없었을 것이다.

전쟁이 끝난 뒤 우젠슝은 자신의 노력을 어느 분야에 집중할지 결정해야 했다. 그래서 곰곰이 생각한 끝에 아직 제대로 파악되지 않은 베타 붕괴의 세부사항을 파헤치는 작업을 하기로 했다. 이 선택은 곧 우젠슝 경력에서 중요한 부분이 되고 이로써 국제적인 갈채를 받게 될 것이다. 컬럼비아 대학은 가스 확산 과정에 대한 우젠슝의 뛰어난 연구 성과를 보고 학교에 계속 남아달라고 요청했다. 우젠슝이 선택한 핵물리학은 사실상 학계 외에는 일자리가 없는 분야이기 때문에 우젠슝은 학교 측 요청에 안도했다. 물리학의 많은 분야에서는 산업계에서 물리학자들을 채용하느라 열심이었지만 핵물리학은 예외였기 때문에 우젠슝의 선택권은 제한되어 있었다.

우젠슝은 여자였기 때문에 컬럼비아 대학 교수진으로 채용될 수 없었지만, 그래도 연구 교수라는 직책을 얻었다. 연구 교수는 평생 고용을 보장하지는 않았지만 강의할 필요가 없었기 때문에 연구에만 전념할 수 있었다.

훗날 최초로 지속적인 핵분열 연쇄 반응을 성공시킨 페르미가 1933년 베타 붕괴 이론을 발전시켰다. 그의 이론이 발표된 후 물리학자들은 다양한 결과를 가지고 그의 이론을 실험적으로 검증하거나 반증하려고 노력했다. 이는 우젠슝에게 어울리는 분야였다. 우젠슝은 10대 때부터 '우주의 근본적인 구조에 대한 인식을 전환'할 수 있는 위대한 일을 하고 싶어 했다. 매우 실질적인 과학자였던 우젠슝은 단순히 호기심을 바탕으로 연구 대상을 선택한 게 아니다. 우젠슝은 어떤 대의를 이루는 데 도움이 되지 않는 일은 할 가치가 없다고 생각했다.

우젠슝은 더 정확한 실험을 할 수 있도록 중성자 분광계를 비롯한 여러 가지 장비를 개선하는 일에 매우 능숙해졌다. 분광계는 방사선이나 입자를 다양한 에너지 구간으로 쪼개는 기구다. 빛의 경우에는 주파수(또는 파장)가 될 테지만 중성자의 경우에는 운동 에너지, 즉 속도가 된다. 기존의 중성자 분광계는 방사성 핵에서 방출되는 중성자의 미세한 에너지 차이를 구별할 수 없었기 때문에 우젠슝은 컬럼비아의 중성자 분광계의 민감도를 높여 이를 바로잡는 작업에 착수했다. 우젠슝은 분광계가 한 번에 두 배 분량을 측정할 수 있도록 장치를 재설계하고, 전자 장비를 업데이트해서 수천 분의 1초 안에 반응하도록 했다.

우젠슝은 기능이 향상된 이 중성자 분광계를 사용해서 방사성 형태의 카드뮴과 이리듐, 은에서 방출되는 중성자를 측정하고 특징을 확인할 수 있었다. 이는 획기적인 실험은 아니지만 핵물리학에 대한 우리 지식을 향상시켰고, 신중하고 정밀한 실험주의자라는 우젠슝의 명성도 높아졌다. 우젠슝은 또 자연계에 존재하는 네 가지 힘 중 두 가지인 핵력(약한 핵력과 강한 핵력)의 거리 범위를 생각하기 시작했다.

자연계의 힘 가운데 우리가 가장 먼저 알게 된 것은 중력으로,

아이작 뉴턴Isaac Newton이 1600년대 후반에 만유인력의 법칙을 발견했다. 1800년대 중반에는 제임스 클러크 맥스웰James Clerk Maxwell이 전자기력에 대해 같은 일을 했는데, 당시 전자기력은 중력 이외에 알려져 있는 유일한 자연계의 힘이었다. 이후 방사능과 원자핵이 발견되면서 강한 핵력과 약한 핵력의 두 가지 새로운 힘이 알려졌다.

간단히 말해 약한 핵력은 방사성 붕괴의 원인이고 강한 핵력은 원자핵을 하나로 묶어놓는 역할을 한다. 핵은 양자와 중성자 두 가지 입자로 구성되어 있다. 중성자는 전하를 띠지 않지만 양성자는 양전하를 띤다. 이 말은 곧 양자와 중성자는 전자기력 때문에 서로를 밀어낸다는 뜻인데, 그렇다면 왜 핵은 산산조각 나서 흩어지지 않을까? 중성자든 양성자든 핵 안에 있는 모든 입자를 강한 핵력이 끌어당기기 때문이다. 이걸 강한 핵력이라고 부르는 이유는 전자기력보다 훨씬 강하고 양성자가 서로 밀어내는 것을 막아주기 때문이지만, 이 힘은 입자들이 아주 가까이 있을 때만 작용한다.

따라서 강한 핵력은 범위가 매우 좁아서 양성자 지름의 몇 배밖에 안 된다. 그렇게 짧은 거리는 페르미의 이름을 딴 페르미fermi라는 단위로 측정한다. 1페르미는 10^{-15}미터, 즉 1000조분의 1미터다(비교하자면 원자가 수백만 배 더 크다). 당시 하버드에서 일하던 이론물리학자 줄리언 슈윙거Julian Schwinger는 강한 핵력의 범위는 0페르미 또는 8페르미여야 한다는 이론을 제시했지만 두 가지 예측 다 정확하지 않은 것 같았다. 우젠슝은 기능이 개선된 분광계를 이용해 여러 가지 섬세한 실험을 진행한 끝에 측정값이 약 3페르미라는 것을 증명했다. 물리학계는 우젠슝의 실험 기법이 정밀하다는 것을 알았으므로 그 결과가 옳다고 인정했다.

우젠슝은 베타 붕괴를 이해하려는 장기적 목표를 가지고 있었다. 우젠슝은 이것이 중요한 분야일 뿐만 아니라 페르미의 베타 붕괴 이론이 맞는지 알아내기 위해 정교하고 정밀한 실험을 진행하는 자신의 능력을 활용할 수 있을 것이라고 생각했다. 현재 알려져 있는 사실은 방출된 베타 입자(전자)가 0~0.6MeV(100만 전자볼트)의 에너지를 가질 수 있다는 것이다. 전자볼트는 양이 지극히 적은 에너지다. 일반적으로 사용되는 에너지 단위인 줄joule은 원자나 핵의 에너지를 측정하기에는 너무 커서 그 대신 전자볼트를 사용하는 것이다. 페르미의 이론은 베타 붕괴를 통해 전자가 방출될 때 0.1MeV의 에너지를 가져야 하는 전자 수와 0.2MeV의 에너지를 가져야 하는 전자 수 등을 예측했다.

이런 에너지 분포를 에너지 스펙트럼이라고 한다. 그러나 실험에서 관찰된 에너지 스펙트럼은 페르미 이론에서 예측했던 것과 일치하지 않았다. 이론이 예측한 것보다 훨씬 적은 에너지를 가진 전자가 많았지만, 실험 결과마다 차이가 커서 아무도 관측된 분포에 동의할 수 없었다. 우젠슝은 자신의 장기를 발휘해서 이 문제를 해결할 수 있다고 생각했지만 실험을 정확하게 하는 것만으로는 충분하지 않았다. 왜 다른 사람들은 자기와 다른 결과를 얻었는지 그 이유도 설명해야 했다.

우젠슝은 다른 사람들이 실험에 사용한 방사성 물질이 너무 두껍다고 생각했다. 베타 붕괴로 방출된 전자 중 상당수는 자기들이 원래 속해 있던 원자에서 튕겨 나오는 과정에서 에너지를 잃게 될 것이라고 추론했다. 그래서 이론상으로 예측한 것보다 에너지양이 적은 전자가 많이 관찰되었고, 여러 연구팀이 저마다 다른 결과를 얻은 건 선원의 두께가 다르기 때문이라고 생각했다.

선원을 더 얇게 만들기는 쉽지 않았다. 이 실험에 사용된 분광계는 커다란 철심을 이용해 자기장을 만들었는데, 이는 에너지양이 다른 입자들을 분리하는 방식에서 필수 요소였다. 분광계가 작동하려면 선원의 표면적이 작으면서도 베타 입자를 대량으로 생산해야 했다. 이걸 할 수 있는 유일한 방법은 선원을 두껍게 만들어 표면적은 작아도 전체적인 부피가 커지게 하는 것이었다.

이 문제를 해결하기 위해 우젠슝은 중성자 분광계를 재설계한 뒤 베타 붕괴 측정에 사용되는 분광계도 다시 설계하기로 했다. 우젠슝은 철심 분광계 대신 컬럼비아 대학 실험실에서 솔레노이드 solenoid라는 코일을 사용한 오래된 분광계를 발견했다. 이 낡은 분광계를 작동 가능한 상태로 고치고 기능을 수정하자, 면적이 넓은 선원을 사용하면서 얇은 상태를 유지할 수 있었다.

또 하나 문제는 선원을 얇은 막 형태로 만드는 방법을 배우는 것이었다. 이전에는 아무도 이런 일을 할 필요가 없었기 때문에 우젠슝과 그의 팀이 그 프로세스를 개발해야만 했다. 선원은 얇아야 할 뿐만 아니라 전체적인 두께도 균일해야 했다. 우젠슝은 1949년 《피지컬 리뷰》에 제출한 논문에서 이와 관련된 처리 방법을 간략하게 설명했다. "$CuSO_4$(황산구리) 용액에 세제를 아주 약간만 첨가하면 더 균일한 선원을 얻을 수 있다." 비누를 조금 넣는 것이 비결이었던 것이다!

수정된 장비와 시약을 가지고 실험한 우젠슝은 페르미의 이론과 자신의 실험 결과가 완벽하게 일치하는 것을 확인했다. 이로써 두

꺼운 선원 때문에 잘못된 결과가 나왔다는 것을 입증할 수 있었다. 우젠슝은 마침내 베타 붕괴 문제를 해결했고 전 세계 핵물리학계의 찬사를 받았다. 우젠슝은 연구 논문에 자기가 이용한 방법을 적었고, 곧 전 세계 실험실들도 그 방법을 모방해 얇은 막을 만들어 우젠슝의 실험 결과가 옳다는 것을 확인할 수 있었다.

이 사례는 우젠슝을 대등한 라이벌조차 거의 없는 훌륭한 실험물리학자로 성장시킨 자질이 무엇인지 보여준다. 다른 연구자들은 자기가 검증하려고 하는 실험 방법을 복제해서 기존 실험을 그대로 되풀이하는 경향이 있는 반면, 우젠슝은 자기 생각대로 실험을 진행했다. 다른 누구보다 정확하게 측정하기 위해 새로운 장비를 설계해서 사용했다. 1983년에 노벨상을 수상한 캘리포니아 공과대학의 물리학자 윌리엄 파울러William Fowler의 말처럼, 우젠슝의 '베타 붕괴 연구가 중요한 이유는 믿을 수 없을 정도의 정밀함 때문이다.'

물리학계의 많은 동료는 우젠슝의 베타 붕괴 연구가 노벨상을 받을 가치가 있는 연구라고 생각했다. 베타 붕괴는 어니스트 러더퍼드가 방사성 붕괴의 종류가 여러 가지라는 사실을 처음 깨달은 1890년대 후반부터 연구되어왔고, 페르미 이론이 나온 지도 10년이 넘었다. 유럽과 미국 각지의 물리학자들이 페르미 이론이 정확한지 알아보기 위해 수십 차례나 실험을 거듭했지만, 다른 실험에서 발생한 모든 오류를 제거할 수 있을 만큼 정확한 실험을 한 것은 우젠슝이 처음이었다.

하지만 노벨상은 특별한 발견을 한 사람에게만 수여해야 한다는 규칙이 있었다. 우젠슝은 새로운 걸 발견한 게 아니라 페르미 이론을 확인만 한 것이기 때문에, 엄밀히 말해 그 연구는 중요하기는 하지만 노벨상을 받을 자격은 되지 않았다. 당시 많은 이는 노벨상이 과학적인 성과보다 정치적 이유 때문에 수여되는 경우가 많다고 느꼈다. 로버트 프리드먼Robert Friedman은 《탁월함의 정치학The Politics of Excellence》이라는 책에서 "1940년대 중반의 노벨상은 공로를 인정한다는 의미로 수여된 것이 아니라, 대부분 과학을 정치적으로 이용하기 위한 도구 구실을 했다"고 썼다. 우젠슝이 노벨상을 수상하기에 걸맞은 업적을 이룬 건 이번이 마지막이 아니었지만 전부 간과되고 말았다.

우젠슝과 위안자류는 1942년 결혼한 뒤 부부가 모두 학자인 집안에서 흔히 볼 수 있는 전형적인 생활 방식을 경험했다. 때로는 함께 살았지만 어떤 때는 각자의 직장 때문에 떨어져 살았다. 1947년 두 사람은 아들을 낳았고 빈센트라는 이름을 지어주었다. 이들 가족은 컬럼비아 대학 캠퍼스에서 두 블록 떨어져 있는 뉴욕 클레어몬트 애비뉴의 한 아파트에서 살았다. 우젠슝은 자신이 사랑하는 실험실에서 밤늦게까지 일할 수 있을 정도로 가까운 이 아파트에서 50년 넘게 살았다.

1940년대와 1950년대에 결혼한 여자는 자기 경력을 포기하고 남편과 아이들을 돌볼 것이라고 기대했지만, 우젠슝은 그럴 생각이 전혀 없었다. 연구에 완전히 전념했고 아들이 생긴 뒤에도 자기 시간을 온통 다 일에만 쏟는 것을 멈추지 않았다. 사실 우젠슝은 지독한 일 중독자였기 때문에 휴가를 내는 것을 싫어했다. 한번은 우젠슝이 가르치는 대학원생들이 우젠슝과 빈센트가 같이 어린이 영화를 보러 갈 수 있도록 표를 구해다 주었다. 하루 저녁쯤 일에서 벗어나 쉬게 해주려는 생각도 있었지만, 한편으로는 끊임없는 '잔

소리'가 없는 상태에서 연구를 해보고 싶었기 때문이기도 했다. 하지만 그들은 곧 그 계획이 실패로 돌아갔음을 알았다. 우젠슝은 여느 저녁처럼 연구실에 모습을 드러냈다. 영화표를 아이 봐주는 사람에게 주고 온 것이다.

우젠슝은 학생들도 자기와 똑같은 추진력과 기준을 공유하기를 바랐다. 학생들이 휴가를 내려고 하면 눈살을 찌푸렸고, 심지어 한 번은 종교 축일에 학생이 휴가를 갔다고 질책하기도 했다. 우젠슝의 예전 제자 중 한 명인 노에미 콜러Noemie Koller는 이렇게 말했다. "우젠슝과 함께한 시간은 매우 흥미진진했지만, 우젠슝은 성격이 거칠고 쉽게 만족하지 않는 스타일이었다. 우젠슝은 학생들이 제대로 할 때까지 밀어붙였다. 모든 걸 소수점 하나까지 일일이 다 설명해야 했다. 그리고 절대 만족하는 법이 없었다. 사람들이 밤늦게까지 일하고, 이른 아침에도 일하고, 토요일과 일요일에도 내내 일만 하고, 일을 더 빨리 처리하고, 휴가는 전혀 가지 않기를 바랐다."

베타 붕괴에 관한 광범위한 연구를 마친 우젠슝은 자연계에서 활동적인 과정 중 하나인 입자·반입자 소멸에 관심을 돌리기로 했다. 물질과 반물질이 합쳐지면 핵분열보다 훨씬 많은 엄청난 양의 에너지가 생성된다. 예를 들어, 물질 1킬로그램과 반물질 1킬로그램을 합쳤을 때 방출되는 에너지는 히로시마에 투하된 원자폭탄에서 방출된 에너지보다 2,000배 이상 많을 것이다.

1928년 폴 디랙Paul Dirac이 반물질의 존재를 처음 예측했고, 1932년 칼 앤더슨Carl Anderson이 실험에서 양전자(전자의 반입자)를 발견했다. 하지만 그 이후로는 반물질 이론을 테스트하는 실험이 거의 진행되지 않았다. 우젠슝은 미지의 영역인 이 분야가 실험적 탐구에 매우 적합하다고 느꼈다. 전자 한 개와 양전자 한 개가 소멸하면 고에너지 감마선 두 개가 생성된다. 이론적으로는 두 감마선에 어떤 특성이 있을 것이라고 예측했지만, 아직 테스트해본 적이 없기 때문에 아무도 그 이론이 정확한지 알지 못했다. 그 특징이란 광자(빛 입자) 두 개가 편광된 상태를 말한다.

편광은 비교적 이해하기 쉬운 개념이다. 편광 선글라스를 쓰면 특정한 방향으로 들어오는 빛만 통과할 수 있어서 눈부심이 줄어든다. 빛은 파도처럼 움직이며, 맥스웰이 19세기에 증명한 것처럼 다양한 자기장에 직각인 전기장으로 이루어져 있다. 우리가 광파의 방향을 이야기할 때는 자기장보다 훨씬 강한 전기장의 방향을 말하는 것이다.

태양 같은 광원에서 빛이 나올 때는 광파의 방향이 무작위다. 편광 선글라스에 사용되는 편광 필터는 수직 방향의 빛만 통과시킨다. 물 표면에서 반사되는 빛은 수평으로 편광이 일어나므로, 수직 방향의 빛만 허용함으로써 물 표면의 반사(즉 눈부심)를 감소시키는 것이다.

이 이론은 전자와 양전자가 소멸할 때 생성된 두 광자는 서로 직각으로 편광되고 한쪽 편광 대 다른 쪽 편광의 비율은 정확히 2 대 1일 것이라고 예측했다. 이 이론은 성공적으로 검증된 적이 없었기 때문에, 우젠슝은 이를 검증할 수 있는 실험 방법을 고안하고 싶었다. 다른 사람들도 이 예측을 시험해보았는데, 한 그룹은 오차가 너무 커서 실험 결과를 이용할 수 없는 상황이 되었고 다른 그룹은 이론에서 예측한 편광 비율과 일치하지 않는 결과를 얻었다.

이 어려운 실험을 하기 위해 우젠슝은 컬럼비아 대학의 사이클로트론과 방사성 구리를 사용해 양전자를 만들었다. 이 양전자가 전자와 충돌하게 되고, 여기서 방출되는 광자를 측정하기 위해 장치 주변에 계측기와 검출기를 조심스럽게 배치한다. 우젠슝은 30시간 동안 계속된 실험에서 검출기 하나는 같은 장소에 고정해 두고 다른 검출기는 큰 호를 그리듯 움직이면서 다양한 각도에서 방출되는 광자를 측정했다. 그런 다음 탐지기를 교환한 뒤 똑같은 30시간짜리 실험을 반복했다. 그 결과 두 편광의 비율이 이론에서 예측한 2.0에 아주 가까운 2.04라는 사실이 증명되었다.

우젠슝의 명성이 높아지자 중국에서 우젠슝을 데려가려고 한 것은 어쩌면 불가피한 일이었을 것이다. 국립중앙대학이 우젠슝에게 교수 자리를 제안했고, 남편 위안자류에게도 자리를 주겠다고 했다. 그런 제의는 거절할 수 없을 것 같았지만 우젠슝은 딱 잘라 거절했다. 국립중앙대학 관계자들은 1년간 재고할 시간을 주었지만 우젠슝은 중국에 가면 다시는 미국으로 돌아오지 못할 수도 있다는 것을 알았다. 공산당이 중국 본토를 장악한 상황에서 미국과 중국의 관계는 계속 나빠지고 있었다. 우젠슝은 아버지와 계속 연락하고 있었으므로 아버지에게 조언을 구했다. 아버지는 딸을 보고 싶은 마음이 간절했지만 지금은 중국으로 돌아올 때가 아니라고 말했다. 결국 우젠슝과 위안자류는 미국에 머물기로 하고 1954년 미국 시민권을 취득했다. 우젠슝은 그 2년 전 컬럼비아 대학 부교수로 임명되어 종신 재직권을 보장받았다. 우젠슝은 이 대학에서 종신 재직권을 받은 최초의 여성 과학자였으며, 1958년에는 정교수로 승진했다.

핵물리학과 물리학 전반에서 중요하게 다루는 개념 중 반전성parity

이라는 것이 있다. 이는 편광 개념보다 낯설게 느껴지는데, 세상에는 반전성 선글라스라는 것이 없기 때문이다! 팽이가 너무 빨리 회전하지 않을 때는 그게 어느 방향으로 도는지(시계 방향인지 반시계 방향인지) 파악하기가 쉽지만, 회전하는 팽이를 거울을 통해 본다면 이미지가 반전되므로 반대 방향으로 회전하는 것처럼 보인다. 이건 다른 현실이 아니라, 단지 거울이 현실을 다르게 보이도록 변형하는 것이다. 이런 차이를 반전성 변환parity transformation이라고 한다.

아원자 입자 물리학에도 이와 유사한 반전성 개념이 있다. 이는 1924년 독일 태생의 미국 물리학자 오토 라포르테Otto Laporte가 처음 소개했다. 라포르테는 원자가 빛을 방출하는 방식을 설명하면서 시스템의 각 상태에 반전성을 부여함으로써 원자가 광자를 방출할 때 반전성이 보존된다는(바뀌지 않고) 사실을 증명했다. 반전성이 보존된다는 것은 거울을 통해서 봐도 그 과정이 똑같아 보인다는 이야기다. 이건 반전성이 보존되지 않고 변환되는 팽이의 경우와 다르다. 이 아이디어는 1927년 유진 위그너Eugene Wigner가 물리학의 기본 원리로 확장했다. 위그너는 전자기력과 관련된 모든 상호작용은 반전성을 유지한다는 사실을 증명했다. 원자 수준에서는 반전성이 유지되는 듯했으며, 이는 그 후 수십 년 동안 기정사실로 받아들여졌다.

우젠슝은 원자력위원회의 자금 지원을 받아 방사성 납 ^{210}Pb에 대한 연구를 했다. 1939년까지는 ^{210}Pb의 방사성 붕괴 과정을 잘 이해하고 있다고들 생각했지만, 우젠슝과 다른 학자들이 좀더 면밀하게 측정해본 결과 상황이 혼란스러워졌다. 실험 결과가 일치하는 게 없었던 것이다. 우젠슝은 세부 사항에 대한 습관적인 주의력을 발휘해 ^{210}Pb에서 방출되는 감마선과 전자(베타 입자)를 제대로 측정함으로써 ^{210}Pb 붕괴와 관련된 논란을 해결할 수 있었다. 이 무렵 시카고 대학에서 일하던 독일 출신 미국 물리학자 마리아 괴페르트 메이어Maria Goeppert-Mayer가 원자핵 모형을 개발했는데, 이를 껍질 모형shell model이라고 한다. 마리아는 핵 내부의 다양한 에너지 수준을 설명하는 이론을 제시했고, 이 이론 덕에 1963년 노벨 물리학상을 받았다. 마리아는 이 이론의 일부로, 라포르테가 일찍이 원자에 대해 했던 것처럼 핵마다 고유한 반전성 값을 할당했다. 우젠슝도 ^{210}Pb로 실험을 진행하면서 핵의 반전성을 고려해야 했다.

이 무렵 큰 수수께끼 중 하나는 이른바 '세타-타우 문제theta-tau problem'라는 것이었다. 이 두 입자는 1949년 발견되었다. 사이클로트론 같은 입자 가속기 성능이 갈수록 강력해짐에 따라 새로운 입자가 점점 더 많이 만들어지고 있었다. 어떤 측정에서는 세타 입자와 타우 입자가 실제로는 하나고 동일한 입자라고 나타났지만, 다른 실험에서는 서로 다른 입자라는 결론이 나왔다. 하지만 만약 그 둘이 정말 다른 입자라면 핵반응 시 반전성이 보존되지 않을 텐데, 이는 대부분 물리학자가 인정하기 싫어하는 것이었다.

우젠슝은 이 문제를 완전히 해결하기로 결심했다. 제2차 세계대전이 끝난 뒤 입자 가속기를 이용한 실험에서 탄생한 입자물리학은 본질적으로 세 가지 입자를 발견했다. 전자는 기본 입자처럼 보였지만 양성자나 중성자와 충돌하면 완전히 새로운 입자가 나타났다. 물리학자들은 무슨 일이 벌어지고 있는지 파악하기 시작했고 양성자와 중성자가 그들이 중입자baryon라고 부르는 것의 대표적인 예라는 사실을 알게 되었다. 하지만 이 실험에서 생성된 다른 종류의 입자들은 속성이 상당히 달랐기에 중간자meson라고 불리게 되었다.

앞에서 이야기한 세타와 타우 입자는 중간자의 일종이었다. 세타 중간자는 파이온(pion, 다른 형태의 중간자) 두 개로 붕괴되는 반면, 타우 중간자는 세 개로 붕괴되었다. 이건 그 둘이 분명히 다른 입자라는 것을 암시했다. 세타 중간자와 타우 중간자 둘 다 붕괴되기 전에는 질량과 수명이 같기 때문에 상황이 더 혼란스러워졌다. 물론 이건 순전히 우연의 일치일 뿐이지만, 몇몇 물리학자는 그 때문에 둘이 같은 입자라는 느낌을 받았다. 세타 중간자는 양의 반전성을 띤 상태로 붕괴되는 반면, 타우 중간자는 음의 반전성을 띤 상태로 붕괴된다고 알려져 있다. 한편에서는 두 입자의 질량과 수명이 동일한데, 다른 한편에서는 서로 다른 반전성을 띤 입자로 붕괴된다는 것이 수수께끼였다.

1956년 4월 3일, 거의 200명 가까운 물리학자가 제6회 연례 로체스터 회의에 모였다. 이날 토론의 주요 주제 중 하나가 세타-타우 문제였다. 기본적으로 두 가지 가능성이 있었다. 하나는 그 둘이 별개 입자라서 반전성이 보존된 것이고, 다른 하나는 동일한 입자인데 반전성 보존 법칙이 깨진 것이다. 위그너는 전자기력과 관련된 상호작용에서는 반전성이 유지되어야 한다는 것을 증명했지만, 핵 단위에서는 전자기력이 아니라 강한 핵력과 약한 핵력이 작용하며 방사성 붕괴를 일으키는 것은 약한 핵력이었다. 약한 핵력이 작용했을 때 반전성이 보존된다는 증거는 없다. 단지 물리학자들이 그렇게 추측한 것뿐이다.

로체스터 회의가 끝나고 몇 주 뒤, 당대의 대표적 이론 물리학자인 리정다오와 양전닝이 뉴욕의 한 카페에서 만나 약력weak force과 관련된 상호작용에서 반전성이 침해될 수 있는지 논의했다. 두 사람이 만난 뒤 리정다오는 우젠슝에게 베타 붕괴 시 반전성이 보존되거나 깨진다는 사실이 증명된 실험을 아느냐고 물었고, 우젠슝은 모른다고 대답했다. 리정다오와 양전닝은 전자기적 상호작용에서 유지된다는 사실이 입증된 반전성 보존 법칙이 약력 상호작용에서도 유지된다는 것을 증명한 사람이 아무도 없다는 것을 깨달았다. 그들은 이 문제에 관한 논문을 썼고, 1956년 6월 22일자《피지컬 리뷰》에 〈약한 상호작용에서 반전성 보존 문제〉라는 제목으로 게재되었다.

리정다오는 우젠슝에게 조언을 구하면서, 베타 붕괴의 반전성 보존을 시험할 때는 핵반응이나 원자로에서 생성된 핵을 사용하는 게 좋다는 제안을 들었다고 말했지만, 우젠슝은 그 방법이 효과가 없을 것이라고 생각했다. 우젠슝은 나중에 인터뷰에서 이렇게 말했다. "그 두 방법 중 하나를 사용하는 데 큰 불안감을 느꼈다. 나는 코발트 $^{-60}$Co[원자 질량이 60인 코발트] 베타 선원을 사용하는 게 가장 안전하고 확실할 것이라고 제안했다." 이 반전성 보존 시험은 이미 경력이 화려했던 우젠슝에게 가장 중요한 실험이 되었다. 원자핵의 양성자에는 스핀이라는 속성이 있다. 이건 비유일 뿐이지만, 양성자를 축을 중심으로 특정한 방향으로 회전하는 아주 작은 행성이라고 생각할 수도 있다. 적용된 자기장이 없을 때는 양성자의 다양한 스핀이 상쇄하지만, 자기장에 원자핵을 배치하면 양성자의 스핀이 모두 같은 방향으로 정렬되어 핵의 순 스핀이 발생한다.

관례상 시계 방향 스핀을 '업up' 스핀이라고 한다. 거울을 통해 회전하는 팽이를 볼 때와 마찬가지로, 시계 방향으로 회전하는 핵을 거울로 보면 '다운down' 스핀(반시계 방향)처럼 보일 것이다. 반전성이 보존될 경우, 반응을 통해 방출된 입자는 위쪽과 아래쪽 숫자가 모두 같아야 한다. 만약 그렇지 않다면 거울 속에서 다르게 보일 것이다. 그래서 우젠슝은 코발트-60 선원에서 방출되는 '업' 스핀을 가진 전자와 '다운' 스핀을 가진 전자의 수를 모두 세어야 했다. 숫자가 같으면 반전성이 보존되고, 그렇지 않으면 반전성이 깨진다.

리정다오와 이런 대화를 나눈 때는 우젠슝이 중국을 떠나 버클리에서 위안자류와 만난 지 20주년이 되는 해를 축하한 바로 그해였다. 두 사람은 기념일을 축하하기 위해 중국으로 크루즈 여행을 갈 계획이었다. 퀸엘리자베스호의 선실도 이미 예약을 해둔 상태였다. 이 여행은 오랜 세월 함께한 그들이 처음으로 가는 긴 휴가였다. 하지만 출발하는 날, 위안자류는 혼자서 배를 타야 했다. 우젠슝은 리정다오와 대화하면서 그와 양전닝이 곧 반전성 비보존에 관한 논문을 《피지컬 리뷰》에 제출하려 한다는 것을 알게 되었다. 우젠슝은 그 논문이 나올 때 자리를 비울 수는 없다고 생각했다. 어떻게든 실험실에서 실험을 계속해야만 했다.

우젠슝은 실험 계획을 세우면서 양성자 스핀이 자기장에서 제대로 정렬되려면 코발트-60을 냉각시켜야 한다는 것을 알았다. 열에너지(온도는 열에너지의 측정치일 뿐이다)가 자기장을 적용했을 때 양성자가 정렬에서 벗어나는 원인이 되기 때문이다. 우젠슝은 코발트-60을 약 0.01K(절대 영도 또는 -273°C보다 100분의 1도 높은 온도)까지 냉각시켜야 한다고 계산했다.

1963년 자기 실험실에 있는 우젠슝

컬럼비아 대학에 있는 우젠슝의 실험실에는 물체를 이렇게 낮은 온도로 냉각할 수 있는 시설이 없었다. 사실 당시 미국에는 그런 작업을 할 수 있는 장소가 두세 곳밖에 없었는데, 그중 하나가 워싱턴 DC에 있는 국립표준국NBS의 저온 연구소였다. 우젠슝은 실험실 책임자 어니스트 앰블러Ernest Ambler 소장에게 연락해서 실험을 도와줄 수 있느냐고 물어보고 그의 동의를 얻었다. 우젠슝은 세륨 마그네슘 질산염CMN으로 만든 기판에 코발트-60을 얇게 바른 것을 준비했다.

우젠슝은 다른 사람에게 선수를 빼앗기고 싶지 않아서 최대한 비밀리에 실험을 진행하려고 했지만, 어디선가 이야기가 새어나가고 말았다. 1930년 중성미자라는 개념을 고안한 이론가 볼프강 파울리Wolfgang Pauli가 핵물리학자 빅터 바이스코프Victor Weisskopf에게 미국의 핵 연구가 어떻게 진행되고 있느냐고 물었다. 바이스코프는 파울리에게 우젠슝이 약한 상호작용에서 반전성이 유지되는지 알아보는 실험을 하고 있다고 말했다. 완고한 견해와 무뚝뚝한 태도로 유명한 파울리는 답장에 이렇게 썼다. "우젠슝 부인은 시간을 낭비하고 있습니다. 반전성이 유지된다는 쪽에 큰돈을 걸죠. 나는 하느님이 나약한 왼손잡이라고 믿지 않으므로, 그 실험에서 대칭적인 결과를 나올 거라는 데 아주 큰돈을 걸 준비가 되어 있습니다."

파울리가 쓴 이 편지가 바이스코프에게 도착할 무렵, 우젠슝은 이미 반전성이 보존되지 않는다는 사실을 입증한 상태였다. 우젠슝의 첫 번째 시도는 실패했다. 우젠슝이 이 말도 안 되게 어려운 실험을 하면서 맞닥뜨린 수많은 문제 중 하나는 코발트-60의 얇은 층 안에서 핵 정렬이 금세 망가졌다는 것이다. 우젠슝은 얇은 코발트-60층이 뜨거워졌기 때문이라고 의심했지만 진짜 이유는 알아내지 못했다. 그러다가 어쩌면 두꺼운 CMN 기판 층 때문일지도 모른다고 추측하고는 이걸 하나의 결정으로 만들어야겠다고 생각했다. 하지만 그렇게 큰 결정체를 어디서 얻어야 하는지 알 수 없었다. "우리 세 사람(열성적인 화학자, 헌신적인 학생, 그리고 나)은 순전히 독창성과 결단력, 운에만 의지해서 세 번째 주가 끝날 때까지 10여 개의 커다랗고 완벽한 반투명 CMN 단일 결정체를 키우기 위해 부단히 협력했다. 이 귀중한 반투명 결정체를 가지고 워싱턴 DC로 돌아온 날, 나는 이 넓은 세상에서 가장 큰 행복과 뿌듯함을 느꼈다."

1956년 크리스마스 이틀 후 우젠슝은 어니스트 앰블러와 국립표준국의 다른 직원들과 함께 작업을 했다. 어떤 탐지기는 전자 수를 세고, 다른 탐지기는 감마선을 셌다. 앰블러는 자기 수첩에 숫자를 적었다. CMN 결정에 공기가 닿지 않게 해주는 진공 펌프의 소음과 코발트-60을 절대 영도보다 미세하게 높은 온도로 유지하는 거대한 냉장고 컴프레서의 쉬익 하는 소리를 제외하면 실험실은 교회처럼 조용했다. 물리학 '법칙' 중 하나가 과연 깨질지 기대하며 기다리는 과학자들은 숨도 제대로 못 쉴 정도로 긴장했다.

초기 실험 결과는 반전성이 사실상 깨졌음을 암시했다. 그러나 반복 실험에서 결과가 똑같이 나오지 않자 흥분은 가라앉았다. 우젠슝과 그 팀은 며칠 동안 더 세심하게 테스트하고 검토한 끝에 마침내 방출된 전자 가운데 한쪽 방향으로 스핀하는 전자의 수가 반대쪽으로 스핀하는 전자의 수보다 적다는 것을 확신하게 되었다. 반전성이 유지되지 않은 것이다! 우젠슝은 물리학자들이 소중히 여기던 물리학 법칙이 사실상 진실이 아니라는 것을 증명했다.

우젠슝은 서둘러 《피지컬 리뷰》에 논문 두 편을 제출했다. 보도자료도 발송해서 다음 날 《뉴욕타임스》는 이 내용을 '물리학 기본 개념이 실험을 통해 뒤집히다'라는 제목의 1면 머리기사로 실었다. 우젠슝은 물리학의 기본 법칙이 사실이 아님을 증명했을 뿐만 아니라 그 실험 결과로 세타-타우 문제도 해결했다. 반전성이 깨진다면, 세타 중간자와 타우 중간자는 사실상 우리가 현재 케이 중간자K meson라고 부르는 같은 입자인 것이다. 반전성이 유지되지 않기 때문에 케이 중간자는 서로 다른 두 경로를 따라 붕괴될 수 있다.

우젠슝의 반전성 붕괴 실험은 치밀한 실험 작업의 걸작으로 전 세계에서 인정받았다. 이 연구 성과는 정말 중요했기 때문에, 연구의 중요성을 인식하기까지 시간이 오래 걸리는 것으로 악명 높

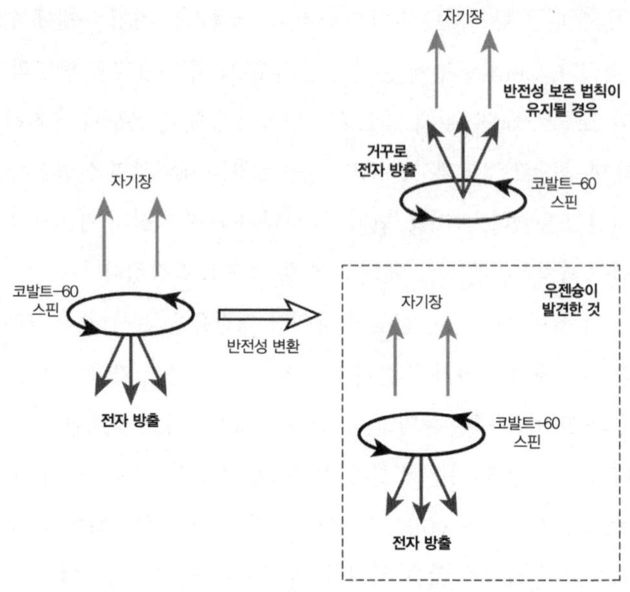

만약 반전성이 보존된다면, 실험 방향을 반대로 바꿨을 때 전자가 방출되는 방향도 바뀔 것이다. 우젠슝은 전자가 항상 코발트 원자의 스핀에 비례해 같은 방향으로 방출되는 것을 발견하여 약력이 반전성 보존 법칙을 깬다는 것을 증명했다.
(출처: https://galileospendulum.org/2014/03/08/madame-wu-and-the-backward-universe)

은 노벨상 위원회도 반전성이 깨진다는 사실이 밝혀진 직후인 1957년 노벨상을 수여했다. 하지만 우젠슝은 노벨상을 받지 못했다. 상은 반전성이 어떤 식으로 깨지는지를 이론적으로 연구한 리정다오와 양전닝에게 돌아갔다. 이건 의심할 여지없이 노벨상 위원회가 저지른 최악의 실수 중 하나다. 하지만 우젠슝은 불평하지 않았고, 1960년대부터 국내외 물리학계에서 수여하는 다른 중요한 상을 휩쓸었으며 명예학위도 여러 개 받았다.

반전성이 보존되지 않는다는 사실을 증명한 것이 우젠슝의 가장 큰 업적이라고들 하지만, 사실 그 타이틀을 놓고 겨루는 또 다른 업적이 있으니 바로 약한 핵력에 관한 연구다. 1940년대 후반에 물리학자들은 양자 전기역학이라는 이론을 발전시켜 전하 사이의 입자(광자) 교환을 통해 전자기력을 설명할 수 있다고 가정했다. 이 이론이 너무나 성공적이어서 물리학자들은 자연의 네 가지 힘(중력, 전자기력, 강한 핵력, 약한 핵력)을 모두 입자 교환과 관련된 이론으로 설명할 수 있다고 생각하게 되었다. 예를 들어, C-12(중성자가 6개인 탄소)와 N-12(중성자가 5개인 질소)가 방출하는 베타선은 '형태'가 동일하다고(즉, 각 에너지에서 방사성 원자가 방출하는 베타 입자의 수가 같다고) 주장하는 이론이 발전하기도 했다.

베타 붕괴를 수십 년간 연구한 약한 핵력 전문가 우젠슝은 이 에너지를 다른 누구보다 정확하게 측정할 수 있다고 자신했다. 우젠슝은 (또다시) 분광계를 재설계하고 빗나간 베타 입자가 분광계 벽을 맞고 튕겨나가지 않게 하는 방법을 찾기 시작했다. 다른 사람들도 이 실험을 시도했지만 결정적인 결과를 얻지 못한 반면, 우젠슝이 약한 핵력에 대한 입자 이론을 실험하는 데는 별로 오랜 시간이 걸리지 않았다. 우젠슝은 이론과 자신의 실험 결과가 정확히 일치한다는 것을 알아냈다. 우젠슝은 1963년 《피지컬 리뷰 레터Physical Review Letters》에 실은 〈B^{12}와 N^{12} 베타 스펙트럼에 대한 보존 벡터 전류 이론 실험〉이라는 논문에서 연구결과를 발표했다. 그 결과 약한 핵력에 대한 이론이 옳다는 것을 확증했을 뿐만 아니라 자연의 근본적인 힘을 이해하는 새로운 방법을 제시했다. 이제 우리는 마이클 패러데이Michael Faraday와 제임스 클러크 맥스웰이 1800년대 중반에 생각했던 것과 달리, 이 네 가지 힘이 장과 역선을 가지고 있다고 생각하지 않는다. 그 대신 힘은 입자의 교환으로 발생한다고 이해한다.

우젠슝은 경력 말년에 자신의 놀라운 실험 재능을 생물 물리학 분야에 쏟기로 했다. 우젠슝은 우선 적혈구의 필수 단백질인 헤모글로빈을 연구하기 시작했다. 우젠슝이 한 연구는 헤모글로빈의 세부 구조, 특히 적혈구에서 산소를 운반하는 철분의 전자 구조를 살펴보는 것이었다. 우젠슝은 건강한 적혈구와 건강하지 않은 적혈구 모두 철 성분은 같지만, 건강한 적혈구는 산소 친화력이 높은 반면 건강하지 못한 적혈구는 그렇지 않다는 사실을 증명했다. 또 겸상 적혈구 빈혈에 관한 연구에서 상당한 진전을 이루면서, 본인이 다른 분야에서 쌓은 전문지식을 인류에게 많은 도움이 되는 연구 분야에서도 활용할 수 있겠다고 느꼈다. 우젠슝의 생물 물리학 분야 진출은 그에게 마지막 연구 과제가 되었다. 은퇴 시기가 다가오자 우젠슝은 과학계에서 일하는 여성들을 홍보하는 일에 주력했고 여기저기로 강연을 다니면서 자신의 연구 인생을 이야기했다. 우젠슝이 조국을 방문했을 때는 '중국의 퀴리 부인'이라는 칭호를 얻었다. 우젠슝은 여자가 과학계에서 성공적인 경력을 쌓으면서 동시에 어머니와 아내 역할까지 해내는 게 가능하다는 것을 보여주었다.

우젠슝은 여든네 살이던 1997년 뉴욕에서 뇌졸중으로 사망했다. 우젠슝은 지금도 많은 반향을 일으키는 유산을 남겼다. 우젠슝의 지도 아래 기술을 배운 두 세대의 학생들, 핵의 작용과 자연계의 근본적 힘 가운데 하나를 이해하는 데 중요한 역할을 한 연구, 그리고 무엇보다 투지와 근면성, 헌신으로 성 차별과 인종 차별이라는 난관을 극복할 수 있다는 것을 증명한 고무적인 인물이다. 대학원에 다닐 때 우젠슝에게 배운 노에미 콜러는 이런 글을 썼다. "우젠슝이 1936년 캘리포니아에 처음 상륙한 이후 물리학계나 전문직 여성에 대한 인식 면에서 많은 진전이 있었는데, 그 대부분은 우젠슝 같은 여성들의 인내와 깨달음, 성취 덕분이다. 우리는 과학과 사람들을 위해 헌신한 우젠슝의 정신을 오래도록 기억할 것이다."

옮긴이의 말

얼마 전 제119회 노벨상 수상식이 열렸다. 과학 분야에서 뛰어난 업적을 올린 이들에게 수여되는 상은 무수히 많지만, 그중에서 우리가 잘 알고 또 받는 이들도 가장 큰 영광으로 여기는 상이 노벨상일 것이다. 총 여섯 개 부문에 수여되는 노벨상 중 과학 분야의 상은 물리학상, 화학상, 생리의학상 세 개인데 올해는 아쉽게도 여성 수상자가 없었다. 2018년도에는 도나 스트릭랜드가 물리학상을, 프랜시스 아널드가 화학상을 받았는데 여성이 물리학상을 수상한 건 55년 만의 일이고 화학상도 역대 다섯 번째 여성 수상자였다.

이 기록만 봐도 여성이 노벨 과학상을 수상한 예가 상당히 드물다는 것을 알 수 있다. 실제로 1901년 노벨상이 제정된 이래 지금까지 노벨 과학상을 받은 총 604명 가운데 여성 과학자는 스무 명(물리학상 세 명, 화학상 다섯 명, 생리의학상 열두 명), 즉 전체의 3퍼센트에 불과하다. 그래도 2000년 이전까지 백 년 동안 여성 수상자가 열한 명에 그쳤던 반면, 2000년 이후에는 벌써 아홉 명이 나온 것으로 보아 앞으로 그 비율이 늘어날 것으로 예상되니 다행이라고 해야 할까.

이 책에 소개된 여성 과학자(버지니아 애프거, 레이첼 카슨, 마리 퀴리, 거트루드 엘리언, 도로시 호지킨, 헨리에타 리비트, 리타 레비몬탈치니, 리제 마이트너, 엘시 위도슨, 우젠슝) 열 명 중에도 노벨상 수상자가 네 명 포함되어 있다. 마리 퀴리는 방사성 물질을 발견한 공로로 노벨 물리학상과 화학상을 받은 유일한 인물이고, 생화학자이자 약학자인 거트루드 엘리언은 뛰어난 신약을 여럿 개발한 공으로 1988년 생리의학상을 받았다. 엑스레이 결정학을 이용해 페니실린과 비타민 B_{12}의 구조를 밝혀낸 도로시 호지킨은 1964년 세 번째 여성 노벨 화학상 수상자가 되었고, 이탈리아 신경학자 리타 레비몬탈치니는 세포 성장을 촉진하는 신경성장인자를 발견해 1986년 생리의학상을 수상했다.(노벨상을 수상하지 못한 다른 과학자 여섯 명도 과학의 역사에 뚜렷한 족적을 남겼기에 이 책의 주인공으로 선정되었음은 당연하다.)

지금까지 노벨상 같은 명망 높은 상을 받을 정도로 인정받은 여성 과학자의 수가 눈에 띄게 적은 이유는 자명하다. 20세기 중반까지도 여성이 남성보다 지적으로 열등하다는 편견이 지배적이었기 때문이다. 특히 전통적으로 남자들의 영역이었던 과학기술 분야에서는 그런 편견이 더 심했다. 심지어 21세기에 접어들어서도 미국 유명 대학의 총장이 "여성이 과학기술 분야에서 출세하지 못하는 이유는 생물학적·유전학적으로 남성보다 열등하기 때문"이라는 성차별적 망언을 했다가 해임되는 일도 있지 않았던가.

그러니 이 책에 소개된 과학자들이 태어나고 활동한 19세기 후반~20세기 중반의 분위기가 어떠했을지는 보지 않아도 훤히 그려질 것이다. 그 무렵에는 유명한 상을 수상하거나 박사학위를 취득하기는커녕 배우려는 욕구를 충족하는 것조차 어려운 경우가 많았다. 이 책의 주인공인 여성 과학자 열 명은 19세기 말부터 20세기 초에 걸쳐 태어났는데, 당시는 오랜 세월 여성들의 발길을 거부하던 대학들이 겨우 여학생에게도 문호를 개방하기 시작하던 때다. 19세기 말 유럽과 미국에서 최초로 여성운동이 일어나면서 여성들도 고등교육을 받을 수 있는 권리를 강력하게 요구한 결과다. 하지만 그 벽은 여전히 높아서 마리 퀴리는 고국인 폴란드에 여학생을 받아주는 대학이 없어 프랑스 소르본으로 유학을 가야 했고, 리제 마이트너도 여성에 대한 교육 규제가 심한 오스트리아에서 열네 살 이후 제대로 교육을 받지 못하다가 스물두 살이 되어서야 겨우 고등학교 졸업장을 받고 대학 입학시험을 치를 수 있었다. 리타 레비 몬탈치니는 엄격한 아버지가 딸에게 고등교육을 시키지 않으려고 하는 바람에 집안에서부터 힘겨운 투쟁을 벌여야 했다.

우여곡절 끝에 우수한 성적으로 공부를 마치고 학위를 취득한 뒤에도 이들의 좌절은 끝나지 않았다. 마취학이라는 새로운 분야에 뛰어든 버지니아 애프거는 남자들의 세계인 병원에서 자리를 잡기까지 하루하루 힘겨운 나날을 보내야 했고, 거트루드 엘리언은 대공황의 여파로 일자리를 구하기가 힘들어 자기 적성에 맞지 않는 직장을 몇 군데나 전전하다가 대학 졸업 후 7년 만에야 겨우 제약회사에 취직해서 본격적으로 능력을 발휘할 수 있었다. 또 지구에서 멀리 떨어진 은하까지 거리를 측정할 수 있는 방법을 처음으로 알아낸 헨리에타 리비트는 하버드 대학교 천문대에서 일자리를 얻었지만, 망원경도 한 번 들여다보지 못한 채 정식 연구원이 아닌 인간 계산기 취급을 받으며 열악한 환경에서 일했다(하버드 대학교 천문대에서는 1960년대까지 여성들의 망원경 사용을 금했다).

그들이 살아간 시대적 상황도 시련을 더해줄 뿐이었다. 유대계 핏줄인 리제 마이트너와 리타 레비몬탈치니는 한창 중요한 실험을 진행하면서 연구 업적을 쌓아야 할 시기에 나치의 광풍이 몰아치는 유럽에서 목숨을 부지하기 위해 전전긍긍했고, 우젠슝은 미국에서 유학하던 중 고국 중국이 전쟁과 내전에 휩쓸리고 그 후 냉전까지 발발하는 바람에 몇십 년간 고향 땅을 밟지 못하고 가족도 다시 만나지 못했다.

이렇게 힘든 상황을 다 이기고 놀라운 연구 성과를 올려 과학계와 우리 후대에 오래도록 영향을 미친 이 여성들의 인생 테마를 간략하게 요약하면 역경과 인간승리 그 자체다. 앞서 노벨상 이야기를 했지만 우리 주인공들이 노벨상을 받기까지 과정도 그리 녹록지 않았다. 노벨상 위원회도 여성 과학자들에 대한 편견에 물들어 있었기 때문이다. 마리 퀴리는 1903년 노벨 물리학상을, 1911년 노벨 화학상을 받았는데 물리학상 때는 수상 후보에 베크렐과 남편 피에르 퀴리의 이름만 올라가고 마리는 제외되어 있었다. 이를 알게 된 피에르가 선정 위원회 측에 마리의 업적을 설명하고 공동 수상을 주장한 덕에 겨우 수상자로 선정될 수 있었다. 또 화학상 때는 수상자로 결정된 뒤 당시 마리가 얽혀 있던 추문을 핑계 삼아 수상을 거부해달라는 요청을 받기도 했지만 마리는 거부하고 당당히 상을 받았다.

안타깝게 상을 받지 못한 이들도 있었으니, 핵분열 현상을 처음 증명하는 데 지대한 공을 세운 리제 마이트너와 반전성 보존 법칙이 틀렸다는 사실을 실험으로 확인한 우젠슝은 그들의 기여도가 남성 협력자들보다 낮을 것이라고 오판한 노벨상 위원회 때문에 코앞에서 상을 놓쳤다. 물론 이 두 사람이 가장 유명한 사례일 뿐 이런 차별을 당한 것이 비단 이들뿐만은 아닐 것이다.

물론 지금은 일부 국가를 제외하고는 여성이라는 이유로 대학에 입학하지 못하거나 학회의 회원 가입을 거부당하거나 수상자 후보에 오르지 못하는 사례는 거의 찾아볼 수 없다. 하지만 여성 과학자들은 여전히 남성 위주의 학계에서 알게 모르게 소외되면서 불평등한 대우를 받고 있다.

유엔은 매년 2월 11일을 세계 여성 과학자의 날로 정해 이들이 전 세계 과학기술 발전에서 중요한 역할을 담당하고 있음을 인정했다. 하지만 한 조사에 따르면 전 세계적으로 여성이 대학에서 과학을 전공하는 확률은 18퍼센트, 대학원에 진학하는 확률은 8퍼센트, 박사학위를 취득하는 확률은 2퍼센트에 불과해 남성의 절반에도 못 미치는 수준이라고 한다. 이런 남녀 차이가 발생하는 이유는 타고난 수리적·과학적 재능 차이보다는 사회문화적 요인과 낮은 기대감, 교육과 직업에서 기회 차별 때문이다. 여성에 대한 낮은 기대치가 노골적인 차별만큼이나 심각한 영향을 미치는 것이다.

이 사실은 현재 미국에서 이공계 박사학위를 받는 사람 중 절반은 여성이지만 정교수 중 여성이 차지하는 비율이 과학 분야에서는 21퍼센트, 공학 분야에서는 5퍼센트에 불과하다는 데서도 증명된다. 교육 기회가 동등하게 부여되는 미국 같은 선진국에서도 대학과 대학원에서 남학생들과 똑같은 교육을 받으며 과학자의 꿈을 키우던 여학생들이 사회 진출 과정에서 대거 탈락되는 것이다. 그리고 학계나 연구 분야로 진출하는 데 성공한 뒤에도 여성들은 급여가 비교적 낮아 미국 여성 과학자의 월급은 남성 과학자의 82퍼센트 수준에 불과하다. 그뿐만 아니라 논문 인용과 연구비 신청, 특허 출원 등 각종 분야에서도 차별을 겪고 있다.

물론 예전에 비하면 지금은 과학기술의 다양한 영역에서 활약하는 여성 과학기술자들이 대폭 늘었다고 할 수 있다. 하지만 그들은 처음에 다 같이 출발한 이공계 여학생 중 살아남은 소수일 뿐이다. 그들과 함께 출발선에 섰던 다른 이공계 여학생들은 다 어떻게 되었을까? 과학자는 하루아침에 탄생하지 않는다. 단기 교육으로 양성할 수 있는 직업이 아니라는 이야기다. 오랜 시간 꾸준히 기초를 닦고 연구를 수행해야 하는데, 여성들의 경우 아무리 재능이 뛰어나고 의욕이 넘쳐도 연구와 가정이라는 두 가지 짐을 짊어지고 현실을 헤쳐 나가기가 쉽지 않다.

현재 우리나라 이공계 분야의 경력 단절 여성이 26만 명이나 된다고 한다. 대졸 여성의 경력 단절로 인한 생애 소득 손실액이 1인당 6억 3,000만 원, 여성의 경력 단절로 인한 경제소득 손실 규모가 GDP 대비 4.9퍼센트 수준인데, 한국은 여성이 일과 가정을 양립할 수 있도록 지원하는 사회자본이 OECD국가 중 꼴찌 수준이라고 한다. 여성 과학자는 우리 사회의 의식이 얼마나 바뀌고 있는지 알 수 있는 지표 중 하나다. 막대한 시간과 자원을 투입해서 키워놓은 우수 과학 인력이 여성이라는 이유로 사장되는 악순환을 극복하려면 국가적·사회적 차원의 대책이 절실한 상황이다.

이렇듯 여성 과학자들이 유사 이래 줄곧 겪어야 했던 온갖 차별은 21세기가 시작되고 20년이 지난 지금도 완전히 사라지지 않았다. 그나마 교육 기회 차별은 19세기 말 시작된 노력 덕에 간신히 극복되고 있는 양상이지만, 힘들게 배운 지식을 활용할 수 있는 기회나 업무와 관련된 보상까지 평등해지려면 아직 갈 길이 먼 듯하다. 지금 이 시간에도 눈을 반짝이며 과학책을 읽거나 실험 실습을 하며 여성 과학자의 길을 꿈꾸는 여학생들이 많을 것이다. 전 세계, 그리고 우리나라 과학계의 여성 인재들이 사회적 압박 앞에서 무릎 꿇지 않고 꾸준히 연구에 정진할 수 있는 환경이 마련되어 이들이 앞으로 과학 분야에서 크게 이름을 떨치고 노벨상 수상자 명단에도 더 많은 여성의 이름이 올라가길 바랄 뿐이다.

2020년 7월

박선령

용어사전

ㄱ

감마선: 세 가지 유형의 방사능 중 하나. 극도로 높은 에너지를 가진 전자기 방사선의 일종. 방사성 동위원소가 붕괴하는 동안 자연적으로 발생하며 암 발생을 비롯해 인체 조직에 해를 끼친다.

고생물학: 화석 동물과 식물을 연구하는 과학 분야.

광년光年: 빛이 1년간 이동하는 거리에 해당하는 천문학적인 거리 단위로 9.4607×10^{12}킬로미터다.

광도: 별의 밝기와 관련해, 광도는 별이나 은하, 다른 천체가 단위시간당 방출하는 에너지의 총량이다.

광분光分: 진공 상태에서 빛이 1분간 이동하는 거리, 약 1,800만 킬로미터.

광자: 전자기 방사선의 가장 작은 불연속 양 또는 양자. 모든 빛의 기본 단위, 즉 기본 입자다.

근긴장: 휴식근 조직의 눈에 띄지 않는 긴장 또는 단단한 정도.

기생충: 숙주에 달라붙어 숙주로부터 영양분을 얻으면서 그 대가로 아무런 이득도 주지 않는 식물이나 동물. 그 관계가 중립적일 수도 있고 숙주에 해를 끼칠 수도 있다.

길항제: 다른 약물의 생리적 영향을 억제하는 약물 또는 화합물. 예: 작용제(특정 수용체를 완전히 활성화하는 물질)의 수용체 차단.

ㄴ

농약: 곤충, 설치류, 곰팡이, 원치 않는 식물(잡초) 등 유해 동식물을 죽이는 데 사용되는 화합물.

ㄷ

단백질: 하나 이상의 아미노산 사슬로 이루어진 큰 분자. 단백질은 신체의 세포, 조직, 장기의 구성과 기능, 조절에 필요하다.

대사산물: 신진대사를 거쳐 형성되거나 신진대사에 필요한 물질.

동물상: 특정 지역에 살거나 특정 기간 생존한 동물.

동물학: 동물을 연구하는 과학 분야.

동위원소: 원소의 변형체. 원소와 양자 수는 같지만 중성자 수가 다르다. 탄소-12, 탄소-13, 탄소-14는 모두 탄소의 동위원소인데, 양성자 수는 전부 6개씩이지만 중성자 수는 각각 6개, 7개, 8개로 다르다. 동일한 원소의 여러 동위원소는 주기율표에서 같은 자리를 차지한다.

등급: 별의 겉보기 등급은 지구의 관측자가 볼 수 있는 밝기를 측정해 숫자로 표시한 것이다. 별이 밝게 보일수록 그 등급 값은 낮아진다.

DDT: 디클로로디페닐트리클로로에탄은 살충제로 사용되는 합성 유기 화합물이다. DDT는 환경 내에 계속 잔존하면서 먹이사슬 꼭대기에 있는 동물에게 농축되는 경향이 있다. 현재 많은 나라에서 DDT 사용이 금지되어 있다.

DNA: 디옥시리보핵산은 염색체의 주요 성분으로 살아 있는 거의 모든 유기체에 존재하는 자가 복제 물질이다. DNA는 유전자 형태로 유전 정보를 전달한다.

ㅁ

마젤란운: 남쪽 하늘에 보이는 두 개의 불규칙한 은하 성단(대마젤란운LMC과 소마젤란운SMC) 중 하나로 우리은하계와 가장 가까운 독립 항성계이며 은하계 주변을 선회하고 있다.

마취제: 고통을 느끼지 못하게 만드는 물질.

면역 억제: 면역 반응을 부분적으로 또는 완전히 억제하는 것.

ㅂ

반감기: 물질(예: 약제나 불안정한 방사성 원자)이 원래 양의 절반으로 감소하거나 붕괴하는 데 필요한 시간.

반물질: 반입자로 구성. 모든 물질 입자에는 그에 상응하는 반물질의 반입자가 있다. 예를 들어, 전자의 반입자는 양전자다. 양전자는 전자와 질량은 같지만 전하가 반대다(음전하가 아니라 양전하).

반입자: 어떤 입자와 질량은 같지만 전기적 특성이나 자기적 특성은 반대인 아원자 입자. 모든 아원자 입자에는 그에 상응하는 반입자가 있다.

방사능: 일부 물질은 각 원자의 핵이 불안정하여 알파 입자, 베타 입자, 감마선의 형태로 핵 방사선을 방출하면서 붕괴되거나 쪼개질 수 있기 때문에 방사성을 띤다.

배아: 발달 과정에서 아직 태어나지 않았거나 부화되지 않은 새끼. 인간의 경우 배아는 수정된 후 2주차부터 8주차까지의 상태를 가리키며, 그 후에는 보통 태아라고 한다.

베타 붕괴: 방사성 원자의 핵에서 베타 입자가 방출되는 과정.

베타 입자: 세 가지 유형의 방사능 중 하나. 방사성 원자의 핵에서 방출된 전자 혹은 양전자다.

변광성: 밝기가 불규칙적 혹은 규칙적으로 변하는 항성.

변환: 핵반응의 결과로 하나의 원소 또는 동위원소가 다른 원소로 바뀌는 것.

별자리: 식별 가능한 패턴을 이루고 있는 항성군恒星群. 전통적으로 겉으로 드러나는 형태를 따서 이름을 짓거나 신화적인 존재와 연결한다.

분광학: 물질과 전자기 스펙트럼의 모든 부분 사이의 상호작용을 분석한다. 전통적으로 분광학에서는 가시광선 스펙트럼을 이용했지만 X선, 감마선, 자외선 분광법도 사용한다.

분열: 이분법binary fission은 생물학에서 세포가 둘로 나뉘는 과정이다. 물리학에서 핵분열은 원자핵이 작은 단위로 분해되는 반응이다. 핵분열이 발생하면 일반적으로 중성자와 광자뿐만 아니라 엄청난 양의 에너지까지 방출된다. 핵분열 결과 발생하는 파편은 새로운 원소이기 때문에 핵분열은 변환의 한 형태다.

분자: 두 개 이상의 원자(같거나 서로 다른 원소의)가 화학적으로 결합할 때 만들어진다.

붕괴 계열: 하나의 원소가 붕괴되면서 방사성 물질일 수도 있는 새로운 원소나 산물을 만들어내는 연속적인 붕괴 또는 변환 과정. 안정적인 원소나 동위원소가 형성되면 연쇄 반응이 끝난다.

ㅅ

사이클로트론: 입자 가속기의 일종.

산부인과: 분만 및 조산술과 관련된 의료 외과 부문.

살충제: 곤충, 설치류, 곰팡이, 원치 않는 식물(잡초) 등 유해 동식물을 죽이는 데 사용되는 화합물.

생리학: 사람과 동물의 신체가 어떻게 기능하는지 연구하는 과학 분야.

생태학: 유기체가 다른 유기체나 주변 환경과 맺는 관계를 연구하는 과학 분야.

생화학: 살아 있는 유기체의 화학 작용을 연구하는 학문.

선천성: 태어날 때부터 나타나는 질병 또는 신체적 이상.

성운: 우주 공간에 있는 가스와 먼지 구름.

성장 인자: 세포 성장, 확산, 치유, 분화를 촉진할 수 있는 자연 발생 물질. 일반적으로 세포들 사이에서 신호 분자 역할을 한다.

세타: 소립자.

세페이드: 일정한 주기에 따라 밝기가 변하는 변광성. 광도와 관련된 주기가 있어서 지구와의 거리를 추정할 수 있다.

소립자: 분리가 불가능한 극히 작은 아원자 입자. 정의에 따르면, 그보다 더 작은 성분들로 구성되었다는 증거가 없는 입자만 소립자로 간주된다. 현재 알려진 소립자 종류는 렙톤(경입자), 쿼크, 보손으로 분류된 입자를 포함해 총 31개가 있다. 일례로 양성자는 세 개의 쿼크로 이루어져 있기 때문에 소립자가 아니지만, 전자는 내부 구조가 없는 듯하기 때문에 소립자다.

식물상: 특정 지역에서 자라거나 특정 기간 생존한 식물.

식물학: 식물에 대한 과학적 연구.

신경: 신경계의 기본 단위, 몸 안에서 먼 곳까지 전기 신호를 보내거나 받는 신경세포.

신경 생물학: 신경계의 생물학.

신경절: 신경 중추를 이루는 신경세포 집단, 특히 뇌와 척수 바깥쪽에 위치한 것을 말한다. a) 주변부의 신호를 받아 뇌로 보내는 감각 신경절과 b) 신호가 반대 방향으로 이동하는 자율 신경절 두 종류가 있다.

신경학: 신경과 신경계의 구조, 기능, 질병을 다루는 의학의 한 분야.

신생아학: 신생아, 특히 병약한 신생아나 조산아의 건강관리를 전문으로 하는 소아과의 하위 전문 분야.

신진대사: 생명을 유지하기 위해 살아 있는 유기체 내에서 일어나는 화학적 과정.

ㅇ

아미노산: 단백질의 구성 요소. 인체의 단백질에 함유된 20개 아미노산 중 9개는 필수 아미노산으로 인간 세포에서 생성되지 않기 때문에 음식으로 공급해야 한다.

아원자 입자: 양성자, 중성자, 전자 등 원자의 구성 요소.

알파 붕괴: 방사성 원자의 핵에서 알파 입자가 방출되는 과정.

알파 입자: 세 가지 유형의 방사능 중 하나. 양성자 두 개와 중성자 두 개로 되어 있다. 구조는 헬륨 핵과 동일하며, 알파 붕괴 과정에서 생성된다.

약리학: 약물과 의약품의 사용, 효과, 작용에 대한 연구.

양성자: 원자의 핵에서 발견되는 양전하를 띤 아원자 입자로, 궤도를 도는 전자의 음전하를 상쇄한다. 양성자 수가 원소의 원자 번호와 주기율표상 위치를 결정한다.

양전자: 반전자라고도 하며 전자의 반물질이다. 질량은 같지만 전하가 반대다.

엑스레이: 에너지가 크고 파장이 매우 짧은 전자기파로 많은 물질을 통과할 수 있지만 전부 다는 아니며 사진 인화지에 이미지를 남긴다. 의료용 이미지 촬영 시, 인체에서 뼈처럼 밀도가 높은 부위는 통과되는 엑스레이가 적으므로 사진에 더 하얗게 나타난다. 그러나 피부나 여타 조직처럼 밀도가 낮은 부분은 엑스레이가 더 많이 통과할 수 있으므로 사진에 검은색으로 보인다.

엑스레이 결정학: 엑스레이가 분자의 결정 형태를 통과하면서 만들어진 회절 패턴을 조사해 분자 구조를 연구한다.

역학: 질병이나 건강과 관련된 다른 요인의 영향 범위, 분포, 가능한 제어 방법에 관한 연구.

연주 시차: 멀리 있는 물체를 배경으로 가까운 항성(또는 다른 물체) 위치가 뚜렷하게 바뀌는 것.

염기쌍: 이중 가닥 핵산 분자의 상보적 염기쌍으로, 한쪽 가닥의 푸린이 수소 결합에 의해 다른 쪽 가닥의 피리미딘과 연결되어 있다. 사이토신은 항상 구아닌과 짝을 이루고, 아데닌은 티민(DNA의 경우)이나 우라실(RNA의 경우)과 짝을 이룬다.

우라늄: 원자 번호가 92인 금속 원소. 우라늄의 가장 흔한 동위원소는 U-238로 천연 우라늄의 99.3퍼센트를 차지한다. 나머지 0.7퍼센트는 U-235로, 안정성이 떨어지므로 핵반응에 활용할 수 있다.

우리은하: 태양과 태양계가 포함되어 있고, 은하수의 빛을 만들어내는 무수한 별이 포함되어 있는 은하계.

우주: 존재하는 모든 물질과 외부 공간. 우주는 지름이 최소 100억 광년 이

상이고 수많은 은하계가 포함되어 있다고 한다. 약 130억 년 전 빅뱅으로 생겨난 이래 계속 팽창하고 있다.

원소: 한 종류의 원자(원자 번호가 동일한)로만 구성된 물질. 화학 원소는 가장 단순한 물질이며 화학 반응으로 분해될 수 없다.

원자: 물질의 기본 단위. 전자구름 속에서 핵 주위를 선회하는 음전하를 띤 전자에 둘러싸인 고밀도 핵으로 구성된다. 핵은 양전하를 띤 양성자와 중성자로 이루어져 있다.

원자량: 자연적으로 발생한 모든 동위원소의 평균 질량.

원자 번호: 원자핵 속에 있는 양성자의 수. 이것은 비등점 같은 화학적 성질뿐만 아니라 주기율표에서 원소의 위치, 다른 원소와 반응하는 방식 등도 결정한다.

원자 질량: 단일 원자의 핵 안에 있는 양성자와 중성자의 총수.

은하계: 수백만 개 혹은 수십억 개의 별과 가스와 먼지가 중력으로 묶여 있는 거대한 천체 무리.

이론 물리학: 자연 현상을 수학적 형태로 설명하는 것.

이온: 균일하지 않은 수의 전자와 양성자로 생성되어 양전하나 음전하를 띤 원자.

이온화: 전자를 얻거나 잃어서 이온이 형성되는 것. 전자를 잃으면 양이온이 생기고, 전자를 얻으면 음이온이 생긴다.

이종동형 치환: 하나 이상의 원소를 다른 원소로 대체해도 결정 구조가 바뀌지 않는 일부 분자의 특성. 단백질 구조 확인에 가장 일반적으로 사용되며, 이 경우 비변성 단백질과 중원자 파생물의 이종동형 결정체를 얻을 수 있다.

입자 가속기: 전기나 전자기장을 이용해 아원자 입자를 고속으로 가속하는

장치. 가속된 입자를 다른 입자와 충돌시켜 연구에 활용하거나 고에너지 엑스선과 감마선을 만들 수 있다.

입자 물리학: 아원자 입자의 특성, 관계, 상호작용에 대한 연구.

ㅈ

자가면역질환: 면역계가 신체 조직을 잘못 공격할 때 발생하는 질병. 다발성 경화증, 제1형 당뇨병, 류머티스성 관절염, 전신성 홍반성 루푸스 등이 있다.

전자: 음전하를 띠는 아원자 입자. 전자구름 안에서 원자의 핵 주변을 돈다.

전자기: 전류나 전기장, 자기장이 상호작용하는 현상.

조직학: 유기체의 조직과 세포의 미세한 구조를 연구하는 학문.

주기: 천문학에서 항성이나 행성의 궤도 주기란 궤도상 같은 위치로 돌아오기까지 걸리는 시간을 말한다.

주기율표: 1869년 러시아 과학자 드미트리 멘델레예프가 고안한 이 표는 원소들을 원자 번호와 화학적 특성에 따라 배열한다.

중간자: 질량이 전자와 양성자의 중간 정도이고 원자핵에서 핵자를 결합하는 강력한 상호작용을 전달하는 아원자 입자.

중성자: 전하가 없고 원자핵 안에서 발견되는 아원자 입자.

중입자(바리온): 핵자nucleon나 중핵자hyperon 같은 아원자 입자로 양성자와 질량이 같거나 그보다 더 크다.

지방산: 지방과 지질의 구성 요소.

지방 조직: 에너지를 지방 형태로 저장하는 느슨한 결합 조직.

지질학: 바위에 기록된 고체 지구의 역사를 연구하는 과학 분야. 특히 바위의 구조와 시간의 흐름에 따라 변하는 과정을 연구한다.

ㅊ

천문학: 우주를 연구하는 과학 분야.

체내: 살아 있는 유기체 내부('in vivo는 생물 내부'라는 뜻의 라틴어).

체외(시험관 내): 살아 있는 유기체 외부, 예: 시험관이나 배양 접시('in vitro는 유리 내부'라는 뜻의 라틴어).

초신성: 질량 대부분이 방출되는 재앙적 폭발로 갑자기 밝기가 크게 증가하는 항성.

초우라늄 원소: 원자 번호가 92(우라늄의 원자 번호)보다 큰 원소. 이런 원소는 자연적으로 발생하는 게 아니라 실험실에서 만든다. 불안정한 상태에서 방사성 붕괴를 겪으면서 다른 더 안정적인 원소가 형성된다.

ㅌ

타우: 소립자.

탈리도마이드: 진정제 또는 임산부의 입덧 치료에 사용되던 화합물. 1960년대에 이 약을 복용한 산모에게서 선천성 기형아나 팔다리가 없는 아이들이 태어나자 사용이 금지되었다.

통과: 천문학에서 항성 같은 천체가 다른 천체의 앞을 지나가 관찰자가 특정한 시점에서 보았을 때 그 일부가 가려지는 현상.

ㅍ

파이온: 질량이 전자의 약 270배인 중간자.

편광화: 무편광을 편광으로 변환하는 과정. 하나 이상의 평면에서 진동하는 광파를 무편광이라고 한다. 편광된 광파는 단일 평면에서 진동이 발생하는 광파다.

푸린: 핵산의 구성 요소인 탄소-질소 2중 고리 염기. 아데닌과 구아닌이 그 예이며, 둘 다 DNA와 RNA 핵산에서 발견된다. 이들을 보완하는 피리미딘과 짝을 이룬다.

피리미딘: 핵산의 구성 요소인 탄소-질소 단일 고리 염기. 티민과 시토신이 DNA 분자에서 자신들을 보완하는 푸린과 짝을 이뤄 2중 나선 구조를 만든다.

피치블렌드: 우라늄과 라듐이 함유된 갈색 혹은 검은색 광석.

ㅎ

항생제: 세균 같은 미생물의 성장을 억제하거나 파괴할 수 있는 약.

항체: 혈액 속의 특수 면역세포에서 생성되는 단백질. 바이러스나 박테리아 같은 해로운 미생물을 공격하거나 죽이면서 질병과 맞서 싸운다.

핵력: 강한 핵력은 핵을 유지하는 양성자와 중성자가 서로 끌어당기는 힘이고, 약한 핵력은 특정한 핵의 방사성 붕괴 원인이다.

핵물리학: 원자핵과 그 상호작용, 특히 원자력 생성과 관련된 물리학.

핵산: 뉴클레오티드라는 반복되는 긴 사슬구조 하나 또는 두 개로 구성되며, 당-인산 분자에 부착된 질소 염기(푸린 또는 피리미딘)를 가지고 있다. 가장 대표적인 핵산은 DNA와 RNA다.

핵연쇄 반응: 연속적인 핵분열(원자핵 분열), 각 반응은 이전 핵분열에서 생성된 중성자에 의해 시작된다.

핵융합: 물리학의 핵융합은 두 개의 핵이 결합하여 하나의 핵을 형성하면서 에너지를 방출하는 반응이다. 태양과 별이 빛을 발하는 것도 핵융합 때문이다.

핵폭탄: 핵분열 또는 핵융합 과정을 이용해 만든다.

화학식: 화합물에 존재하는 원소와 그것의 상대적 비율을 나타내는 화학 기호 집합.

화학 요법: 화합물을 이용한 질병 치료 방법, 특히 세포독성 약물이나 기타 약물을 이용한 암 치료.

화합물: 화학적으로 결합된 최소 두 개 이상의 원자가 포함된 물질. 화합물은 해당 물질에 포함된 각 원소의 원자가 몇 개인지 보여주는 공식으로 표현한다.

효능: 원하거나 의도한 결과를 생성하는 능력(약물 시험 결과를 분석할 때 일반적으로 사용).

효소: 살아 있는 유기체에 의해 생성된 물질로, 특정한 생화학 반응을 일으키는 촉매 작용을 한다.

참고도서

1장 버지니아 애프거

멜라니 앤 아펠Melanie Ann Apel, 《버지니아 애프거Virginia Apgar: Innovative Female Physician and Inventor of the Apgar Score》(Rosen Central, 2004).

버지니아 애프거 & 조안 벡Joan Beck, 《내 아기는 괜찮을까?Is My Baby All Right?》(Simon & Schuster, 1972년).

2장 레이첼 카슨

레이첼 카슨, 《바닷바람을 맞으며》(에코리브르, 2017).

__________, 《우리를 둘러싼 바다》(에코리브르, 2018).

__________, 《바다의 가장자리》(에코리브르, 2018).

__________, 《침묵의 봄》(에코리브르, 2011).

코너 마크 제임슨Conor Mark Jameson, 《침묵의 봄을 다시 생각하다(Silent Spring Revisited》(Bloomsbury, 2012).

윌리엄 사우더William Souder, 《머나먼 해안에서On a Further Shore: The Life and Legacy of Rachel Carson》(Random House, 2012).

3장 마리 퀴리

비키 콥Vicki Cobb, 《DK 전기: 마리 퀴리DK Biography: Marie Curie》(Dorling Kindersley, 2008).

이브 퀴리Eve Curie, 《마담 퀴리Madame Curie: A Biography》(DaCapo Press, 2001).

바바라 골드스미스Barbara Goldsmith, 《열정적인 천재, 마리 퀴리Obsessive Genius: The Inner World of Marie Curie》(승산, 2009).

수잔 퀸Susan Quinn, 《마리 퀴리Marie Curie: A Life》(DaCapo Press, 1996).

4장 거트루드 엘리언

제니퍼 맥베인Jennifer MacBain, 《거트루드 엘리언Gertrude Elion: Nobel Prize Winner in Physiology and Medicine》(Rosen Central, 2004).

샤론 버치 맥그레인Sharon Bertsch McGrayne, 《두뇌, 살아있는 생각Nobel Prize Women in Science》(룩스미아, 2007).

스테파니 생피에르Stephanie St Pierre, 《거트루드 엘리언Gertrude Elion: Master Chemist》(Rourke Enterprises, 1993).

5장 도로시 호지킨

조지나 페리Georgina Ferry, 《도로시 호지킨Dorothy Hodgkin: A Life》(Granta, 1998).

샤론 버치 맥그레인, 《두뇌, 살아있는 생각Nobel Prize Women in Science》(룩스미아, 2007).

크리스틴 티엘Kristin Thiel, 《도로시 호지킨Dorothy Hodgkin: Biochemist and

Developer of Protein Crystallography》(Cavendish Square, 2017).

6장 헨리에타 리비트

리처드 버레이Richard Burleigh, 《위를 봐! 선구적인 여성 천문학자 헨리에타 리비트Look Up! Henrietta Leavitt, Pioneering Woman Astronomer》(Simon & Schuster, 2013).

조지 존슨George Johnson, 《리비트의 별Miss Leavitt's Stars: The Untold Story of the Woman Who Discovered How to Measure the Universe》(궁리, 2011).

7장 리타 레비몬탈치니

조안 대시Joan Dash, 《발견의 승리. 노벨상을 수상한 여성 과학자들The Triumph of Discovery. Women Scientists Who Won the Nobel Prize》(Julian Messner, 1991).

수잔 타일러 히치콕Susan Tyler Hitchcock, 《리타 레비몬탈치니Rita Levi-Montalcini: Nobel Prize Winner》(Chelsea House, 2005).

리타 레비몬탈치니, 《불완전함을 찬양하며》(Basic Books, 1988).

샤론 버치 맥그레인Sharon Certsch McGrayne, 《두뇌, 살아있는 생각Nobel Prize Women in Science》(룩스미아, 2007).

리사 욘트Lisa Yount, 《리타 레비몬탈치니Rita Levi-Montalcini: Discoverer of Nerve Growth Factor》(Chelsea House, 2009).

8장 리제 마이트너

스콧 캘빈Scott Calvin, 《퀴리 그 이후Beyond Curie: Four Women in Physics and Their Remarkable Discoveries, 1903 to 1963》(IOP Concise Physics, 2017).

위니프레드 콘클링Winifred Conkling, 《방사능! 이렌느 퀴리와 리제 마이트너는 어떻게 과학을 혁신하고 세상을 변화시켰는가Radioactive! How Irene Curie and Lise Meitner Revolutionized Science and Changed the World》(Algonquin Young Readers, 2018).

패트리샤 라이프Patricia Rife, 《리제 마이트너와 핵에너지 시대의 여명Lise Meitner and the Dawn of the Nuclear Age》(Birkhauser, 1999).

루스 르윈 사임Ruth Lewin Sime, 《리제 마이트너Lise Meitner: A Life in Physics》(University of California Press, 1997).

9장 엘시 위도슨

마거릿 애쉬웰, 《맥캔스 & 위도슨McCance & Widdowson: A Scientific Partnership of 60 Years》(British Nutrition Foundation, 1993).

엘시 위도슨, 《모든 크고 작은 생물들…… 영양학의 모험All Creatures Great and Small…… Adventures in Nutrition》(The Nutrition Society, 2006).

10장 우젠슝

스콧 캘빈Scott Calvin, 《퀴리 그 이후Beyond Curie: Four Women in Physics and Their Remarkable Discoveries, 1903 to 1963》(IOP Concise Physics, 2017).

리처드 해먼드Richard Hammond, 《우젠슝Chien-Shiung Wu: Pioneering Nuclear Physicist》(Facts on File, 2009).

치앙 차이 치엔Chiang Tsai-Chien, 《마담 우젠슝Madame Wu Chien-Shiung: The First Lady of Physics Research》(World Scientific, 2013).

찾아보기

ㄱ

ㄴ

ㄷ

ㄹ

ㅁ

ㅂ

ㅅ

ㅇ

ㅈ

ㅊ

ㅋ

ㅌ

ㅍ

과학으로 세계를 뒤흔든 10명의 여성

초판 1쇄 발행일 2020년 8월 14일
초판 2쇄 발행일 2020년 9월 1일

지은이 개서린 휘틀록, 로드리 에벤스
옮긴이 박선령
펴낸이 임지현

펴낸곳 (주)문학사상
주소 경기도 파주시 회동길 363-8, 201호(10881)
출판등록 1973년 3월 21일 제1-137호

전화 031)946-8503
팩스 031)955-9912
홈페이지 www.munsa.co.kr
이메일 munsa@munsa.co.kr

ISBN 978-89-7012-578-7 (03400)

* 잘못된 책은 구입처에서 바꾸어드립니다.
* 가격은 뒤표지에 있습니다.

이 도서의 국립중앙도서관 출판예정도서목록(CIP)은 서지정보유통지원시스템 홈페이지(http://seoji.nl.go.kr)와 국가자료공동목록시스템(http://www.nl.go.kr/kolisnet)에서 이용하실 수 있습니다. (CIP제어번호 : CIP2020030674)